区域水资源配置模型及应用

魏传江　刘晓霞　杜明月　魏曦　著

中国水利水电出版社
www.waterpub.com.cn

·北京·

内 容 提 要

本书系统总结作者多年来在水资源配置模型方面的研究成果，在多个地区得到了广泛应用。全书共分为6章，包括水资源配置模型浅析、水资源优化配置模型、基于地表水和地下水动态转化的水资源优化配置模型、大尺度水资源供求分析模型、水资源全要素优化配置模型、基于水库群调度的水资源配置模型。

本书可供水利、水资源、生态环境、规划设计与科研等部门的科技工作者、规划管理人员以及高等院校相关专业的师生参考阅读。

图书在版编目（ＣＩＰ）数据

区域水资源配置模型及应用 / 魏传江等著. —— 北京：中国水利水电出版社，2022.9
ISBN 978-7-5226-1020-7

Ⅰ．①区… Ⅱ．①魏… Ⅲ．①区域资源－水资源管理－研究 Ⅳ．①TV213.4

中国版本图书馆CIP数据核字(2022)第180197号

书　　名	**区域水资源配置模型及应用** QUYU SHUI ZIYUAN PEIZHI MOXING JI YINGYONG	
作　　者	魏传江　刘晓霞　杜明月　魏曦　著	
出版发行	中国水利水电出版社 （北京市海淀区玉渊潭南路1号D座　100038） 网址：www.waterpub.com.cn E - mail：sales@mwr.gov.cn 电话：(010) 68545888（营销中心）	
经　　售	北京科水图书销售有限公司 电话：(010) 68545874、63202643 全国各地新华书店和相关出版物销售网点	
排　　版	中国水利水电出版社微机排版中心	
印　　刷	天津嘉恒印务有限公司	
规　　格	184mm×260mm　16开本　12.25印张　298千字	
版　　次	2022年9月第1版　2022年9月第1次印刷	
定　　价	**78.00元**	

　　水是具有社会属性和商品属性的特殊商品。水的社会属性表明，社会经济中的每个人都享有公平使用水资源的权利。水的商品属性表明，水是稀缺的，必须有效地使用。生态用水是河流固有的权利，社会经济与生态环境的用水权衡是水资源配置的基本问题之一。作为人类社会赖以生存、可再生的特殊资源，处理好社会经济与生态环境的用水关系，公平、高效、可持续地配置有限的水资源是人类社会可持续发展的主题。水利工程是调配水资源的工具，在水源和需水间起着桥梁作用。水源、需水和水利工程是水资源配置中的三个基本要素，它们构成了水资源配置的主体框架，也是水资源配置重点研究的基本问题。2011年，我国明确提出实行最严格的水资源管理制度，划定用水总量、用水效率和水功能区限制纳污"三条红线"。面对新形势下的水资源问题，水资源配置面临新的挑战。在来水方面，气候变化引起水循环演变机制和水资源量的变化，二元水循环的人工侧支循环所占比重在逐渐增大，供水水源及其供水结构的变化以及用水方式的改变导致排向下游河道的水量发生了变化，同时，水资源保护使河流生境得到了改善。在用水方面，用水方式的改变使社会经济用水过程线均匀化，且均线向上抬升，并要求更高的供水保证率。来水过程和用水方式的改变，客观上要求多水源联合调配及增加更多的水库调蓄库容，导致水利工程的调控能力在不断地增强。模型是水资源配置的有效工具之一，开发与其相适应的模型具有重要的意义。

　　本书分为6章，第1章水资源配置模型浅析，分析了水资源配置的基本问题和水资源配置模型的类型及适用范围，探讨了水资源配置面临的问题以及使用水资源配置模型的主要难点；第2章水资源优化配置模型，采用系统分析法以计算单元为核心进行水资源供需平衡分析，以水资源分区为核心进行耗水平衡分析；第3章基于地表水和地下水动态转化的水资源优化配置模型，以水资源优化配置模型为基础，建立了地表水与地下水之间的联系，在计算单元上进行地表水与地下水的联合调配；第4章大尺度水资源供求分析模型，采用优化和规则两种模拟方式建模，水资源分区之间的水传输利用规则方法进行模拟计算，水资源分区内的计算单元水资源供需平衡计算采用优化方法；第5章水资源全要素优化配置模型，采用系统分析方法以计算单元为核心进行水资源供需平衡分析，以水资源分区为核心进行耗水平衡分析，以河流系统为核心进行基于水资源优化配置的水质模拟，以平原区浅层地下水为核心进行地下水数值模拟；第6章基于水库群调度的水资源配置模型，以水库群为模拟对象，按照水流传输方向确定各个水库群的模拟计算顺序，预先设定不同类型水库群的补偿调节计算方法，采用拟定的各行业水库调度线进行供水调节计算；以计算单元为核心进行水资源供需平衡分析，以水资源分区为核心进行耗水平衡分析。

水资源优化配置模型是在中国水利水电科学研究院水资源研究所原模型基础上发展而成的，在松辽流域水资源综合规划和新疆水资源综合规划中开发完成，并在多个地区得到了广泛应用。基于地表水和地下水动态转化的水资源优化配置模型参考了刘晓霞的硕士论文。大尺度水资源供求分析模型是在全国水中长期供求规划专题"我国非农业用水中长期供求形势宏观动态预测模型研制"的基础上编写而成，并参考了杜明月的硕士论文。区域水资源全要素优化配置模型是在"十一五"国家科技支撑计划项目"流域/区域水资源全要素优化配置关键技术研究（2007BAB28B02）"课题成果和专著《流域/区域水资源全要素优化配置关键技术及示范》的基础上编写而成。基于水库群调度的水资源配置模型的应用实例参考了"十二五"水专项子课题"面向水质改善的饮马河流域生态调度（2012ZX07201－006－003）"的主要成果。在本书编写过程中，得到了谢新民、王志璋、缪纶等的大力支持和帮助，特此表示衷心的感谢！

区域水资源配置模型是作者多年的工作积累，涉及水资源配置多方面的问题。作为解决水资源配置问题的工具，模型系统的开发是无止境的，本书仅提供了这方面的初步成果，尚有许多问题需要深入研究。由于作者水平有限，难免会有疏忽或错误，在此恳请诸位专家、读者批评指正。

作者

2022 年 6 月

第1章

水资源配置模型浅析

1.1 水资源配置的基本问题

1.1.1 引言

水资源是人类社会赖以生存、可再生的特殊资源，也是保持地球生态环境健康、创造物质财富必不可少的核心资源。几个世纪以来，人类社会高度繁荣，物质财富飞速积累，同时，人口剧增、工业化、城镇化等也带来了对水资源的过度需求。特别是最近半个多世纪以来，部分地区农业用水剧增、生活和工业废污水未经处理大量排入水体，可利用的水资源量逐渐减少，利用成本也快速增加，全球许多地区出现了不同程度的水危机，社会经济与生态环境的用水矛盾日益突出。为了给子孙后代留下清洁的水资源，维持人与自然和谐相处，处理好社会经济与生态环境的用水关系，公平、高效、可持续地配置有限的水资源是人类社会可持续发展的主题。

人与自然和谐相处是人类生存的根本。人是自然界的组成部分，具有改造自然的强大能力。水是自然界重要的组成物质，是稀缺资源。水是保持自然界生机的源泉，是一切动植物生存的根本，也是最活跃的环境因子之一。水与人息息相关，人类从事的各项活动都离不开水。但是，随着人类社会对水资源需求的剧增，特别是近代对水资源掠夺式开发利用，已经破坏了局部地区的人水和谐，荒漠化、沙化、海水入侵、地面沉降等后天灾害已经危及地球的生态平衡和人类的生存环境。因此，人类作为自然界的组成部分，应该与自然界和谐相处，按照客观规律办事，抑制过度的用水需求，遵循自然界水的循环转化规律，理性地协调好社会经济与生态环境的用水关系，才是延续人类文明的明智举措。

社会经济与生态环境用水合理分配是人与自然和谐相处的标志。水资源的可持续利用是社会经济发展的命脉，健康的生态环境是改善人类生境、保持水资源可持续利用的基石。流域水资源量是有限的，社会经济用水增加，生态环境用水必然减少，两者的用水关系始终发生着变化，保持着动态平衡。当生态环境用水减小到某个临界点时，社会经济与生态环境用水的动态平衡关系就难以维持，生态环境会发生不可逆转的恶化，荒漠化、沙化等后天灾害则危及人类的生存环境，水资源的再生机制会受到严重破坏，水资源量会减少，供社会经济发展的水量也会相应地减少。如果工业生活废污水不能达标排放，水资源量的减少会降低河流的水环境容量，水质型缺水会导致可利用的水资源量进一步减少，水危机会对社会经济可持续发展构成严重的挑战。因此，抑制社会经济的过度用水需求，减少水污染，合理分配社会经济与生态环境的用水量，协调好两者的适宜比例是人与自然和谐相处的标志性因素。

公平、高效、可持续地配置水资源是人类社会可持续发展的保障。水是具有社会属性和商品属性的特殊商品。水的社会属性表明，社会经济中的每个人都享有公平使用水资源的权利。水的商品属性表明，水是稀缺的，必须有效地使用。水是可再生的稀缺资源，要充分认识到水资源是有限的，必须可持续利用。在水资源配置时，要从流域或区域整体出发，客观评价现状社会经济与生态环境的用水关系，遵循公平、高效、可持续的原则合理调配流域间和流域内的水资源。对生态环境恶化的区域，应逐渐减少社会经济用水或输入新的水源，恢复生态环境的良性循环。因此，公平、高效、可持续地分配水资源是人类社会可持续发展的基本保障，也是协调社会经济与生态环境用水关系、保持人与自然和谐的前提。

1.1.2　社会经济与生态环境的用水权衡

1. 社会经济发展必然与生态环境产生用水矛盾

社会经济与生态环境的用水竞争是人类社会高度繁荣的产物，随着社会经济高速发展两者的矛盾日益激化。在原始社会，人类"穴巢而居"，利用天然条件躲避洪水，寻求饮用水有保障的居所，用水量微乎其微，水生态环境处于天然状态。进入农业社会，人类"逐水草而居"，即在水草丰富又无洪水之忧的地方建造家园，挖掘水井或使溪流改道获取饮用水，修建水利工程引水灌溉土地。农业社会的水利工程主要是引水渠道、小型塘坝等，技术上调控河流水量的能力比较小，这与农业社会人口少、城镇化率低、农业用水保证率低等需求是相适应的。农业社会的经济活动虽然在一定程度上改变了河流的天然水循环，但社会经济用水所占的份额相对比较小，人为影响河流断流的现象极少发生。在漫长的社会经济发展过程中，农业用水增长一直比较缓慢，为社会经济与生态环境的用水建立新的平衡提供了有利条件，两者总体上保持和谐。进入工业社会，随着科学技术的进步，工业快速发展、人口剧增和城镇化速度加快，特别是超大规模城市的出现，对城市供水保证率提出了更高的要求，兴建大中型水库最大限度地满足城市用水和农业灌溉几乎成为各个国家的共同发展之路，人类控制河流水量的能力达到了空前的高度。与此同时，工业和城镇生活也产生了大量的废污水，在工业化初期，这些废污水基本上未经处理，直接排放到水体，使河流和地下水水体受到了不同程度的污染。社会经济用水迅猛增加、水体污染使可利用水资源量减少、水库工程大量蓄水等因素，使河流的水循环转换规律发生了根本性变化，打破了社会经济与生态环境用水之间的和谐关系，出现了河道断流、河流生态用水急剧减少、水环境容量进一步降低等现象，造成社会经济与生态环境的用水矛盾不断激化，威胁着水资源的可持续利用。

从人类社会发展历程可以看出，工业化、城镇化等是现代社会经济发展的主要模式，这种发展模式要求的供水保证率比较高，对水资源质和量的要求随着社会经济发展和人口剧增也不断提高。水库是目前提高供水保证率不可替代的调蓄工程之一，大中型水库群的出现必然会改变河流的水循环转换规律，使部分河道的生态环境流量面临枯竭的危险。当社会经济发展与生态环境保护出现矛盾时，人性的贪婪往往偏向发展经济，挤占原本属于生态环境的用水。

2. 水资源可持续利用是社会经济与生态环境和谐发展的基础

水是可再生的稀缺资源，其可再生特点有时会给人们产生取之不尽、用之不竭的错误观念，是造成重水资源开发利用、轻水资源保护的思想根源之一。当社会群体尚未解决温饱问题时，为了迅速摆脱贫困、加快经济发展速度，往往以牺牲生态环境为代价，盲目或者过度开发利用水资源，造成了社会经济与生态环境不和谐，是人类社会发展过程中的无奈之举。当社会经济发展到一定阶段，社会经济与生态环境的用水矛盾激化，会迫使我们检讨与自然的关系，逐渐认识到水资源可持续利用是人类社会延续的前提，也是社会经济与生态环境和谐发展的基础。

现代科学研究成果和生产实践已经表明：水资源是有限的，水资源开发利用必须保持在一个合理的限度内。对于特定的流域或区域，社会经济和生态环境的用水始终处于竞争状态。生态环境健康发展对水资源保护起着重要作用，反之，保护好水资源有利于生态环境的健康。水的稀缺性告诉我们，要节约使用有限的水资源。经济规模的扩张要与当地的水资源条件相适应，防止或减少社会经济用水挤占生态环境用水，保持废污水达标排放，减少水污染，使有限的水资源高效利用。社会经济与生态环境的用水保持和谐，实际上是对水的再生机制的有效保护，也反映了人与自然和谐相处的程度，更是水资源可持续利用的标志。

因此，抑制人类社会对水资源过度贪婪的需求，控制生活和工业废污水对水体的污染，协调社会经济与生态环境的用水关系，是水资源可持续利用的根本条件，也是社会经济与生态环境和谐发展的基础。

3. 社会经济与生态环境适宜耗水比例的权衡

在我国当前发展阶段，部分地区的经济发展挤占生态环境用水已是常态，水污染又加剧了水资源可利用量进一步减少，使得本已脆弱的生态环境对水资源可持续利用构成了严重威胁。要保持社会经济与生态环境的用水和谐，实现水资源可持续利用，探讨两者间适宜的比例是当务之急。社会经济与生态环境的用水特性不同，确定两者间适宜的比例关系应以耗水为基础。

社会经济挤占生态环境用水对生态环境的伤害程度与挤占水资源量的份额密切相关。在特定的阶段，社会经济与生态环境的用水保持着相对平衡，这种动态依存的平衡关系随着社会经济用水量的剧增会不断打破。社会经济多占用一份水资源量，生态环境就失去相应的部分份额。在社会经济挤占生态环境的用水没有超过发生生态灾难的临界点前，生态环境对水的需求弹性相对比较大。这个阶段水资源短缺对生态环境有一定的破坏作用，但在丰水年份又会有不同程度的恢复，这很容易引发人们忽略生态环境保护、盲目扩大社会经济用水规模的冲动。在接近或者超过发生生态灾难的临界点时，生态环境对水的需求呈现刚性，挤占生态环境用水意味着生态灾难，生态环境恶化表现为不可恢复性，水的再生机制将严重损毁，流域的水资源总量会减少而引发水危机，严重影响社会经济的可持续发展。

探讨流域或区域社会经济与生态环境的耗水比例在学术界已有共识，但如何确定两者间合适的耗水比例难度比较大。主要原因在于：量测和计量手段的缺乏，无法比较准确地获得社会经济与生态环境的耗水量数值及其构成分量；发生生态灾难的临界点确定比较困难。干旱区、半干旱区、湿润区和半湿润区的水资源条件差异很大，影响因素千差万别，许多不确定因素、未知因素增加了研究的难度，使得这些地区社会经济与生态环境适宜耗水比例的形成机制和数值也不尽相同。比较有效、可行的方法是按照水资源分区，通过水均衡的方法估算各项耗水量，再结合卫星遥感数据综合分析确定。根据目前有限的研究成果和初步认识，社会经济与生态环境的耗水比例在干旱和半干旱区不宜超过 40％～50％，湿润和半湿润区不宜超过 20％～40％。考虑到不确定因素和当前的技术手段，建议设置过渡区或者安全系数。

1.1.3　公平与效率：水资源配置的主题

流域水资源总量有限，优先河道最小生态环境用水量，合理分配社会经济与生态环境的用水量，才能保护水资源的再生机制，公平、高效、可持续地使用有限的水资源。

1. 生态环境用水是河流固有的权利

在人类社会发展的初级阶段，用水量很少，河流基本处于天然状态。随着人口增长、城镇化和经济规模不断扩大，社会经济用水量剧增，与河流生态环境用水的矛盾日益尖锐，河流固有的生态环境水权受到了严重的挑战。如何协调两者的用水矛盾，找到合适的平衡点，维持水资源可持续利用，是现代水利工作者的中心任务之一。人类社会发展历程表明，社会经济与生态环境用水博弈的动态平衡维持了社会经济有序的发展，使得人与自然在斗争中不断融合，逐渐走向和谐。

从自然规律来看，生态环境用水是河流固有的权利，下泄生态流量也应是水库固有的功能。要保持人与自然和谐发展，优先满足一定的生态环境用水量是维持河流健康的基本保证。从社会发展进程来看，在社会经济高速发展时期，大量挤占生态环境用水、先污染后治理似乎是必经之路。我国也没能避开这个过程，如部分干旱和半干旱区河道渠系化、某些河流严重的水污染等。从现代科学技术和已有研究成果来看，要维持水资源可持续利用，必须保护水资源的再生机制，而水资源的再生机制与河流生态环境用水量息息相关。优先满足河流最小生态基流，保持一定的水环境容量，保护河流尾闾的湿地、湖泊不再继续萎缩等，是维持河流生态最基本的条件，这在学术界已有广泛的共识。

既然生态环境用水是河流固有的权利，水资源配置必须优先考虑。在当前社会经济高速发展阶段，大量预留生态环境用水在一定程度上会制约社会经济发展，来自利益集团的阻力也比较大。优先满足河流最小生态基流，通过高效节水、污水处理回用等措施，为生态环境提供更多的水源，维持河流的基本健康也许是目前比较可行的方法。

2. 水资源的社会属性：公平原则

水资源是人类和一切动植物赖以生存的公共资源。作为社会公共用品，社会经济中的每个人和自然界的一切动植物都享有公平使用水资源的权利。公平原则是水资源配置最基本的原则，公平是相对的，用水矛盾则是绝对的。

一般来说，流域水资源时空分布很不均匀，与土地资源大多不匹配，产水区主要在河流上游，但土地资源则集中在中下游。河流上游水资源开发利用程度大多较小，社会经济发展相对滞后，中下游人口密集，社会经济比较发达，水资源开发利用程度也较大，地理位置的差异往往引起地区间社会经济发展不平衡。河流天然来水过程具有随机性，年际、年内变化很大，难以与社会经济需水过程相匹配，需要修建水利工程调节其天然径流过程。增大水资源的调蓄能力，可以较好地满足社会经济的用水需求，但会影响河流的生态环境，甚至出现河道断流现象，进一步加剧水资源分配过程中社会经济与生态环境、区域之间、行业之间的用水矛盾。水资源配置在一定程度上尊重水资源开发利用现状，对水资源开发利用程度高的地区有利，但违反了公平原则，剥夺了欠发达地区的部分发展权利。因此，公平使用有限的水资源，需要从社会经济与生态环境、区域间、行业间三个层次优化配置水资源。

社会经济与生态环境之间公平使用水资源的量化标志是确定两者合适的耗水比例。保持两者适宜的耗水比例，可以维持河流生境，保护水资源的再生机制，为自然界动植物提供必要的生存水源，支撑社会经济可持续发展，使人们的生活环境更加美好。区域间包括区域之间、区域内、河流上下游、左右岸、干支流等，如何协调它们的用水关系是水资源配置的重要工作内容。一般来讲，丰水地区可以向缺水地区适当调配一定的水量，但严禁由一个缺水地区向另一个缺水地区调配水量。河流上游是产水区，是水资源保护的重点区域，应涵养水源，严格控制工业生活废污水排放，加大废污水处理力度，禁止布置高污染企业，以确保为河流中下游提供清洁的水源。河流上游进行水资源保护，社会经济发展会受到一定的限制，中下游应给予一定的经济补偿，建立生态补偿机制，通过用水转移和经济补偿体现公平原则。河流干支流、左右岸用水要统一调配，干流与支流也可以通过经济补偿、谁污染谁治理、收取排污费等措施保护水资源。行业间水资源配置涉及具体的用水户，是在前两个层次的框架下对水资源的具体分配，即优先保证生活用水和最小生态环境用水，其次是按照用水保证率的不同，依次为工业、农业、生态等。

3. 水资源的稀缺性：效率原则

面对社会经济高速发展带来的水资源短缺、水污染、生态与环境恶化等问题，可利用的水资源量逐渐减少，高效利用水资源成为必然选择，同时，水资源的稀缺特性决定了它必然向经济效益好的用水户转移。水资源也是社会公共用品，发展经济是为了人民的生活更好。因此，在保证生活用水、河流生态环境基本健康的前提下，按照效率原则使水资源向经济效益好的用水户转移。从高效利用水资源的角度，在社会经济与生态环境、区域间、行业间三个层次上提高用水效率，立足于节约用水和水资源保护，优化配置有限的水资源。

高效利用水资源的核心是提高用水效率，主要是指经济部门，生态环境涉及较少，这与生态环境价值无法合理估算、研究深度不够等因素有关。一般认为，河流最小生态环境用水的价值是无限大的，它关系到河流生境和生态系统的存亡，必须优先保证。维持河流健康所需的生态环境用水量缺乏达成共识的研究成果，无法评价其用水效率，但是，从高效利用水资源的角度来看，社会经济用水量的减少对河流生态环境益处很大。水资源配置要从总体上提高流域的用水效率，地区之间差异不能太大，产水区和丰水区可以适度放宽，缺水地区和河流中下游必须提高。用水效率低的地区可以通过高效利用水资源向用水效率高的地区转移一定的水量，但不能对当地生态环境造成较大的影响。

建立节水型社会是提高用水效率的具体表现形式，各行业或用水户高效利用水资源会表现出一定的差异。对于居民生活用水，减少供水过程的水量损失、使用节水器具等，是提高用水效率的关键环节。发达国家的实践表明，生活用水定额到达峰值后会逐渐稳定，在不浪费水的前提下，高水平的生活用水可以保证居民生活更好，用水环境更加舒适。提高工业用水效率是水资源高效利用最重要的内容之一，可以大幅度减少有害污染物的排放量，减小水污染对河流生态环境的危害。工业企业应在各个生产环节上节水，提高水的重复利用率，淘汰高耗水、产能落后的企业，严格控制工业用水定额。农业是用水大户，经济欠发达地区90%以上水资源用于农业，经济发达地区城市用水的比重正在迅速增大。一般认为，农业节水潜力很大，可以节约大量的水资源，发展高效农业似乎是解决水资源短缺的唯一途径。农业用水效率的提高主要表现在两个环节：一是提高渠系有效利用系数，减少输水损失；二是在田间采用高效节水灌溉设施，改变灌水方式。发展节水灌溉的确可以提高农业用水效率、节约一部分水量，但是，在干旱和半干旱地区，过度节水会破坏土壤的水盐平衡，而土壤积盐产生的负面影响可能在几十年之后才显现出来，同时，地下水的补给、田间生态等都会受到不同程度的影响。因此，建议农业用水采用适度节水措施，节水灌溉面积所占的比重要适度，渠系采用干、支、斗渠防渗比较适宜。从用水结构上看，农业用水所占的比重偏大，与当前高速城镇化不相适应。按照效率原则，发展高效农业节约一部分水资源转移到城市是大势所趋，符合经济学原理。但是，粮食安全是民生的根本，粮食基本自给是我国的基本国策，保持农业用水较大的比重也是必然选择。

1.1.4 水利工程是调配水资源的手段

简单来说，水资源配置是按照一定的规则，在优先满足河道最小生态环境用水量的基础上，通过工程手段调配各种可利用的水源来满足社会经济的用水需求，也就是说，通过水利工程将来水过程线调节到与需水过程线基本相匹配。水利工程是调配水资源的工具，在来水和需水间起着桥梁作用。

1. 水利工程与水源、需水的关系

千百年以来，人类社会的取水工程从简单到复杂，如引水渠道、挖井、筑坝修建水库等。这些水利工程对社会进步和经济发展起到了推动作用，标志着社会文明的先进程度，与水源、社会经济需水构成了有机整体，成为连接两者不可或缺的桥梁。在不同的社会发展阶段，修建的水利工程、引用的水源和社会经济的需水过程有较大的差异。农业社会的水利工程主要是无坝引水灌溉渠道，挖掘的水井大多供居民生活使用，干旱年份灌溉引水受到很大的影响，农业用水保证率比较低，周期性出现灾荒、饥饿等现象，这与当时的科技水平低下密切相关。进入工业社会以后，随着科学技术进步、城镇化速度加快、工业用水急剧增长，水库、有坝引水工程、机井抽取地下水等开始大量涌现，用水保证率大幅度提高，有力地促进了社会经济的发展。半个多世纪以来，社会经济需水迅猛增加和水污染等问题导致水资源短缺十分严重，特别是气候变化对水资源产生了一定的影响，水资源量有所减少，同时，大中型水库群调节了过多的河道径流量，严重影响了河流生态环境的健康发展。为了解决水资源短缺问题，地表水、地下水、再生水、微咸水、海水淡化等多水源利用成为满足当前社会经济需水的有效途径。需水也从过去单一考虑社会经济用水，发展到综合平衡社会经济与生态环境用水，以及如何控制水污染，限制污染物入河量等。从社会发展阶段来看，水利工程与水源、用水需求的关系越来越紧密，内容不断丰富，但本质上还是利用水利工程将不同的水源分配给各个用水户，支撑社会经济可持续发展。由此可以看出，水源、需水和水利工程是水资源配置中的三个基本要素，它们构成了水资源配置的主体框架，也是水资源配置重点研究的基本问题。

　　2. 水库是水资源配置必不可少的工程手段

人口剧增、城镇化、经济高速发展对供水保证率要求越来越高，但水资源时空分布很不均匀，需要在年内、年际间调配，最有效的方法之一是修建水库。当前对修建水库有不同的看法，认为水库对河流生态环境造成的负面影响很大。任何事物都有利有弊，筑坝建库也是一样，关键是下泄生态水量要通过立法成为水库法定的功能。地下水库有一定的调蓄能力，只能满足部分供水要求，地表水始终是主要的供水水源。至少目前还没有什么有效的措施完全替代水库的功能，可以说水库是水资源调配不可缺少的工程手段。

新中国成立以来，我国修建了大量的水利工程，特别是大中型水库在防洪和兴利上发挥了重要作用，保证了我国社会经济的高速发展。但是，重工程建设轻管理，对水资源过度开发也带来了严重的生态环境问题，引发了对工程水利的思考，资源水利、民生水利等概念在这种背景下提出。资源水利是把水资源与国民经济和社会发展紧密联系起来，进行综合开发、科学管理，具体概括为水资源的开发、利用、治理、配置、节约和保护六个方面。民生水利是解决好直接关系人民群众生命安全、生活保障、生存发展、人居环境、合法权益等方面的水利工作。这些概念都是为了促进水利工程更好地为人民服务，合理分配和保护有限的水资源，维持水资源可持续利用，但是，水库作为工程手段调节分配水资源的功能是不会改变的。国内外研究水资源配置都是从水库优化调度开始，也说明了水库在水资源配置中起着重要作用。

1.2　水资源配置模型的类型

1.2.1　水资源配置模型回顾

国外水资源配置研究起源于 20 世纪 40 年代 Masse 提出的水库优化调度问题，多采用系统分析方法。80 年代提出了多目标规划理论、水资源规划的数学模型方法等。90 年代以后，水资源配置与管理多集中在社会公平、市场调节和体制政策方面，体现在公众参与、民主协商分配水资源，通过法律法规保证生态环境用水等。目前国际上水资源模拟计算软件的发展趋势：具有模拟系统的范畴扩大、软件指导性功能提高、系统集成性加强、GIS 技术的引入、软件实用性和可操作性提高等特点，在利用计算机技术开发先进的水资源模拟计算的软件产品上处于领先优势，所涉及的内容上不仅关注水量问题，对水质问题也予以充分的研究和探索，开发的水资源模拟计算或水资源分配系统模型具有较高的应用价值。

我国水资源配置研究起步稍晚，开始于 20 世纪 60 年代的水库优化调度问题，特别是80 年代以来，在流域或区域水资源配置理论和实践方面取得了丰硕的科研成果，大致经历了四个阶段。第一阶段为单纯考虑水量的配置，代表性成果为："六五""七五"国家科技攻关项目提出的理论及相应模型。第二阶段为基于宏观经济的水资源配置，代表性成果为：将宏观经济、系统方法与区域水资源规划实践相结合，在"八五"国家科技攻关项目中提出了基于宏观经济的水资源配置理论及相应模型。第三阶段为基于可持续发展的水资源配置，代表性成果为：作为对基于宏观经济的水资源优化配置的延伸与拓展，在"九五"国家科技攻关项目中，提出了面向生态的水资源优化配置理论及相应模型。第四阶段为广义的水资源配置，代表性成果为：在"十五""十一五"国家科技攻关项目中提出了水量与水质联合配置理论及相应模型。国内目前水资源配置模型研究在一些具体思想理论和方法上有较大突破，特别在实际应用中得到了发展和提高，存在独特的优势和特点。与国外目前发展水平相比，我国的水资源配置模型还存在一定的差距，特别是商业软件产品的开发，与国外研究和应用水平差距较大。具体的不足表现为：模型开发灵活但适用范围有限、模型能够解决实际问题但通用性有待提高、需求分析不完善、多水源及其联合调度考虑不足、水资源系统网络求解技术先进但缺乏资料支撑等。

1.2.2 水资源配置模型的类型及适用范围

1. 水资源配置模型的类型

早期的水资源配置模型以水量模拟为主，伴随着河流湖库水体污染加剧，水资源可持续利用受到影响，产生了水量模拟与水质模拟的分质供水模型。随着河流湖库水体污染物治理和废污水处理，水污染问题已经得到缓解，将会逐步改善，最终恢复清洁。水资源配置模型只是一个工具，前期发展无论多么丰富，其核心仍是水量平衡原理。社会发展到一定阶段，水资源配置模型仍以水量模拟为主，水质模拟分质供水会处于次要地位，甚至可以不考虑。下面从三个方面探讨水资源配置模型的类型。

（1）按照水资源系统与社会经济和生态环境的关系。水资源配置是多目标的，随着社会经济的发展，会遇到各种各样的水资源问题，相应的水资源配置模型就会产生。现有的大多数水资源配置模型均属于这种类型，体现在综合考虑社会、经济、生态、环境等多方面因素，进行多水源联合调配。典型模型如：地表水和地下水联合调配模型、基于宏观经济的水资源优化配置模型、基于生态的水资源配置模型、广义水资源配置模型、水资源全要素优化配置模型等。

（2）按照水资源模拟方式。水资源配置模型按照模拟方式一般分为常规（或称规则）和优化两种。常规模拟是按照水流方向自上而下计算，需要预先拟定各个节点的水量分配策略，直至计算到最末节点，然后根据实际情况和专家经验，反复自上而下调整各个节点的水量分配策略，达到水资源配置的"优化"。优化模拟是将水资源、社会经济和生态环境三大系统作为有机的整体，通过目标函数的引导，利用约束条件调整各个节点的水量分配策略，用数学优化方法达到水资源配置的"优化"。水资源配置模型的两种模拟方式在本质上是相同的，区别在于求解过程不同。常规模拟更容易理解，其计算花费的时间少是一个误区，至少不准确。当区域较小、考虑因素相对不多时，相对于优化模拟有速度快的优势。对于大流域或区域，考虑因素众多，常规模拟一次计算或迭代用时较少，但需要花大量时间人工不断调整规则或供水策略。而优化模拟是用数学优化的方法，通过迭代计算找出最优解。

（3）按照用户级别与解决问题的层次。不同的用户级别与解决问题的层次，其模型系统的侧重点有较大的差异，大体上分为宏观、中观、微观三个尺度的水资源配置模型。

1）宏观尺度的水资源配置模型。国家、省（自治区、直辖市）、流域委员会需要解决重大水资源问题，研究范围大，涉及社会、经济、生态、环境等诸多因素，水资源配置系统网络图的概化程度很高。常规和优化两种模拟方式均可，优化模拟方式占有一定的优势，也可同时采用两种模拟方式相互配合，发挥各自的优势。

2）中观尺度的水资源配置模型。中等流域及地（市）、县需要解决的重大水资源问题，研究范围适度，涉及社会、经济、生态、环境等诸多因素，水资源配置系统网络图的概化程度适度。这类模型应用最广，也可解决部分宏观和微观尺度的水资源配置问题。常规和优化两种模拟方式均可。

3）微观尺度的水资源配置模型。中小流域及县（市）需要解决的水资源问题，研究范围较小，水资源配置系统网络图的概化程度较小，与之相匹配的水文、供用水等资料的可获得性及精度应给予重视。这类模型应用难度最大，也可解决部分中观尺度的水资源配置问题。常规和优化两种模拟方式均可，常规模拟方式占有一定的优势。

2. 水资源配置模型的适用范围

水资源配置模型种类很多，这里仅限于讨论本书的模型。

（1）水资源优化配置模型。水资源优化配置模型采用系统分析法，以水资源天然和人工侧支循环演化二元模式为基础，将水资源、社会经济、生态环境三大系统作为一个有机整体进行水资源供需平衡分析和耗水平衡分析，在社会经济与生态环境用水和谐、经济效益最大等目标引导下进行多水源联合调配。以流域水资源分区为核心构成水资源耗水平衡分析系统，以计算单元为核心构成水资源供需平衡分析系统。该模型适用于宏观、中观、微观各个尺度的水资源配置和规划，侧重于解决宏观和中观的水资源配置问题。

（2）基于地表水和地下水动态转化的水资源优化配置模型。该模型是在水资源优化配置模型的基础上，通过建立地表水与地下水之间的联系、地下水侧向补排关系等，在计算单元的尺度上实现地表水模拟与地下水模拟的结合，进行地表水与地下水的联合调配。该模型适用于微观尺度的水资源配置。

（3）大尺度水资源供求分析模型。该模型由社会经济用水现状分析模块、需水预测模块和水资源供求分析模块组成。水资源供求分析模块采用常规和优化两种模拟方式联合建模，水资源分区之间的水传输利用规则方法进行模拟计算，水资源分区内的计算单元水资源供需平衡计算采用优化方法。每个水资源分区内计算单元水资源供需平衡计算采用不同的目标函数，可根据地区水资源的禀赋条件进行分析计算。该模型适用于水资源配置问题的宏观趋势分析，侧重于研究宏观层面的水资源供求态势。

（4）区域水资源全要素优化配置模型。区域水资源全要素优化配置模型系统采用系统分析方法，从面向水量、水质、水生态、水环境等全要素水资源关系入手，以流域水资源分区为核心构成水资源耗水平衡分析系统，以计算单元为核心构成水资源供需平衡分析系统，以河流系统为核心构成基于水资源优化配置水质模拟系统，以平原区浅层地下水为核心构成地下水数值模拟系统。模型系统由水资源优化配置模型、基于水资源优化配置水质模拟模型、地下水数值模拟模型和水资源全要素优化配置方案评价模型等组成。该模型适用于宏观和中观尺度的水资源配置和规划。

（5）基于水库群调度的水资源配置模型。该模型系统立足于各种水资源调配规则和预先拟定用水需求的供水组成，将存在着一定的水文或水利上联系的水库、引水枢纽等水利工程概化为一组"水库群",预先设定不同类型水库群的补偿调节计算方法,按照事先拟定各行业水库调度线进行供水调节计算。以流域水资源分区为核心构成耗水平衡分析系统,以计算单元为核心构成水资源供需平衡分析系统,以水利工程为纽带,通过水库群调度、水库生态调度、地表水与地下水联合调度等方式,将多种水源公平、高效地分配到各用水行业。该模型适用于宏观、中观、微观各个尺度的水资源配置和规划,侧重于解决中观和微观的水资源配置问题。

1.3 使用水资源配置模型的难点

1.3.1 水资源配置遇到的问题

2011 年,我国明确提出实行最严格的水资源管理制度,划定用水总量、用水效率和水功能区限制纳污"三条红线"。面对新形势下的水资源问题,未来的水资源配置和规划将面临新的问题。下面从区域来水、用水和水利工程三个环节进行分析。

1. 来水

(1) 气候变化将引起水循环演变机制和水资源量的变化。如降水是湿润和半湿润地区河道径流的主要来源,在大气环流稳定的情况下,水资源量的变化相对不大;冰川、融雪、降水是干旱和半干旱地区河道径流的主要来源,受气温升高的影响,消耗了冰川和融雪的存量,我国北方地区水资源量出现了先增加后衰减的现象。

(2) 水资源天然和人工侧支循环演化二元模式将发生变化。如人工侧支循环所占的比重逐渐增大,特别是干旱和半干旱区一些河流的渠系化,导致水循环演变规律的改变,水资源的时空分布发生了很大的变化,回归下游河道的水量大幅度减少。

(3) 供水水源及其供水结构发生变化。从地表水和地下水供水为主,向地表水、地下水、非常规水源等多水源供水方向发展。地下水压采、承压水和部分浅层地下水的关停并转为备用水源,地下水供水量逐渐减少。再生水、雨水利用、海水淡化等非常规水源供水比例逐渐增大,特别是国家再生水利用的相关政策,使得再生水利用量稳步增长。跨流域调水工程的增多,也改变了当地的水资源配置格局。

(4) 用水方式的改变导致排向下游河道的水量发生变化。用水总量的控制在一定程度上遏制了用水量的增长幅度,用水效率的提高促进了用水方式的改变。如城镇化和工业化导致城镇耗水量增加;农业灌溉作为最大的用水户,高效节水灌溉方式使得地表水和地下水的转化关系发生变化,地下水重复量大幅度减少,特别是干旱和半干旱区的某些地区,地表水与地下水循环转化失效,水盐失衡,导致土壤积盐。社会经济耗水量的增加和用水方式的改变使得排向下游河道的水量减少,地下水补给量也在减少。因此,为保障良性的水循环,控制耗水总量是减缓下游河道水量锐减的有效措施之一。

(5) 开展水资源保护工作,河流生境会得到改善,更好地朝着健康的方向发展,反过来也会提高社会经济用水的保障程度,因此,控制好社会经济耗水与生态环境用水的比例尤为重要。

2. 用水

城镇化、工业化、节水型社会建设等的出现,社会经济的用水过程线发生了很大的变化，并伴随着要求供水保证率的不断提高。如城镇用水过程线向上抬升，农业灌溉用水过程线向均匀化方向发展，均线也向上抬升。总体来说，社会经济用水过程线均匀化，且均线向上抬升，要求更高的供水保证率，只有增加水库调蓄库容及多水源联合调配才能满足新的用水需求。保障生态环境用水，意味着新建和已建水利工程的下泄水量要满足最小生态基流，有条件的地区要向下泄适宜生态流量的方向发展。总之，社会经济用水过程线的变化均源于用水方式的改变，良好的用水方式值得进一步研究。

3. 水利工程

水利工程的作用是将来水过程线调节到接近用水过程线的程度，追求两者相匹配是水资源配置的主要任务。来水过程和用水方式的改变，需要多水源调配及增加更多的水库调蓄库容，这也导致未来水利工程的调控能力将不断地增强。目前河湖联通使区域内水资源调配更加灵活，跨流域调水工程也实现了水资源从丰富地区向缺水地区的转移。研究水库群的联合调配是挖掘水利工程最大效益的有效途径之一，但任何事物都有两面性，如何降低水利工程带来的不利影响应当高度重视。

1.3.2 使用水资源配置模型的主要难点

前面从区域来水、用水和水利工程三个环节探讨了水资源配置和规划面临的问题，下面讨论使用水资源配置模型遇到的主要问题。

1. 模型与可获得基础资料的匹配

模型只是一个工具，模拟的是水资源配置系统网络图，需要设置参数才能使用。大型流域水资源配置系统网络图的概化程度比较高，中小型流域系统网络图的概化程度相对比较低。系统网络图的概化程度不同，划分的计算单元大小不同，需要按照规模和重要性确定水库、引水枢纽等是否作为独立的节点，河流及其控制断面也需要按照需要来确定。未作为独立的节点、控制断面、河流等，将概化为一个或多个虚拟的水库、引水枢纽、控制断面、河流等。由此可以看出，不同尺度的水资源配置模型所需的基础数据是不同的，需要对基础数据进行处理后才能满足模型的要求。对虚拟的水库、引水枢纽、控制断面、河流等的基础数据处理要格外慎重，数据的简单合并产生的偏差，使用者应通过调整模型参数与合适的约束进行纠偏。模型参数也有一定的差别，系统网络图的概化程度高，参数的综合程度比较高；反之，参数的综合程度比较低。在实际的模拟计算过程中，存在一个误区，认为水资源分区越小，划分的计算单元越小，尽可能地将水利工程作为独立节点，模拟结果就越好。与这种情况相匹配的基础数据几乎是没有或者极少的，至少水文数据无法满足。即使投入大量的人力、物力，也不一定满足精度要求，原因在于我国的水文监测网主要覆盖大中型流域，水文成果主要反映大中型流域的情况。同理，社会经济、需水、水库和引提工程的来水过程等也存在类似的问题。因此，模型一定要与可获得的基础资料相匹配。

2. 水资源配置系统网络图

不同层次的水资源配置和规划，系统网络图的概化程度不同。系统网络图主要由节点（点）、计算单元水传输系统（线）、水资源分区水传输系统（面）三类元素组成。下面简要分析讨论。

计算单元隐含着均匀性假定，通常采用水资源分区套行政区，可以组成完整的水资源分区和行政区。大型流域和省级的水资源规划，计算单元一般采用水资源三级区（或四级区）套地市，大型水库、重要的中型水库、大型引水枢纽作为独立的节点，中小型水库、中小型引水枢纽概化为一个或多个虚拟的水库、引水枢纽。中小河流也要进行概化，合并为虚拟的河流、控制断面等。计算单元的均匀性、虚拟的水库、虚拟的河流等，会出现供水范围和供水规模增大、水库与河流的调蓄能力增大等现象。地（市）级和县（市）级的水资源规划，计算单元一般采用水资源四级区（或五级区）套县（或乡镇），大中型水库、重要的小型水库、大中引水枢纽作为独立的节点，小型水库、小型引水枢纽等概化为虚拟的水库、引水枢纽，河流可根据需要概化。计算单元也可采用水资源分区（或独立的水系或河流）套城市建成区、灌区、节点上游区、节点下游区、河流左岸、河流右岸、较低级别的行政区等。计算单元水传输系统主要包括当地地表水供水系统、外调水供水系统、提水供水系统、地下水供水系统、回用水供水系统、排水系统、河流系统。节点的概化不同，计算单元水传输系统的概化也随之变化，表现在水传输系统的输水规模、蒸发渗漏损失等的变化，对应的参数也发生变化。水资源分区水传输系统是所有的流域水资源分区通过其断面按照水传输关系连接起来。假定每个水资源分区只有一个水资源分区断面，这与实际情况有偏差。

本书介绍的五个水资源配置模型各具特色，其相应的水资源配置系统网络图的概化程度也不同。

（1）水资源优化配置模型。系统网络图按照上述内容进行概化。

（2）基于地表水和地下水动态转化的水资源优化配置模型。在水资源优化配置模型的系统网络图基础上，建立了地表水与地下水之间的联系、地下水侧向补排关系等。

（3）大尺度水资源供求分析模型。系统网络图是将水源、需水、水利工程等均概化到计算单元上，在计算单元上进行社会经济用水的供用耗排分析计算。这种概化方式相当于由计算单元组成的概化"河流"构成了流域水系，按照实际的水系分布，建立计算单元之间的水力逻辑关系，计算单元及其连线则构成了概化的河流系统。

（4）区域水资源全要素优化配置模型。在水资源优化配置模型的系统网络图基础上，在河道上增加了水功能区及其断面，系统网络图的控制节点应与水功能区断面相结合。

（5）基于水库群调度的水资源配置模拟模型。系统网络图与水资源优化配置模型的系统网络图基本相同，将存在着一定的水文或水利上联系的水库、引水枢纽等水利工程拟定为一组"水库群"，预先设定不同类型水库群的补偿调节计算方法，按照事先拟定的各行业水库调度线进行供水调节计算。

3. 模型参数率定

参数率定是水资源配置模型使用的关键环节。通常根据现状水资源分区的供用耗排关系估计基准年社会经济和生态环境的耗水水平；建立基准年与规划水平年的耗水关系，预估规划水平年水资源分区的供用耗排关系；通过对基准年和规划水平年的耗水平衡分析及反复调整，综合确定模型参数。模型参数率定要考虑以下几个方面的因素：地表水和地下水供水量、地表水可利用量、地下水补给量与开采量、水资源分区社会经济耗水率、主要控制断面下泄流量、湖泊湿地耗水量、社会经济与生态环境的耗水比例、水资源分区蓄水变量等。前文分析结果表明，模型参数与水资源配置系统网络图的概化程度有关。系统网络图的概化程度不同，模型参数存在一定的差别。

4. 水库群类型

水库群联合调度是挖掘水利工程最大效益的有效途径之一。第6章将水库群简化为串联水库群、并联水库群和串并联水库群三种类型，在分析总结水库群特点的基础上，推荐了水库群基本类型的调度规则及相应的模拟计算过程。水库群的组成多种多样，其调度规则也不相同，同一类型水库群也可以采用不同的调度规则。基于水库群调度的水资源配置模型最大的优势之一，是依据水库群的类型采用不同的调度规则解决相应的水资源配置问题。河流的干支流形式及其上分布的水库、引水枢纽的数量，以及供水对象或计算单元的数量与概化程度，是构成不同类型水库群的主要因素。系统网络图的概化程度不同，对河流、水库、引水枢纽、计算单元均有较大的影响，甚至同一水资源配置问题可以出现不同类型的水库群。水库群调度目标的不同，补偿调节计算方法也不同，需要研究不同调度目标的计算方法。因此，研究水库群的类型，简化出通用性的水库群组合，编制不同调度规则及不同模拟计算过程的通用性程序，是基于水库群调度的水资源配置模型的发展方向，也是难点。

5. 模型调算应注意的问题

模型使用者应做好模型调算的前期准备工作，以便把握水资源的供求态势。水资源供需分析涉及水资源配置的各个环节，熟悉区域的各类宏观数据才能正确地使用模型。

（1）了解水资源调查评价和水资源开发利用现状评价的主要成果及其存在的主要问题，即所谓的熟悉"家底"。

（2）正确认识基准年水资源供需平衡分析的作用，它是规划水平年水资源配置的基准，反映了现状水平下的用水水平、供水水平、耗水水平、用水效率等，也是模型参数率定的主要依据。

（3）熟悉需水预测方案及主要的预测成果，结合基准年水资源供需平衡分析结果，对不同水平年各需水方案及其需水增量的分布有一个全局概念。

（4）结合基准年水资源供需平衡分析结果，重点关注规划水平年的水源组成、供水结构、重要水库和引提工程的可供水量等，对规划水平年可供水量的增量及其分布全面了解。

（5）掌握水资源配置"三次平衡"思想，利用"三次平衡"协调社会经济和生态环境的用水矛盾。模型参数率定通常需要进行基准年和规划水平年的耗水平衡分析计算，并反复调整、综合确定，模型参数合理与否，将直接导致计算结果的成败。估算关键性的水资源平衡账，从宏观上把握水资源的供需态势，是指导模型调算的必要环节和常用的手段之一。水资源供需平衡分析应结合区域水资源的禀赋条件、水利工程的现状供水潜力、规划工程的供水能力、外部水资源输入等，分析判断需水预测、供水预测等结果的合理性。

（6）水资源配置方案应考虑需水方案、工程组合、水资源可利用量、可供水量分析等，并符合"三条红线"及国家和地方的相关政策法规，提出适合区域社会经济可持续发展的水资源配置方案。

第2章

水资源优化配置模型

2.1 模型系统基本框架

水资源优化配置模型采用系统分析方法，将水资源、社会经济和生态环境三大系统作为有机整体，通过合理调配区域社会经济与生态环境的用水比例，协调和缓解两者用水的竞争关系。在保持区域水资源可持续利用的基础上，以水利工程为纽带将有限的水资源公平、高效地分配到各用水户，促进区域社会经济和生态环境健康发展。

水资源优化配置模型是以水资源天然和人工侧支循环演化二元模式为基础，将水资源、社会经济、生态环境三大系统作为一个有机整体进行水资源供需平衡分析和耗水平衡分析，在社会经济与生态环境用水和谐、经济效益最大等目标引导下进行多水源联合调配。

水资源优化配置模型建立在系统网络图的基础上，系统网络图遵循水资源天然和人工侧支循环演化二元模式，节点和水传输系统遵循水量平衡原理，可建立相应的平衡方程和约束方程。计算单元及其相应的节点、水传输系统构成了水资源供需平衡分析系统，水资源分区及其水传输系统构成了耗水平衡分析系统。水资源优化配置模型采用线性规划为基础的系统分析方法，根据水量平衡原理建立系统网络图中各个控制节点、水库、计算单元等的平衡方程和约束方程，在目标函数最大（或最小）情况下，通过反复迭代求解决策向量的最优值，以此作为社会经济系统和生态环境系统对水资源需求的参考结果。

区域水资源调查评价、水资源开发利用评价、需水预测、节约用水、水资源保护、供水预测等是水资源优化配置的基础。根据水资源开发利用评价成果及相关耗水平衡成果，可分析和确定基准年的耗水水平。在多水源联合调配、社会经济与生态环境和谐发展、经济效益最大等目标的引导下，通过调整模型参数使各分区耗水平衡成果达到期望的基准年耗水水平，水资源供需分析成果也反映了基准年水资源供需水平。通过基准年水资源供需分析和耗水平衡分析率定模型参数，并建立基准年与规划水平年的耗水关系，利用"三次平衡"思想协调社会经济和生态环境的用水矛盾，进行规划水平年水资源供需平衡分析和耗水平衡分析，作为区域水资源优化配置成果。

水资源优化配置模型系统的基本框架如图 2-1 所示。

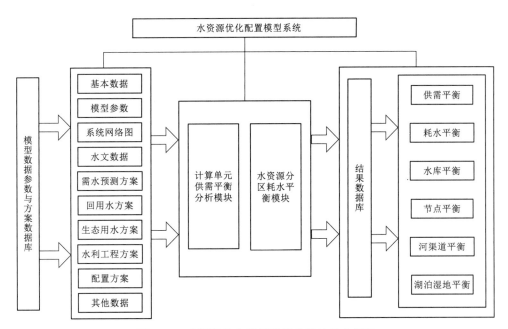

图 2-1　水资源优化配置模型系统的基本框架

2.2　水资源配置系统概化

2.2.1　系统概化的基础

1. 水资源配置的主要特征

简单来说，水资源配置的主要内容是区域间水资源的合理调配，达到人与自然和谐，维持区域水资源可持续利用。水资源配置的主要特征表现为：

（1）社会经济、生态环境和水资源三大系统的平衡不断变化。随着社会经济的发展，人类对水资源需求急剧增加，生态环境系统面临严重的挑战，流域水资源循环演化在不同程度上发生了很大的变化，三大系统间的"平衡—不平衡—平衡"自适应恢复过程愈加困难。目前，我国社会经济对水资源的需求处于上升期，部分地区生态环境有恶化趋势。如果不理智抑制水资源的过度需求，三大系统会失去平衡，造成不可逆转的灾难。因此，水资源配置在很大程度上既要满足社会经济对水资源的需求，又要有利于生态环境的健康发展。

（2）水资源循环二元模式存在的客观性。社会经济的发展改变了流域水资源循环演化模式。当社会经济系统规模较小时，水资源开发利用程度比较低，对水资源天然时空分布改变较小，流域天然水资源循环占主导地位。随着社会经济规模变大，兴建的大量水利工程改变了原来水资源的时空分布，流域水资源系统形成了天然和人工侧支二元循环演化模式。严格来说，社会经济系统的出现，都会在不同程度上改变流域水资源循环演化模式，只是天然和人工侧支二元结构所占比重不同。水资源循环二元模式应反映在系统的简化和抽象上。

（3）水资源配置的主观性。水资源供求分析存在很多不确定性和随机性因素，大量半结构化、非结构化问题需要决策者和技术人员的主观判断和抉择。一般来说，决策者的偏好会影响水资源配置格局，水资源配置是各相关利益方博弈妥协的结果。

（4）社会经济、生态环境和水资源系统的复杂性。水资源配置属于水战略研究范畴，各级水行政主管部门关注水问题的侧重点不同，需要按不同层次对复杂的社会经济、生态环境和水资源三大系统进行简化和抽象。层次不同，概化的精度、解决问题的侧重点也不同，需要充分考虑基础数据的可获得性、可靠性等。

2. 系统概化的基础

任何模型都是对物理世界的抽象，不可能完全模拟真实物理世界的所有过程。水资源配置的首要工作是对系统进行概化，绘制水资源配置系统网络图。系统网络图是水资源配置模型建立的基础，模型分析计算结果是否合理与系统简化和抽象密切相关。水资源系统概化应遵循水量平衡原理，又要反映水资源天然和人工侧支循环二元结构、多水源联合调配、社会经济与生态环境的用水和谐等。

（1）水量平衡原理。流域是具有层次结构和整体功能的复合系统，水资源配置需要对复杂的社会经济、生态环境和水资源三大系统简化和抽象为能运用数学方法处理的节点和水传输系统，并建立它们之间的逻辑关系。节点和水传输系统遵循水量平衡原理和约束条件。社会经济用水表现为水利工程的直接或间接供给，其退水可供生态环境使用。生态环境用水在河道上表现为维持一定的流量，到下个断面供社会经济使用和维持本断面的生态环境用水；河道尾闾或湖泊表现为维持一定的水面，消耗一定的水量。社会经济与生态环境的用水方式不同，水资源配置应以流域耗水平衡为基础，合理调配社会经济和生态环境的用水。

（2）水资源天然和人工侧支循环二元结构。水利工程的兴建改变了流域天然水循环，特别是干旱、半干旱地区河道渠系化，流域下垫面发生较大的变化，改变了流域水循环的转化方式，造成了下游河道尾闾或湖泊萎缩、消失，引发了生态环境系统的恶化。系统概化应区分河流和人工渠系，遵循天然河道与人工侧支水循环的各自规律，客观地对社会经济、生态环境、水资源系统进行简化和抽象。

（3）多水源联合调配。社会经济与生态环境的用水常常是多水源，一般分为当地地表水、地下水、跨流域调水、回用水、微咸水、雨水、海水等。系统概化需要对多种水源进行简化和抽象，反映多种水源之间的转化、传输关系，使其满足社会经济与生态环境的用水需求。

（4）社会经济与生态环境的用水和谐。区域间水资源时空调配是满足社会经济用水、保障生态环境健康常用的手段之一。水资源配置系统概化应从区域上控制社会经济与生态环境的用水比例，保障两者用水和谐，维持水资源可持续利用。

2.2.2 系统网络图概念

1. 配置分区划分原则与方法

（1）划分原则。根据水资源配置目标、我国水资源管理体制以及可获得的基础数据等，水资源配置分区划分的主要原则为：

1）反映社会经济、生态环境和水资源三大系统及其关系。社会经济、生态环境和水资源三大系统是动态依存又相互矛盾的，它们之间的关系非常复杂。水资源配置分区划分既要对它们各自的系统概化，又要考虑如何协调它们之间的关系，追求三者和谐发展。

2）与我国水资源管理体制相衔接。《中华人民共和国水法》第十二条规定："国家对水资源实行流域管理与行政区域管理相结合的管理体制。"水资源配置成果应便于流域和行政区域使用，水资源配置分区划分要将流域与行政区相结合。

3）与流域水资源耗水平衡分析相协调。流域水资源耗水平衡分析是调配社会经济与生态环境的用水比例，处理两者用水的竞争关系是控制模型系统精度的关键环节。水资源配置分区划分应与选择的水资源分区相适应，既满足水资源配置目标，又要有可靠的基础数据作为支撑。

4）优先保护重要的湖泊湿地。保护湖泊、湿地现有的水面面积不再减小，发挥其应有的生态环境功能已经在学术界和生产实践中达成共识。水资源配置分区划分应将重要的湖泊、湿地单独作为补水计算单元，采用较高的优先补水原则是保护湖泊湿地、恢复生态环境的有效措施之一。

5）与可获得的基础数据相匹配。计算单元越小，对实际问题的描述越接近，对水文、需水、供水、生态以及各种工程特性的数据精度要求也越高。我国许多地区基础数据比较薄弱，水资源配置分区划分应与基础数据相适应。

（2）划分方法。水资源配置分区是指流域水资源分区、行政区、计算单元等，以及协调它们之间的相互关系。

1）流域水资源分区。大型流域水资源配置常采用水资源二级区、三级区或四级区，中小流域可采用四级区、五级区或者独立的中小河流作为水资源分区，这与水资源配置目标和解决问题的层次密切相关。

2）行政区。一般采用省（自治区、直辖市）、地（市）、县（市）三级行政区，选用的行政区与需水预测密切相关。一般来说，社会经济发展指标预测最多到县（市）级行政区。

3）计算单元。计算单元或计算分区是水资源配置的最小计算单位，隐含了均匀性假定。一个或多个计算单元能够组成完整的行政区和水资源分区，便于分类统计。水资源配置目标、研究问题的层次、需水预测采用的行政区等，是计算单元划分的基本依据。计算单元划分一般按照水资源分区套行政区，也可采用水资源分区套城市建成区、灌区、节点上游区、节点下游区、河流左岸、河流右岸、较低级别的行政区等。对于特殊情况，也可将划分的计算单元分解为多个小计算单元，但必须满足行政区和水资源分区的分类统计。

2. 系统概化原理

系统网络图应体现水资源天然和人工侧支循环演化二元模式，通过对社会经济、生态环境和水资源三大系统进行简化和抽象，建立主要影响因素之间的关系，进行水资源供需平衡分析和耗水平衡分析。水资源配置是以水利工程为纽带，将各种水源通过其天然和人工的水传输系统供给社会经济和生态环境系统，水资源优化配置模型模拟概化的系统网络图，因此，节点和水传输系统是水资源配置系统网络图构成的主要元素。

从水资源供需看，社会经济和生态环境系统是需求方，水资源系统是供给方，供需双方通过水利工程和河道的水传输才能达到两者的平衡。将计算单元、用水户、湖泊、湿地等简化和抽象为需（用）水节点；水库、引水枢纽、提水泵站、地下水管井等构成了供水（或水源）节点；河流、渠系的交叉点，行政区间断面、水资源分区（或称流域单元）间断面等构成了输水节点。计算单元的地表水供水系统、地下水供水系统、排水系统、回用水系统以及河流系统组成计算单元水传输系统，它们按照系统网络的内在逻辑关系与各类节点连接起来，构成了以计算单元为基础的水资源供需平衡分析系统。水资源分区间断面将水资源分区连接起来，构成了水资源分区水传输系统，它是流域耗水平衡分析的基础。节点、计算单元水传输系统、水资源分区水传输系统共同构成了水资源配置系统网络图。系统网络图遵循水量平衡原理，从流域（或区域）上游到下游水传输系统不能间断，终点为水汇，反映了三大系统间内在的逻辑关系以及水资源天然水循环和人工侧支循环的供用耗排关系。

3. 系统网络图定义

水资源配置系统网络图定义：以节点、计算单元水传输系统、水资源分区水传输系统描述社会经济、生态环境和水资源三大系统，以二元水循环模式、水量平衡原理作为制图依据，各节点通过若干条有向连线表示的水传输关系构成的网状图形。

2.2.3　系统网络图组成及绘制

1. 组成

系统网络图主要由节点（点）、计算单元水传输系统（线）、水资源分区水传输系统（面）三类元素组成。

（1）节点，分为需水、供水和输水 3 类。

1）需水节点，包括计算单元、用水户、湖泊、湿地等。用水户以计算单元为节点，包括城镇生活、农村生活、工业及三产、农业、城镇生态和农村生态。计算单元既是需水节点，又是供水节点。

2）供水节点，包括水库、引水枢纽、提水泵站、地下水管井、污水处理厂、当地未控径流等。大型流域一般将大型水库、重要的中型水库作为独立水库节点，中小型水库、塘坝可概化为一个或多个虚拟水库。大型引水枢纽、提水泵站作为独立节点，中小型引提水枢纽则概化为一个或多个虚拟引提水节点。地下水管井、污水处理厂、当地未控径流包含在计算单元内，水源主要供本单元使用，也可供邻近单元使用。当地未控径流是未概化到水库、引提水工程的当地水源，主要是河流系统的中小河流，随着系统网络图的细化而减小，甚至为零。对于中小型流域，可将大多数水库、引水枢纽、提水泵站作为独立节点，概化的虚拟节点随流域规模减小和研究问题的细化逐渐减少；地下水管井和污水处理厂与大型流域的处理类似。

3）输水节点，包括河流、隧洞、渠道及长距离输水管线的交汇点或分水点，行政区间的断面、水资源分区间的断面、水汇等。水汇是流域水循环最终水量的汇集处，流域内可概化多个水汇，如河流尾闾湖泊、低洼地、沙漠、海洋等。

（2）计算单元水传输系统。按照水资源利用分为地表水系统和地下水系统，按照流域水循环分为天然水循环系统和人工侧支水循环系统。系统网络图应完整反映两类水传输系统，水资源配置结果要便于各类统计，符合水利行业的传统习惯和用户需求。

1）按照水资源利用分类。

a. 地表水系统。计算单元、水利枢纽（包括蓄引提工程）与人工渠系、天然河道、排水系统等的相互连接构成了地表水传输系统。

b. 地下水系统。为简化计算，水资源规划常将计算单元内的地下水简化为一个地下水库，假设水文地质单元与计算单元闭合，不考虑地下水库间的水力联系。地下水库的供水对象通常限定于所在的计算单元，对于向其他单元供水的地下水水源地，可通过计算单元间的地下水供水系统实现。

2）按照流域水循环分类。

a. 当地地表水供水系统。当地地表水是相对于外流域调水。当地地表水供水系统是水利枢纽通过渠道、管道直接或间接供给计算单元用水户、湖泊、湿地等的供水体系。

b. 外调水供水系统。外调水是根据所研究问题的层次、是否跨流域等确定。例如，水资源二级区之间、三级区之间、四级区之间等的水量调配均可定义为外调水。一般来讲，外调水具有相对特殊的意义，如水价较高、工程投资大、效益影响决策因素敏感等，因此，在系统网络图中需要单独区别。外调水供水系统本质上与当地地表水供水系统相同。

c. 提水系统。大多数流域可以不设提水系统，而是将其归为当地地表水供水系统。如果流域地形坡度小，引水、提水渠系犬牙交错，需要设置提水系统，确定水流方向。

d. 地下水供水系统。一般将计算单元内的地下水简化为一个地下水库，供本单元和邻近计算单元使用。地下水供水系统主要是计算单元之间的供水连线，供本单元使用则隐含在计算单元内。

e. 回用水供水系统。污水排放主要是城镇生活和工业产生的废污水，产生的污水有两个通道：①直接进入河道；②进入污水处理厂。处理后的污水一部分回用，另一部分进入河道。回用水供本单元和邻近计算单元使用。回用水供水系统主要是计算单元之间的供水连线，供本单元使用则隐含在计算单元内。

f. 排水系统。排水系统是指计算单元灌溉渠系和田间退水量、回用水未利用量、未处理污水排放量等通过排水连线传输至下游节点的水传输系统。

g. 河流系统。河流系统是对实际河网系统的概化，它连接水利工程、接受计算单元的排水，也反映河道内生态用水状况。主要连线包括概化的河道和计算单元下游河道（概化的当地未控径流）。

河流系统属于天然水循环系统，当地地表水供水系统、外调水供水系统、提水系统、地下水供水系统、回用水供水系统、排水系统属于人工侧支水循环系统。

（3）水资源分区水传输系统。流域水资源分区由一个或多个计算单元组成，上游水资源分区断面的出境水量是下游水资源分区的入境水量。所有的流域水资源分区通过水资源分区断面按照水传输关系连接起来，构成了水资源分区之间的水传输系统。它反映了流域水资源分区间出境入境水量、调入调出水量、社会经济和生态环境耗水量、流域蓄水变量等关系，是流域水资源循环转化耗水平衡计算的基础。

2. 绘制

（1）节点上、下游连线。系统网络图绘制的主要依据是水量平衡原理。任意一个节点必须满足

$$Q_i - Q_s - Q_l - Q_o = \Delta Q \tag{2-1}$$

式中　Q_i——节点上游来水量；

　　　Q_s——节点供水量；

　　　Q_l——节点耗损水量，包括蒸发和渗漏补给地下水；

　　　Q_o——节点下游输水量；

　　　ΔQ——节点蓄水变量。

节点上、下游连线包括：

1）计算单元。上游连线：当地地表水供水渠道、外调水供水渠道。下游连线：计算单元排水渠道、河道。

2）水库、引水枢纽、提水泵站、行政区断面、河流和渠道的交汇点等。上游连线：河道、计算单元排水渠道、当地地表水间接输水渠道、外调水间接输水渠道。下游连线：当地地表水供水渠道、外调水供水渠道、当地地表水间接输水渠道、外调水间接输水渠道、河道。间接输水渠道为不直接与用水户相连接的渠道。

3）水资源分区断面。上游连线：河道、计算单元排水渠道。下游连线：河道。

4）湖泊、湿地、水汇。上游连线：河道、计算单元排水渠道、当地地表水供水渠道、外调水供水渠道。下游连线：河道或无连线。

（2）方法与步骤。各节点按照其上、下游连线的实际对应关系和逻辑关系，在任意两个节点间连接若干条有向连线。引水渠道（或管道）、提水渠道（或管道）在网络中由两组连线表示，反映当地地表水传输关系；河流在网络中由另一组连线表示，反映河流传输关系；跨流域调水、排水、地下水、回用水等传输系统采用另外几组连线表示。水源经各类节点的供水、排水、河道输水后最终应汇集到水汇，供水、输水、排水线路的组合必须是连续的，不能出现间断。这样，就形成了水资源配置系统网络图。系统网络图的制作方法和步骤如下：

1）根据水资源配置目标和研究问题的深度概化河流干支流系统，以接近项目区实际地理位置的方式绘出河流系统（包括河流干支流和概化河流）。

2）在河流系统基础上确定和标出水资源分区断面、行政区断面、水库、引提水枢纽、计算单元、湖泊、湿地、水汇等。计算单元下游连接以当地未控径流为水源概化中小河流。

3）以计算单元、水库、引提水枢纽、湖泊、湿地等节点连接当地地表水供水系统、外调水供水系统、提水系统、地下水供水系统、回用水供水系统。

4）将计算单元的下游排水连线与河流上的节点连接，形成排水系统，假定每个计算单元仅有一条排水连线。

5）勾绘出水资源分区的界限，每个水资源分区仅概化一个断面，水资源分区断面之间的水传输连线一般为河流连线。

6）反复检查、修改系统网络图，直至满足要求。

2.3 水资源优化配置模型系统设计

2.3.1 模型程序框架

1. 基本组成

模型系统主要由水资源系统的时空关系描述、数据输入、参数与变量定义、平衡方程与约束条件、目标函数、模型求解、模型参数初始化、结果输出文件、结果分析等部分组成。

2. 水资源系统的时空关系描述

根据水资源系统网络图，在模型中用集合描述。

（1）时间关系描述，主要为计算时段集合和系列年集合。

（2）空间关系描述，主要为水工程和计算单元集合定义、当地地表水供水系统、外调水供水系统、提水系统、地下水供水系统、回用水供水系统、排水系统、河流系统等。

3. 数据输入

输入的数据主要包括基本元素、河渠系网络、河渠道基本信息、计算单元信息、水利工程基本信息、其他信息等。

（1）基本元素。行政分区、水资源分区、计算单元、水库、节点、湖泊湿地、需水部门分类、规划水平年、水源分类、计算时段选择等。

（2）河渠系网络。当地地表水渠道连线、外调水渠道连线、提水连线、河流连线、排水连线、水资源分区连线等。

（3）河渠道基本信息。地表水渠道、外调水渠道、提水渠道、排水渠道、河道等的工程特性参数。

（4）计算单元信息。需水过程、未控径流量、河网调蓄能力、污水处理参数、灌溉水利用系数、地下水可利用量等。

（5）水利工程基本信息。水库特征参数、水库和节点入流等。

（6）其他信息。湖泊湿地信息，如保护面积、耗水期望值等。

4. 参数与变量定义

参数主要为计算单元、水库、渠道、节点、其他等。变量主要为供水量、缺水量、水库月末状态等。

5. 平衡方程及约束条件

水量平衡方程及约束条件主要包括计算单元、水库、节点、渠道、河道、地下水、回用水、湖泊湿地等。

6. 目标函数

目标函数包括净效益最大、损失水量最小、供水水源优先序等几类，可用统一的数学结构表达。

7. 模型求解

根据系统网络图建立的平衡方程及约束条件，在目标函数的引导下，利用 GAMS 软件包求解。

8. 模型参数初始化

水库入流、节点入流、当地可利用水量等的非负值处理，水库初始库容、地下水库初始库容、河网初始槽蓄容量、保护湖泊初始入湖水量等的初始化。

9. 结果输出

按水资源分区、行政分区、供水水源、水利工程、节点、渠道等提供各类统计结果。计算单元、节点、渠系等的长系列月过程，可根据需要统计各类结果。

2.3.2　目标函数和主要约束方程

1. 系统集合、参数与变量

系统集合表示组成系统的各类元素以及反映它们之间关系的所有元素的总称。基本物理元素、时间元素、分析元素等称为基本元素或基本集合。在基本集合内按照某一特性划分的不同元素集合为该基本集合的子集合，而反映基本集合相互之间关系并具有某一特性的集合称为复合集合。在以下叙述的公式中，以大写字母表示集合的全体，小写字母则表示该集合的元素。表 2-1 为各类集合名称及意义。

表 2-1　　　　　　　　　　集合名称及意义一览表

集合	意　义	集合	意　义
N	所有水库、节点、计算单元	LR(L)	河道
ND(N)	引水、提水、调水工程节点	LS(L)	当地地表水渠道
IR(N)	蓄水工程	LD(L)	外调水渠道
J(N)	计算单元	LP(L)	提水渠道
LK(N)	湖泊、湿地	LO(L)	排水渠道
U(N)	上游元素集合	T	时间
D(N)	下游元素集合	TM(T)	计算时段
L(N,N)	连接上下游的河流、渠道		

在系统集合的基础上可进一步定义参数和变量。参数是模型的外生变量，即模型的输入，由统计资料分析确定。变量是模型的内生变量和决策因子，由模型运行后求得。为了方便起见，参数和变量加前缀"P"和"X"以示区别。参数与变量名称及意义，见表 2-2、表 2-3。

表 2-2　　　　　　　　　　参数名称及意义一览表

名称	意义及说明	名称	意义及说明
PCSC	河道有效利用系数	PCSCA	灌溉水利用系数
PCSCC	城镇生活供水有效利用系数	PWRA	渠系补给河道系数
PCSCI	工业供水有效利用系数	PRSLO	水库月渗漏损失系数
PCSCE	城镇生态供水有效利用系数	PRELO	水库月水面蒸发系数
PCSCR	农村生活供水有效利用系数	PRSL	死库容

名称	意义及说明	名称	意义及说明
PRSU	最大库容	PZTCT	城镇生活污水处理率
PRSU1	正常库容	PZTCR	城镇生活污水回用率
PRSU2	防洪汛限库容	PZTRI	回用水供工业比重
PCSL	河道最小流量	PZTRA	回用水供农业比重
PCSU	河道过流能力	PZTRE	回用水供生态比重
PNSF	节点入流量	PZTID	工业污水排放率
PRSF	水库入流量	PZTIT	工业污水处理率
PWSF	计算单元未控径流	PZTIR	工业污水回用率
PWSFC	计算单元未控径流利用系数	PZWC	城镇生活毛需水量
PZGTU	时段地下水开采上限系数	PZWI	工业毛需水量
PZGW	年地下水可利用量	PZWE	城镇生态毛需水量
PZWL	湖泊、湿地期望补水量	PZWR	农村生活毛需水量
PZTCD	城镇生活污水排放率	PZWA	农业毛需水量

表 2-3		变量名称及意义一览表		

名称	意义及说明	名称	意义及说明
XCDC	外调水城镇生活供水量	XCDRI	外调水渠道供工业水量
XCDI	外调水工业供水量	XCDRE	外调水渠道供城镇生态水量
XCDE	外调水城镇生态供水量	XCDRR	外调水渠道供农村生活水量
XCDR	外调水农村生活供水量	XCDRA	外调水渠道供农业水量
XCDA	外调水农业供水量	XCSRK	地表水渠道供湖泊水量
XCSC	地表水城镇生活供水量	XCDRK	外调水渠道供湖泊水量
XCSI	地表水工业供水量	XRSV	蓄水库容
XCSE	地表水城镇生态供水量	XRSLO	水库渗漏损失
XCSR	地表水农村生活供水量	XRELO	水库蒸发损失
XCSA	地表水农业供水量	XZGC	地下水城镇生活供水量
XCSRL	地表水渠道供水量	XZGI	地下水工业供水量
XCDRL	外调水渠道供水量	XZGE	地下水城镇生态供水量
XCPRL	提水渠道供水量	XZGR	地下水农村生活供水量
XCRRL	河道输水量	XZGA	地下水农业供水量
XCSRC	地表水渠道供城镇生活水量	XZTI	回用水工业供水量
XCSRI	地表水渠道供工业水量	XZTE	回用水城镇生态供水量
XCSRE	地表水渠道供城镇生态水量	XZTA	回用水农业供水量
XCSRR	地表水渠道供农村生活水量	XZSFC	当地可利用水城镇生活供水量
XCSRA	地表水渠道供农业水量	XZSFI	当地可利用水工业供水量
XCDRC	外调水渠道供城镇生活水量	XZSFE	当地可利用水城镇生态供水量

名称	意义及说明	名称	意义及说明
XZSFR	当地可利用水农村生活供水量	XZTR	回用水量
XZSFA	当地可利用水农业供水量	XZSNA	河网槽蓄水供农业水量
XZMC	城镇生活缺水量	XZSO	计算单元下游河道退水量
XZMI	工业缺水量	XZSN	计算单元河网槽蓄水量
XZME	城镇生态缺水量	XZSNO	计算单元河网下泄水量
XZMR	农村生活缺水量	XML	湖泊缺水量
XZMA	农业缺水量		

2. 目标函数

水资源系统满足其全部约束条件限制的可行运行方式是无穷多的。为了从某一角度衡量这些可行运行方式的优劣，需要制定评价的标准。评价标准通常可分为三类，即按水资源系统在长期运行中所获得的经济效益最大，或系统所损失的水量最小，或按给定的各水库蓄放水及分水的优先级运行。水资源优化配置模型所采用的评价运行方式优劣的标准由目标函数表示。当目标函数给定后，模型求解软件对所定义的问题进行求解，即从所有可行解中找到使目标函数达到最大值（或最小值）的解。其物理意义是满足系统的水平衡、运行、容量及其他要求后，使系统的效益（或按水量损失，或按优先级）达到最好。上述三种目标函数形式，一般来说是经济效益准则较为合理。但在工农业生产模型不具备或基本经济数据不足的情况下，采用水量损失最小准则也是合理的，特别是对于缺水地区，因它在某种意义上体现水资源的充分利用的观点。对于蓄放水次序优先级准则，不仅各水库优先级组合众多，而且还涉及各库供水后的渠道分水比例问题，不仅工作量大，而且结果因人而异，难以具有说服力。优化模拟模型同时具有这三类目标函数，并且用统一的数学结构表达出来，通过对选择项参数赋值，可以选择采用任一种目标函数（系统运行的评价标准），也可以根据经验和实际情况使两种目标函数结合起来。

解决多目标问题的核心思想是将多目标问题转化成形式上的单目标问题，理论上可以利用多种数学方法来达到这一目的。在本模型中，采用对不同的目标函数取不同的权重，然后将各目标函数相加，求解函数最大值或者最小值的简化方法。模型在求解过程中，会根据各项不同的权重来确定其计算的优先序，以此来达到优化配置的目的。

（1）净效益最大调度原则。考虑各用水户的供水优先序原则，同时满足农业用水在时间和空间上的宽浅式破坏，采用以下的目标函数

$$\text{Min} \quad OBJ2 = \sum_j \alpha_j \cdot (XZMC_{ty}^j \cdot \alpha_c + XZMI_{ty}^j \cdot \alpha_i + XZME_{ty}^j \cdot \alpha_e + XZMA_{ty}^j \cdot \alpha_a$$
$$+ XZMR_{ty}^j \cdot \alpha_r) + \lambda \cdot XMIN \qquad \forall ty, j$$

$$(2-2)$$

式中　　　　　α_j——各计算单元的权重系数；

α_c、α_i、α_e、α_a、α_r——城镇生活供水、工业供水、城镇生态供水、农业供水以及农村生活供水的权重系数；

λ——农业破坏均匀度的权重系数。

（2）供水水源优先序原则。对于多水源的水资源配置系统，考虑不同供水水源利用的优先序，可采用以下目标函数

$$
\begin{aligned}
\text{Max} \quad OBJ3 = &\sum_j \alpha_{sur} \cdot (XZSC_{ty}^j + XZSI_{ty}^j + XZSE_{ty}^j + XZSA_{ty}^j + XZSR_{ty}^j) \\
&+ \sum_j \alpha_{div} \cdot (XZDC_{ty}^j + XZDI_{ty}^j + XZDE_{ty}^j + XZDA_{ty}^j + XZDR_{ty}^j) \\
&+ \sum_j \alpha_{grd} \cdot (XZGC_{ty}^j + XZGI_{ty}^j + XZGE_{ty}^j + XZGA_{ty}^j + XZGR_{ty}^j) \\
&+ \sum_j \alpha_{sfl} \cdot (XZSFC_{ty}^j + XZSFI_{ty}^j + XZSFE_{ty}^j + XZSFA_{ty}^j + XZSFR_{ty}^j) \\
&+ \sum_j \alpha_{rec} \cdot (XZTI_{ty}^j + XZTE_{ty}^j + XZTA_{ty}^j) \qquad \forall ty, j
\end{aligned}
$$

$$(2-3)$$

式中　α_{sur}、α_{div}、α_{grd}、α_{sfl}、α_{rec}——当地地表水、外调水、地下水、当地未控径流以及污水处理回用水的权重系数。

（3）水库损失水量最小原则。对于水库损失水量最小的原则，采用以下目标函数

$$
\text{Max} \quad OBJ4 = \sum_{ir} \left[\alpha_{ir} \cdot \sum_{tm=1}^{12} XRSV_{tm}^{ir} \right] \qquad \forall tm, ir \qquad (2-4)
$$

$$
\text{Min} \quad OBJ5 = \sum_{ir} \left[\begin{array}{l} \alpha_{ir} \cdot \big(\sum\limits_{tm \in 汛期} \sum\limits_{lr(ir, d(n))} XCSRL_{tm}^{lr(ir, d(n))} \cdot \beta_1 \\ + \sum\limits_{tm \notin 汛期} \sum\limits_{lr(ir, d(n))} XCSRL_{tm}^{lr(ir, d(n))} \cdot \beta_2 \big) \end{array} \right] \qquad \forall tm, ir \quad (2-5)
$$

式中　α_{ir}——反映水库重要程度的权重系数；

β_1、β_2——水库在汛期与非汛期下泄水量的权重系数。

优化模拟模型同时具有上述几类目标函数，即综合了以上各个分目标，其总的目标函数表达式为

$$
\text{Max} \quad OBJ = -OBJ1 \cdot C_1 - OBJ2 \cdot C_2 + OBJ3 \cdot C_3 + OBJ4 \cdot C_4 - OBJ5 \cdot C_5 \qquad \forall ty, ir
$$

$$(2-6)$$

式中　C_1、C_2、C_3、C_4、C_5——各目标的权重。

3. 主要平衡方程及约束条件

下面仅给出主要平衡方程及约束条件。计算单元的当地地表水供水、外调水供水、提水、退水平衡方程以及回用水供水、地下水供水、当地可利用水供水、河网槽蓄等约束方程等，参考有关文献。

（1）水库水量平衡方程

$$
\begin{aligned}
XRSV_{tm}^{ir} = &XRSV_{tm-1}^{ir} + PRSF_{tm}^{ir} \\
&+ \sum_{ls(u(ir), ir)} PCSC^{ls(u(ir), ir)} \cdot XCSRL_{tm}^{ls(u(ir), ir)} \\
&+ \sum_{ls(u(nd), ir)} PCSC^{ls(u(nd), ir)} \cdot XCSRL_{tm}^{ls(u(nd), ir)} \\
&+ \sum_{ld(u(ir), ir)} PCSC^{ld(u(ir), ir)} \cdot XCDRL_{tm}^{ld(u(ir), ir)}
\end{aligned}
$$

$$+ \sum_{ld(u(nd),\, ir)} PCSC^{ld(u(nd),\, ir)} \cdot XCDRL_{tm}^{ld(u(nd),\, ir)}$$

$$+ \sum_{lp(u(ir),\, ir)} PCSC^{lp(u(ir),\, ir)} \cdot XCPRL_{tm}^{lp(u(ir),\, ir)}$$

$$+ \sum_{lp(u(nd),\, ir)} PCSC^{lp(u(nd),\, ir)} \cdot XCPRL_{tm}^{lp(u(nd),\, ir)}$$

$$+ \sum_{lo(u(j),\, ir)} PCSC^{lo(u(j),\, ir)} \cdot XZSO_{tm}^{lo(u(j),\, ir)}$$

$$- \sum_{ls(ir,\, d(j))} (XCSRC_{tm}^{ls(ir,\, d(j))} + XCSRI_{tm}^{ls(ir,\, d(j))} + XCSRE_{tm}^{ls(ir,\, d(j))}$$

$$+ XCSRR_{tm}^{ls(ir,\, d(j))} + XCSRA_{tm}^{ls(ir,\, d(j))})$$

$$- \sum_{ld(ir,\, d(j))} (XCDRC_{tm}^{ld(ir,\, d(j))} + XCDRI_{tm}^{ld(ir,\, d(j))} + XCDRE_{tm}^{ld(ir,\, d(j))}$$

$$+ XCDRR_{tm}^{ld(ir,\, d(j))} + XCDRA_{tm}^{ld(ir,\, d(j))})$$

$$- \sum_{lp(ir,\, d(j))} (XCPRC_{tm}^{lp(ir,\, d(j))} + XCPRI_{tm}^{lp(ir,\, d(j))} + XCPRE_{tm}^{lp(ir,\, d(j))}$$

$$+ XCPRR_{tm}^{lp(ir,\, d(j))} + XCPRA_{tm}^{lp(ir,\, d(j))})$$

$$- \sum_{ls(ir,\, d(ir))} XCSRL_{tm}^{ls(ir,\, d(ir))} - \sum_{ls(ir,\, d(nd))} XCSRL_{tm}^{ls(ir,\, d(nd))}$$

$$- \sum_{ld(ir,\, d(ir))} XCDRL_{tm}^{ld(ir,\, d(ir))} - \sum_{ld(ir,\, d(nd))} XCDRL_{tm}^{ld(ir,\, d(nd))}$$

$$- \sum_{lp(ir,\, d(ir))} XCPRL_{tm}^{lp(ir,\, d(ir))} - \sum_{lp(ir,\, d(nd))} XCPRL_{tm}^{lp(ir,\, d(nd))}$$

$$- XRSLO_{tm}^{ir} - XRELO_{tm}^{ir} \qquad \forall\, tm,\, ir,\, nd,\, j,\, ls,\, ld,\, lp$$

$$(2-7)$$

（2）水库库容约束条件

$$PRSL_{tm}^{ir} \leqslant XRSV_{tm}^{ir} \leqslant PRSU_{tm}^{ir} \qquad \forall\, tm,\, ir \qquad (2-8)$$

其中

$$PRSU_{tm}^{ir} = \begin{cases} PRSU1_{tm}^{ir} & tm \notin 汛期 \\ PRSU2_{tm}^{ir} & tm \in 汛期 \end{cases} \qquad (2-9)$$

（3）水库蒸发、渗漏损失方程

$$XRSLO_{tm}^{ir} = \frac{1}{2} \times (XRSV_{tm}^{ir} + XRSV_{tm-1}^{ir}) \times PRSLO^{ir} \qquad \forall\, tm,\, ir \quad (2-10)$$

$$XRSEO_{tm}^{ir} = \frac{1}{2} \times (XRSA_{tm}^{ir} + XRSA_{tm-1}^{ir}) \times PRELO^{ir} \qquad \forall\, tm,\, ir \quad (2-11)$$

（4）节点水量平衡方程

$$PNSF_{tm}^{nd} + \sum_{ls(u(ir),\, nd)} PCSC^{ls(u(ir),\, nd)} \cdot XCSRL_{tm}^{ls(u(ir),\, nd)}$$

$$+ \sum_{ls(u(nd),\, nd)} PCSC^{ls(u(nd),\, nd)} \cdot XCSRL_{tm}^{ls(u(nd),\, nd)}$$

$$+ \sum_{ld(u(ir),\, nd)} PCSC^{ld(u(ir),\, nd)} \cdot XCDRL_{tm}^{ld(u(ir),\, nd)}$$

$$+ \sum_{ld(u(nd),\, nd)} PCSC^{ld(u(nd),\, nd)} \cdot XCDRL_{tm}^{ld(u(nd),\, nd)}$$

$$+ \sum_{lp(u(ir),\, nd)} PCSC^{lp(u(ir),\, nd)} \cdot XCPRL_{tm}^{lp(u(ir),\, nd)}$$

$$+ \sum_{ld(u(nd),\ nd)} PCSC^{lp(u(nd),\ nd)} \cdot XCPRL_{tm}^{lp(u(nd),\ nd)}$$

$$+ \sum_{lo(u(j),\ nd)} PCSC^{lo(u(j),\ nd)} \cdot XZSO_{tm}^{lo(u(j),\ nd)}$$

$$- \sum_{ls(nd,\ d(j))} (XCSRC_{tm}^{ls(nd,\ d(j))} + XCSRI_{tm}^{ls(nd,\ d(j))} + XCSRE_{tm}^{ls(nd,\ d(j))}$$

$$+ XCSRR_{tm}^{ls(nd,\ d(j))} + XCSRA_{tm}^{ls(nd,\ d(j))})$$

$$- \sum_{ld(nd,\ d(j))} (XCDRC_{tm}^{ld(nd,\ d(j))} + XCDRI_{tm}^{ld(nd,\ d(j))} + XCDRE_{tm}^{ld(nd,\ d(j))}$$

$$+ XCDRR_{tm}^{ld(nd,\ d(j))} + XCDRA_{tm}^{ld(nd,\ d(j))})$$

$$- \sum_{lp(nd,\ d(j))} (XCPRC_{tm}^{lp(nd,\ d(j))} + XCPRI_{tm}^{lp(nd,\ d(j))} + XCPRE_{tm}^{lp(nd,\ d(j))}$$

$$+ XCPRR_{tm}^{lp(nd,\ d(j))} + XCPRA_{tm}^{lp(nd,\ d(j))})$$

$$- \sum_{ls(nd,\ d(ir))} XCSRL_{tm}^{ls(nd,\ d(ir))} - \sum_{ls(nd,\ d(nd))} XCSRL_{tm}^{ls(nd,\ d(nd))}$$

$$- \sum_{ld(nd,\ d(ir))} XCDRL_{tm}^{ld(nd,\ d(ir))} - \sum_{ld(nd,\ d(nd))} XCDRL_{tm}^{ld(nd,\ d(nd))}$$

$$- \sum_{lp(nd,\ d(ir))} XCPRL_{tm}^{lp(nd,\ d(ir))} - \sum_{ld(nd,\ d(nd))} XCPRL_{tm}^{lp(nd,\ d(nd))}$$

$$= 0 \qquad\qquad \forall\, tm\,,\ ir\,,\ nd\,,\ j\,,\ ls\,,\ ld\,,\ lp \tag{2-12}$$

（5）计算单元供需平衡方程

$$PZWC_{tm}^{j} = XZSFC_{tm}^{j} + XCSC_{tm}^{j} + XCDC_{tm}^{j} + XCPC_{tm}^{j} + XZGC_{tm}^{j}$$
$$+ XZMC_{tm}^{j} \qquad \forall\, tm\,,\ j \tag{2-13}$$

$$PZWI_{tm}^{j} = XZSFI_{tm}^{j} + XCSI_{tm}^{j} + XCDI_{tm}^{j} + XCPI_{tm}^{j} + XZTI_{tm}^{j}$$
$$+ XZGI_{tm}^{j} + XZMI_{tm}^{j} \qquad \forall\, tm\,,\ j \tag{2-14}$$

$$PZWE_{tm}^{j} = XZSFE_{tm}^{j} + XCSE_{tm}^{j} + XCDE_{tm}^{j} + XCPE_{tm}^{j} + XZTE_{tm}^{j}$$
$$+ XZGE_{tm}^{j} + XZME_{tm}^{j} \qquad \forall\, tm\,,\ j \tag{2-15}$$

$$PZWA_{tm}^{j} = XZSFA_{tm}^{j} + XCSA_{tm}^{j} + XCDA_{tm}^{j} + XCPA_{tm}^{j} + XZTA_{tm}^{j}$$
$$+ XZSNA_{tm}^{j} + XZGA_{tm}^{j} + XZMA_{tm}^{j} \qquad \forall\, tm\,,\ j \tag{2-16}$$

$$PZWR_{tm}^{j} = XZSFR_{tm}^{j} + XCSR_{tm}^{j} + XCDR_{tm}^{j} + XCPR_{tm}^{j} + XZGR_{tm}^{j}$$
$$+ XZMR_{tm}^{j} \qquad \forall\, tm\,,\ j \tag{2-17}$$

（6）河流渠道过流能力约束方程

$$XCSRC_{tm}^{ls(u(n),\ j)} + XCSRI_{tm}^{ls(u(n),\ j)} + XCSRE_{tm}^{ls(u(n),\ j)} + XCSRR_{tm}^{ls(u(n),\ j)}$$
$$+ XCSRA_{tm}^{ls(u(n),\ j)} = XCSRL_{tm}^{ls(u(n),\ j)} \qquad \forall\, tm\,,\ j\,,\ n\,,\ ls \tag{2-18}$$

$$XCDRC_{tm}^{ld(u(n),\ j)} + XCDRI_{tm}^{ld(u(n),\ j)} + XCDRE_{tm}^{ld(u(n),\ j)} + XCDRR_{tm}^{ld(u(n),\ j)}$$
$$+ XCDRA_{tm}^{ld(u(n),\ j)} = XCDRL_{tm}^{ld(u(n),\ j)} \qquad \forall\, tm\,,\ j\,,\ n\,,\ ld \tag{2-19}$$

$$XCPRC_{tm}^{lp(u(n),\ j)} + XCPRI_{tm}^{lp(u(n),\ j)} + XCPRE_{tm}^{lp(u(n),\ j)} + XCPRR_{tm}^{lp(u(n),\ j)}$$
$$+ XCPRA_{tm}^{lp(u(n),\ j)} = XCPRL_{tm}^{lp(u(n),\ j)} \qquad \forall\, tm\,,\ j\,,\ n\,,\ lp \tag{2-20}$$

$$PCSL_{tm}^{ls} \leqslant XCSRL_{tm}^{ls} \leqslant PCSU_{tm}^{ls} \qquad \forall\, tm,\ ls \qquad (2-21)$$

$$PCSL_{tm}^{lr} \leqslant XCRRL_{tm}^{ls} \leqslant PCSU_{tm}^{lr} \qquad \forall\, tm,\ lr \qquad (2-22)$$

$$PCSL_{tm}^{ld} \leqslant XCDRL_{tm}^{ld} \leqslant PCSU_{tm}^{ld} \qquad \forall\, tm,\ ld \qquad (2-23)$$

$$PCSL_{tm}^{lp} \leqslant XCPRL_{tm}^{ld} \leqslant PCSU_{tm}^{lp} \qquad \forall\, tm,\ lp \qquad (2-24)$$

（7）湖泊、湿地约束方程

$$\sum_{lo(u(j),\,lk)} XZSO_{tm}^{lo(u(j),\,lk)} \cdot PCSC^{lo(u(j),\,lk)} + \sum_{ls(u(n),\,lk)} XCSRK_{tm}^{ls(u(n),\,lk)} \cdot PCSC^{ls(u(n),\,lk)}$$

$$+ \sum_{ld(u(n),\,lk)} XCDRK_{tm}^{ld(u(n),\,lk)} \cdot PCSC^{ld(u(n),\,lk)} - \sum_{lo(lk,\,d(n))} XZSO_{tm}^{lo(lk,\,d(n))} \cdot PCSC^{lo(lk,\,d(n))}$$

$$+ XML_{tm}^{lk} = PZWL_{tm}^{lk} \qquad \forall\, tm,\ lk \qquad (2-25)$$

2.3.3　社会经济耗水和生态耗水估算

社会经济耗水包括生活、工业、农业的耗水以及它们各自的供水系统产生的蒸发损失；生态耗水包括城镇生态、湖泊湿地补水、河道蒸发损失等。社会经济耗水和生态耗水常用多年平均值表示，采用事后统计法。

1. 社会经济耗水

采用分用水户计算耗水量，供水系统产生的蒸发损失按供水比例分摊到各用水户。

（1）城镇生活耗水量为

$$D_c = (1 - K_d)Q_d + E_d \qquad (2-26)$$

式中　K_d——城镇生活污水排放率；

Q_d——城镇生活用水量；

E_d——城镇生活供水渠系蒸发量。

（2）农村生活耗水量为

$$R_c = (1 - K_r)Q_r \qquad (2-27)$$

式中　K_r——农村生活污水排放率；

Q_r——农村生活用水量。

农村生活用水比较分散，根据现状统计数据，用水与耗水比较接近。

（3）工业耗水量为

$$I_c = (1 - K_i)Q_i + E_i \qquad (2-28)$$

式中　K_i——工业污水排放率；

Q_i——工业用水量；

E_i——工业供水渠系蒸发量。

（4）农业耗水量 A_c。农业耗水由地表水渠系蒸发、田间耗水、地下水耗水构成。

$$A_c = (1-r) \cdot Q_a \cdot K_a + Q_a \cdot r - G_a + Q_g - G_r \qquad (2-29)$$

式中　r——灌溉水利用系数；

Q_a——农业地表水毛供水量；

K_a——渠系损失水量蒸发比例系数；

G_a——田间净用水量补给地下水量；

Q_g——农业地下水毛供水量；

G_r——井灌回归量。

（5）社会经济耗水 $ECONOMY_c$。

$$ECONOMY_c = D_c + R_c + I_c + A_c \tag{2-30}$$

2. 生态耗水

（1）城镇生态耗水量 DE_c。城镇生态用水量一般较小，补充地下水量很少，可忽略不计，也可近似认为全部消耗，或参照农业耗水计算方法。

（2）生态耗水 $ECOLOGY_c$。生态耗水由河道内和河道外生态耗水组成。水源蒸发（如水库）、河道蒸发、湖泊湿地耗水构成了河道内生态耗水；排水蒸发、城镇生态耗水、地下水潜水蒸发构成了河道外生态耗水。

$$ECO_i = RES_c + LAKE_c + RIVER_c \tag{2-31}$$

$$ECO_o = DRAIN_c + DE_c + G_q \tag{2-32}$$

$$ECOLOGY_c = ECO_i + ECO_o \tag{2-33}$$

式中　ECO_i——河道内生态耗水量；

　　　 RES_c——水源蒸发量；

　　 $LAKE_c$——湖泊或湿地耗水量；

　　 $RIVER_c$——河道蒸发量；

　　　 ECO_o——河道外生态耗水量；

　　 $DRAIN_c$——排水蒸发量；

　　　　 G_q——潜水蒸发量。

2.3.4　模型参数识别

1. 参数率定方法

（1）基本思路。水资源配置是动态的，水资源配置方案随着规划水平年不同而变化，才能保障水资源可持续利用、社会经济与生态环境的用水和谐。水资源配置的动态性需要以某个时间点为基准，也就是基准年，以此为基准进行规划水平年水资源配置。基准年一般选择现状年份，通常需要参照近几年的用水和耗水情况来确定现状条件下社会经济和生态环境的用水水平。通过对基准年水资源供需平衡分析和耗水平衡分析，评价当前水资源配置格局的优劣，为规划水平年水资源优化配置提供相对基准点和合理配置的依据。一般来说，当前的事物发展趋势会持续一段时间，时间越近，当前因素影响越大，反之影响越弱。由于需求的不确定性和影响因素众多，近期的水资源配置方案比较符合实际，远期主要侧重于趋势分析。

水资源优化配置模型参数率定方法基于水资源配置思路。水资源调查评价、水资源开发利用评价、历史耗水平衡分析、水文测站实测资料等成果是分析现状水资源分区供用耗排关系的基础资料，可以估计基准年社会经济和生态环境的耗水水平。在该耗水水平下进行基准年水资源供需平衡分析和耗水平衡分析，可初步确定模型的各类参数。建立基准年与规划水平年的耗水关系，预估规划水平年水资源分区供用耗排关系。通过对基准年和规划水平年的耗水平衡分析和反复调整，综合确定模型参数。

（2）主要影响因素。根据上述分析，基准年的耗水水平是把握区域现状水资源供用耗排关系的基本尺度，也是预估规划水平年水资源供用耗排关系的依据。模型参数率定考虑的主要因素如下：

1）地表水和地下水供水量。地表水供水量参照近年来各行业用水量统计数据；地下水供水量参照各计算单元近5～10年地下水平均供水量和可开采量，扣除超过可开采量部分；综合分析确定计算单元缺水量。

2）地表水可利用量。各水资源分区地表水耗水量不大于其可利用量。

3）水资源分区社会经济耗水率。根据水资源开发利用等成果确定各水资源分区农业耗水率和社会经济耗水率，再由初步给定的参数计算各水资源分区农业耗水量和社会经济耗水量，得到农业耗水率和社会经济耗水率。对比两者的结果，若不接近，则调整相关的参数，使农业和社会经济耗水率达到预定值。与农业耗水率相关的主要参数有：灌溉水利用系数，渠系蒸发、渗漏和入河道比例系数，田间净水量补给地下水比例系数等。与社会经济耗水率相关的主要参数有：城镇生活、工业废污水排放率，相应的渠系输水蒸发系数，以及农业耗水率等相关参数。

4）主要控制断面下泄流量。控制断面的下泄水量综合反映了断面上游区域的耗水水平，特别是近10～20年的平均耗水量可作为基准年耗水水平的参考依据。理论上，断面的天然水资源量减去实测水资源量等于总耗水量，因此，评估和判断断面天然水资源量的还原精度是确定断面上游合理耗水水平的基础。当确定了社会经济耗水量、生态环境耗水量，以及两者合理的比例，即可确定断面的下泄水量。

5）湖泊湿地耗水量。根据湖泊湿地历史调查统计数据、补水来源变化等，综合确定基准年的耗水量。

6）地下水补给量与开采量。在不发生区域性水位持续下降的情况下，地下水的补给量与开采量是平衡的，通过调整与地下水补给有关的各种参数达到采补平衡。若发生区域性水位持续下降，应综合确定合理的地下水补给量。

7）社会经济与生态的耗水比例。根据各水资源分区耗水平衡计算结果分析两者的比例是否合理。若不合理，则调整社会经济耗水、生态环境耗水、河道下泄水量（或入海水量、河道尾闾湖泊湿地）三者的比例。

8）水资源分区蓄水变量。在多年平均情况下，流域水资源分区的蓄水变量、平原区地下水的蓄水变量趋于零。由于不确定因素和各种误差，应将蓄水变量控制在一定的均衡差内。若不满足，则进行调整。

（3）基本步骤。

1）从整体上控制计算单元地表水与地下水的供水量、耗水量，不超过地表水可利用量和地下水可开采量。

2）调整基准年水资源分区农业耗水率和综合耗水率达到或接近目标值。

3）确定主要控制断面河道下泄水量。以近10～20年水文站实测径流系列资料和天然径流系列资料为主要依据，考虑断面上游水利工程和湖泊湿地调蓄、下垫面变化等的影响，综合确定断面河道下泄水量。

4）综合确定湖泊湿地的耗水量。

5）根据流域水资源区的耗水平衡计算结果，综合分析和调整社会经济与生态的耗水比例。

6）控制流域水资源分区蓄水变量在一定的均衡差内。

2. 影响模型精度的主要因素

（1）水资源系统网络图。系统网络图是对真实的水资源系统、社会经济系统、生态环境系统的简化和抽象，必然会带来一定的误差。各级水行政主管部门对水资源问题的关注焦点不同，侧重宏观战略问题，系统网络图概化相对比较粗，问题越具体，概化越细。

（2）计算单元均匀性假定。计算单元均匀化可使工程供水范围发生变化，导致供水规模增大、"空中调水"等现象。计算单元排水实际上是多方向的，并不都汇入下游河道，简化为一条排水连线后，排水通道的流向和水量与实际相差较大。一般来说，计算单元越大，越不均匀，表现为供水量增大、缺水量减小，掩盖了其不均匀性。通过细化计算单元、约束水源的供水能力等方式可消除部分影响，但所需资料应匹配。

（3）天然径流量的概化。地表径流量需要概化到水库、节点、计算单元上，系统网络图概化程度不同，三者之间的径流量分配也会有所变化，应协调好其总量和过程。

（4）地下水利用。模型将地下水系统看作一个个独立的地下水库，只考虑地下水垂向运动，不考虑流域内地下水库之间的水力联系。地下水概化在计算单元上，假定计算单元地下水可利用量的均匀性。一般来说，由于实际地理位置的限制，计算单元地下水可利用量不大于实际可供水量，对地下水可利用量较小（相对于现状实际开采量）的重点地区要有基本判断。将承压水作为战略后备水源是十分必要的，但需要确定其补给来源。在承压水开采量比较大的地区，建议分阶段逐步减少使用量。

（5）水库和引水枢纽的供水对象和范围。水利工程的供水对象和范围基本上是确定的。采用水资源分区套行政区作为计算单元时，随着水资源分区和行政区级别的变化，计算单元的数量也不同。面对确定的工程供水对象和范围，不同的计算单元数量所概化的供水系统是不同的，需要通过约束条件来实现。

（6）中小水库的简化合并。我国中小水库、塘坝众多，通常将中小水库等合并，概化为虚拟水库。虚拟水库会增大原中小水库群的调蓄能力，供水范围不易确定，供水能力约束显得很重要。

（7）引水枢纽的简化合并。引水枢纽简化合并后，会增加概化枢纽的供水能力，供水范围也不易确定，需要通过供水能力进行约束。

（8）中小河流的简化合并。中小河流合并为虚拟河流会消除河流年内分配的部分差异，虚拟河流被人为均匀化，增大了河流自身的调蓄能力，导致可供水量增加，生态环境用水偏于乐观等问题。水库在某种程度上使河流均匀化，中小河流合并也意味着加入了水库的作用。

2.4　实例：青海省柴达木循环经济试验区水资源优化配置

实例内容来源于 2009 年青海省柴达木国家级循环经济试验区水资源优化配置研究项目成果。

2.4.1　区域概况

区域范围为青海省海西蒙古族藏族自治州境内的柴达木盆地（简称柴达木盆地），行政区划包括格尔木市、德令哈市，都兰县、乌兰县，茫崖、冷湖、大柴旦 3 个行政委员会。柴达木盆地矿产资源丰富，是我国海拔最高的封闭型内陆盆地，属典型的大陆性气候，年平均降水量 101mm，年水面平均蒸发量 1528mm，年平均气温 −5.6∼5.2℃，区内气温地区差异较明显。柴达木盆地的河流属于内陆河流域，发源于盆地周围的山地，河流短小，向盆地内部流动，构成向心水系，呈辐合状向盆地中心汇聚，下游多为湖泊或潜没于沙漠戈壁中。

2006 年常住人口 45.66 万人，城镇化率（按户籍人口）为 63.3%。国内生产总值（GDP）163.8 亿元，其中第一、二、三产业分别为 3.8 亿元、129.5 亿元、30.5 亿元。农业灌溉面积 46.51 万亩。水资源总量 49.22 亿 m^3，其中地表水资源量 40.92 亿 m^3。水资源可利用量 20.52 亿 m^3。现状年实际供水总量 10.85 亿 m^3，其中地表水 9.81 亿 m^3，地下水 1.04 亿 m^3。总用水量 10.85 亿 m^3，其中居民生活 0.18 亿 m^3，生产 8.64 亿 m^3，生态环境 2.02 亿 m^3。城镇居民生活用水定额为 134L/（人·d），农村居民生活用水定额为 51L/（人·d），与全国城市居民生活用水定额比较接近。万元工业增加值取水量为 181m^3，低于青海省平均水平，与全国平均水平相当，工业的节水潜力比较大。农田亩均灌溉水量为 1345m^3，总体灌溉水平比较低，节水潜力巨大。

柴达木盆地水资源开发利用程度为 22%，未来尚有进一步开发利用的潜力。缺水总体上属于工程型缺水，局部存在资源型缺水、水质型缺水。存在的主要问题为：用水效率和用水水平总体偏低，用水浪费较严重；水利工程老化严重，供水能力不足，效率低下；城市废污水收集与处理率较低，造成水污染不断加剧；水资源开发利用不协调，增大了区域水资源配置难度；水资源的统一管理、调配和监控力度不够。

2.4.2　系统网络图与模型数据

1. 系统网络图

计算单元采用水资源四级区套乡镇行政区，26 个。大型和重要的中小型水利工程、地下水源工程节点 27 个，跨四级区调水工程 1 处，其他控制性节点/断面 21 个。柴达木循环经济试验区水资源优化配置系统网络图如图 2-2 所示。

2. 模型主要输入数据

选择的代表性水文系列为 1956—2000 年。根据不同水平年社会经济发展指标和生态环境保护目标、需水定额，分别给出未来不同水平年四种需水方案，即方案Ⅰ（高速增长 & 强化节水）、方案Ⅱ（高速增长 & 适度节水）、方案Ⅲ（适度增长 & 强化节水）、方案Ⅳ（适度增长 & 适度节水）。根据柴达木盆地前期工作成果和未来用水需求情况，分析和确定不同水平年水资源配置规划工程组合方案，其中规划工程包括 7 座大中小型蓄水工程、3 处引水工程、7 处地下水源工程和多项污水处理回用工程（中水回用工程）等。

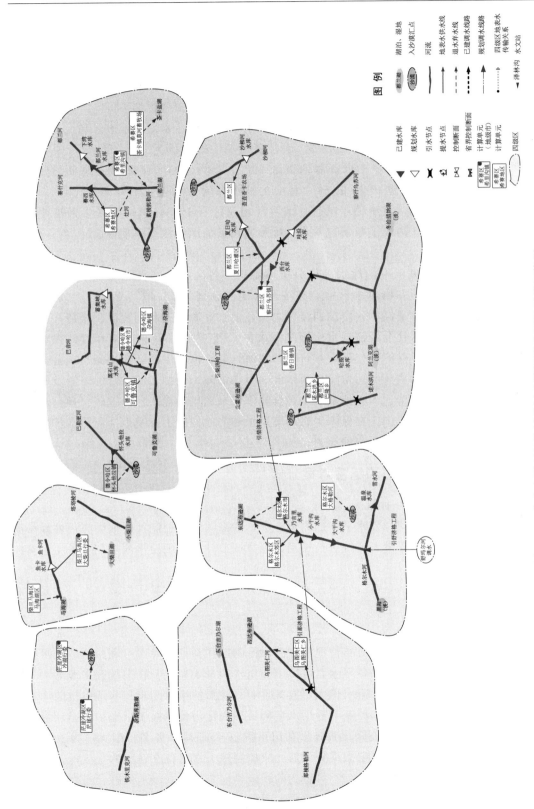

图 2－2 柴达木循环经济试验区水资源优化配置系统网络图

2.4.3 基准年水资源配置方案分析

1. 水资源供需平衡分析

以现状年为基准年，考虑河道内控制断面生态环境最小基流，利用水资源优化配置模型系统进行长系列逐月调节计算，确定基准年水资源供需平衡分析结果。

从模拟结果可以看出，在现状社会经济用水水平下，柴达木盆地地表水和地下水多年平均供水量分别为 9.66 亿 m^3、1.02 亿 m^3，多年平均缺水量为 0.17 亿 m^3，缺水深度 1.5%，缺水主要集中在农业。水资源四级区 50%、75%、95% 保证率的缺水量分别为 0.05 亿 m^3、0.21 亿 m^3 和 0.75 亿 m^3，相应的缺水深度为 0.4%、2.0%、7.0%。特枯水年份缺水程度比较高，其中德令哈区、都兰区均超过了 10%，这两区是未来工业用水增长较快的区域之一，需要及早修建蓄水工程和适当增加地下水开采规模。

2. 耗水平衡分析

从水资源四级区多年平均耗水平衡分析可看出，各区社会经济耗水比例在 0.9%~ 35.4%。其中德令哈区和格尔木区社会经济耗水比例分别为 35.4%、28.6%，是柴达木盆地社会经济耗水比例最高的水资源四级区之二，但水资源开发利用程度仍维持在相对合理的范围。乌图美仁区社会经济耗水比例仅为 0.9%，区内的那陵格勒河经过地表水与地下水的相互转换形成了乌图美仁河、东台吉乃尔河，最终汇入了西达布逊湖、东台吉乃尔湖和西台吉乃尔湖，形成了柴达木盆地西南部的生态屏障，保护了格尔木河下游及柴达木盆地中部的生态环境。柴达木盆地基准年社会经济耗水和生态耗水比例比较合理，水资源的开发利用程度相对比较低，在保障生态环境用水和严格控制工业及生活废污水排放的前提下，水资源开发利用还有一定的潜力。

2.4.4 规划水平年水资源配置方案分析

1. 水资源供需平衡分析结果

根据拟定的四种不同规划水平年的需水方案，考虑河道内控制性断面生态环境最小流量，利用水资源优化配置模型系统进行长系列逐月调节计算，确定不同规划水平年水资源供需平衡分析结果。

从水资源供需分析结果可以看出，方案Ⅰ和方案Ⅱ水资源供需矛盾较突出，方案Ⅲ和方案Ⅳ的水资源供需基本平衡。

2. 水资源配置方案评价

（1）需水方案。从水资源分布情况看，茫崖冷湖区和柴旦马海区可利用的地表水资源较少，但矿产资源丰富，开采地下水是解决工业用水的主要途径。在适度开采地下水的原则下，方案Ⅰ和方案Ⅱ的用水需求偏大，方案Ⅲ和方案Ⅳ的用水需求较为适中。柴达木盆地的生态环境比较脆弱，严格控制工业用水定额、加强截污减排措施是保护生态环境的有力措施。现状农业用水效率很低，灌溉水利用系数仅 0.29，节水潜力很大。为了维持良好的灌区农业生态环境，灌溉定额不宜太低，应控制地下水水位在适宜的范围内，这对盆地的荒漠生态与河湖湿地生态具有不可替代的积极作用。考虑到当地的社会经济状况和生态环境保护需要，农业应以适度节水为原则。因此，方案Ⅳ优于方案Ⅲ。

（2）水资源供需分析结果。从模拟结果可以看出，方案Ⅰ和方案Ⅱ在 2030 年多年平均缺水深度很大，特别是 95% 年份缺水深度更大；方案Ⅲ和方案Ⅳ不同保证率的缺水深度均比较小，基本实现了水资源供需平衡。因此，可将方案Ⅲ和方案Ⅳ作为推荐方案，且方案Ⅲ优于方案Ⅳ。

（3）耗水平衡结果。从耗水平衡成果可知，基准年社会经济耗水比例仅 14.4%，未来水资源开发利用潜力还很大。经济最发达的德令哈区和格尔木区，基准年社会经济耗水比例已达到 35.0% 和 28.6%。那陵格勒河是柴达木盆地西南部的生态屏障，不宜大规模开发利用。总体来看，柴达木盆地未来水资源与矿产资源、耕地资源和社会经济发展布局不相匹配的问题将更加凸显，水资源开发利用应以保护盆地的荒漠生态与河湖湿地生态为目标，采取谨慎、适度的开发原则，合理满足增加社会经济用水需求，通过农业节水和适度开源，保障工业和城镇生活用水需求。到 2030 年，方案Ⅰ、方案Ⅱ、方案Ⅲ和方案Ⅳ盆地社会经济耗水比例将分别达到 23.3%、24.6%、17.2%、18.9%。方案Ⅰ和方案Ⅱ中的德令哈区、柴旦马海区社会经济耗水比例将达到 44%～58%，格尔木区接近 40%；从耗水平衡分析的角度，方案Ⅰ和方案Ⅱ难以维持柴达木盆地的可持续发展。方案Ⅲ和方案Ⅳ中的水资源四级区社会经济耗水比例均低于 40%，考虑到当地的社会经济发展、节水投入、灌区生态环境保护和地下水位控制等，方案Ⅳ更适合于其未来的协调、可持续发展要求。

（4）湖泊入湖水量。从主要湖泊生态补水结果看，2030 年方案Ⅰ和方案Ⅱ湖泊入湖水量比湖泊需水量和基准年入湖水量均有较明显的衰减，远不能满足湖泊的正常用水需求。方案Ⅲ和方案Ⅳ湖泊入湖水量比湖泊需水量和基准年入湖水量均有较明显的增加，可满足湖泊的正常用水需求，且比现状年有较大的改善，湖泊的水域面积将有所扩大。为此，可优先选择方案Ⅳ作为推荐方案。

（5）河道内径流量。选择河道内最小生态环境基流与基准年河道内下泄量中最小的量值作为推荐的标准值，以此来分析和判别不同方案的河道内下泄量情况。由此可以看出，2030 年方案Ⅰ和方案Ⅱ河道内径流量满足河道内生态环境用水需求的河流仅占 50%、38%，而方案Ⅲ和方案Ⅳ占 88%、100%。为此，可优先选择方案Ⅳ作为推荐方案。

综上所述，根据需水方案、水资源供需分析、耗水分析和湖泊入湖水量、河道内径流量等综合评价结果，建议方案Ⅳ作为水资源配置推荐方案。

第 3 章

基于地表水和地下水动态转化的
水资源优化配置模型

3.1 模型构建

3.1.1 模型设计思路

水资源优化配置模型是具有一定水文物理性质的概念性模型，它充分发挥了概念性模型结构简洁，元素之间逻辑关系明确的优点，又在一定程度上结合了物理性模型参数意义明确、易于直接测定的优点，在正确描述基本水文循环过程的基础上进行水资源优化配置模拟计算。水资源优化配置模型将地下水系统简化为一个个独立的地下水库，只考虑地下水垂向运动，不考虑区域内地下水库之间的水力联系。为了体现地表水和地下水之间的动态转化关系，需要在现有的水资源优化配置模型基础上完善地下水模块，对地下水系统进行合理的假设和概化，反映地下水系统的主要特征和水力传输关系。构建基于地表水和地下水动态转化的水资源优化配置模型，需建立地表水与地下水之间的联系、地下水侧向补排关系等，在模型计算单元的尺度上实现地表水模拟与地下水模拟的结合，实现地下水与地表水联合调配，使模型结构更为完整，模拟更加符合实际情况。在计算单元地下水平衡方程中要体现地下水动态补排平衡以及地下水埋深动态宏观模拟，据此分析和比较在不同的规划方案下，地下水开采量的合理性以及地下水埋深变化对生态环境的影响。

3.1.2 地下水模块的功能

地下水模块具有建立地下水侧向传输关系，实现地下水动态采补平衡以及地下水埋深变化的模拟等功能。

水资源优化配置模型对地表水系统的描述较为完善，对地下水系统的描述大多是将其看作一个个独立的地下水库，只考虑地下水垂向运动，不考虑地下水库之间的水力联系。干旱区的平原地区地下水水力联系较弱，水分运动以地表地下交换转化为主，可忽略地下水侧向传输。在地下水水力联系密切的地区，如山区或某些山前平原区，地下径流强烈，忽略计算单元之间的地下水传输关系显然不合理，对模拟结果会产生较大的影响。为了增强水资源优化配置模型的通用性和合理性，需要在现有模型的基础上设计和完善地下水模块。对地下水系统进行合理假设和概化，建立系统各要素之间的水力关系，通过对模型模拟计算结果的分析，评价人工开采和使用地下水引起的地下水位变化对地下水、社会经济以及生态系统所造成的影响，为决策者合理配置水资源提供决策支持。

地下水开采量一般用地下水可开采量控制。水资源优化配置模型是根据有关资料分析得出多年平均地下水可开采量，作为地下水开采量的上限约束，即地下水开采量不能超出可开采量。实际上地下水可开采量主要取决于补给量和开采条件，当补给量发生变化时，可开采量也会发生相应的变化。在地下水模块设计中，通过计算不同单元、不同时段的地下水各项补给量，得出分时段分地区的地下水可开采量。在遵循地下水多年平均不超采的原则下，以动态可开采量作为开采上限约束，将地表水和地下水模块紧密联系起来，实现地下水动态采补平衡。

潜水埋深的变化过程可以直接显示计算单元地下水储存状况的变化，是控制地下水开采量和地表水灌溉水量的直接指标。无论是干旱地区还是半湿润地区，掌握计算单元地下水埋深的动态变化，对农作物、生态环境、地下水超采控制等都是十分重要的。我国半湿润地区的农业以旱田作物为主，地下水埋深对旱作农田的影响十分显著。南方地区分布较广的渍害田的产生是田间地下水位过高或者存在浅层滞水使根系活动层内土壤水分过多，土壤中水、气、热失调造成的。北方干旱和半干旱地区农业用水的主要来源是灌溉，长期以来采用的大水漫灌方式很容易造成地表水过多补给地下水。平原区一般潜水埋深较浅，蒸发量大，过度灌溉会致使地下水位上升到地表，经过蒸发使盐分在地表沉积形成盐碱地。干旱区平原降水稀少，年降水量小于200mm，植被维持生存和生长所进行的正常的蒸腾蒸发所需水量主要依靠浅层地下水，地下水埋深对干旱区植被生长十分重要，浅层地下水可以说是干旱区平原生态的生命之源。北方某些缺水地区地下水过度开采用于生活和生产，导致地下水位大幅度下降，地下水漏斗面积不断扩大，导致了一系列生态环境问题。因此，水资源配置方案中应体现地下水人工开发利用引起的潜水埋深变幅，分析不同水平年地下水利用对农田灌溉、生态环境等造成的影响。

3.2 地下水模块设计

3.2.1 设计思路

地下水模块设计分水资源分区（或称流域单元）和计算单元两个层次。不同的层次采用不同的假设和设计思路，根据水资源分区和计算单元之间的关系，将二者统一起来，形成较完整的地下水模型系统。

1. 基本假设

（1）水资源分区间地下水没有水量交换，是闭合的。

（2）计算单元的地下水库为线性水库，通过侧向排泄相互连接、交换水量。

2. 具体设计思路

建立以月为时段的计算单元地下水平衡方程。由地下水的补给确定可开采量，建立地下水的动态采补关系，预测地下水的水位变幅。计算单元概化为山丘区和平原区，山丘区地下水的补排关系比较复杂，用水资源调查评价的可开采量控制其开采；平原区则建立地下水的动态采补关系，由补给量确定可开采量。

3.2.2 地下水侧向传输关系

1. 常用的地下水资源评价方法

常用的区域大面积地下水资源调查评价方法有：①成因分析法，包括区域地下水均衡法、非稳定流计算法（解析法和数值分析法）；②统计分析法（即相关分析法）。本节地下水模块设计主要是以区域地下水均衡法为基础。考虑到模型的实用性，参考了实际工作中采用较多的地下水资源综合评价方法。

（1）多年均衡法。均衡法具有概念清楚、方法简便等优点，是目前生产实践中应用最广泛的一种方法。均衡法分为年均衡法和多年均衡法两种。多年均衡法从多年角度进行水均衡分析，能较准确地反映地下水资源的实际情况，如可计算遇到连旱年地下水位可能出现的最大降深，在枯水期动用的地下水储量在多年内能否得到回补等，可以完成地下水资源分析计算所提出的各项任务，具有显著的优越性。

多年均衡法是将均衡区作为一个整体进行水量均衡分析，Δt 时段内的水量均衡方程式可以写为

$$\mu \Delta H A = Q_i - Q_o + WA - VA \tag{3-1}$$

式中　μ——水位变幅范围内土层给水度；

$\quad \Delta H$——时段 Δt 内均衡区平均的地下水位变幅；

$\quad A$——均衡区面积；

$\quad Q_i$——均衡区在 Δt 时段内的入流总量；

$\quad Q_o$——均衡区在 Δt 时段内的出流总量；

$\quad W$——均衡区在 Δt 时段内单位面积上的补给量（或消耗量）；

$\quad V$——均衡区在 Δt 时段内单位面积的开采量。

对于潜水含水层有

$$W = P_r + R_r + M_r + W_v - E \tag{3-2}$$

式中　P_r——Δt 时段内的降雨入渗补给量；

$\quad R_r$——Δt 时段内大型河流和渠道对地下水的补给量；

$\quad M_r$——Δt 时段内灌溉水对地下水的补给量；

$\quad W_v$——Δt 时段内的越层补给量；

$\quad E$——Δt 时段内的潜水蒸发量。

多年均衡法的基本思想是将地下含水层作为一个多年调节的地下水库，根据水量平衡原理，按照与地面水库相似的方法，进行多年调节计算，确定地下水库的库容和最低静水位。地下水库的调节计算是从正常水位开始，根据各年（或月）的补给量和开采量，逐年（或逐月）推算时段末的地下水埋深（或降深），经过多年调节计算，分析满足一定用水条件下多年内达到的最大降深和干旱年份动用的地下水储存量（即兴利库容）能否在丰水年得到完全的回补。

运用多年均衡法计算区域地下水资源量时，步骤如下：①划分均衡区，划分时要考虑区域内地质及水文地质条件、地下水埋深及运动、地貌地形、河流切割、土壤、作物、灌排渠系、开采条件等因素，分析确定均衡区和划分方式；②确定均衡要素，均衡要素包括

区内降雨补给、蒸发消耗、灌水补给、地面水补给、区外侧向流入量等；③确定均衡区用水量，城市供水和工矿企业用水量可根据用水部门的实际需要情况以及近期与远景发展规划来确定；农田灌溉用水量与工矿企业及城市供水相比有不同的特点，与气象条件密切相关；④在一定补给、储存、开采条件下进行地下水资源评价的多年均衡计算，主要解决多年内能达到以丰补歉的地下水最大开采量和降深，以及在一定开采方案下的灌溉用水保证率。

多年均衡法可以采用时历法，也可以采用数理统计分析法。应当指出，均衡法虽有概念清楚、易于掌握的优点，但对水文地质条件、水文气象条件等进行了简化，其计算结果只能反映大面积的平均情况，不能反映区域内部水文地质条件的差异或开采强度不均匀所造成的局部水位变化情况，也难以估算在长期开采过程中地下水动态补给/排泄量以及地下水位的变化情况。因此，现有的均衡法多适用于区内开采强度均匀、水文地质条件一致、侧向补给或排泄量在均衡计算中占较小比重，且不致由于侧向补给或排泄量估算的误差而显著影响计算精度的地区。

（2）地下水资源综合评价模式。为了使地下水资源调查和评价工作系统化、程序化、可操作化，需要建立区域地下水资源综合评价模式。根据评价区不同的气候、地理和地质条件，地下水资源评价模式也有所不同。目前地下水资源综合评价模式多是采用多年均衡的思想，划分类型区并进行计算。全国水资源综合规划技术细则中提出了一套系统的地下水资源综合评价模式。

2. 平原区地下水计算均衡要素分析

水均衡是物质守恒定律应用于水文循环方面的一个例证。在规定时间内进入指定地区的所有的水，其中一部分进入由边界圈定的含水空间中储存起来，另一部分向周围排出。由于人类活动的加剧对天然水循环系统的影响日益显著，从循环路径和循环特性两个方面明显改变了天然状态下的流域水循环过程，形成了由取水－输水－用水－排水－回归五个基本环节构成的侧支循环圈。因此，通常流域水均衡分析内容要包括天然循环因素和人工侧支循环因素，其考虑内容见表3-1。地下水均衡研究一般需要考虑的项目见表3-2。

表 3-1 水均衡要素一览表

补 给 项	消 耗 项
地区的大气降水量 P	陆面蒸散量 E_2
地表水的流入量 R_1	地表水的流出量 R_2
地下水的流入量 W_1	地下水的流出量 W_2
水汽凝结量 E_1	矿山排水、工农业供水、城乡生活用水
人工引水或废水排放的补给 M_1	及地表水的区域调出等 M_2

表 3-2 地下水均衡要素一览表

收 入 项	支 出 项
渗入到地下水面的降水量	由毛细边缘带及浅埋潜水的蒸发、植物叶面蒸散
由河流、湖泊、水库、渠道水入渗对地下水的天然补注量	地下水流向河流、湖泊或海洋等地面水体的排出量

续表

收　入　项	支　出　项
地下水流入量（包括深部受压水的越流补注及地下水的侧向补注等）	地下水侧向流出量
	泉水排出量
人工补注，包括灌溉回归水、渠道入渗及注水井补注量	抽水井、排水渠的排水量
	地下水开采量

根据地下水均衡各要素之间的关系，建立平原区地下水均衡模型，如图 3-1 所示。

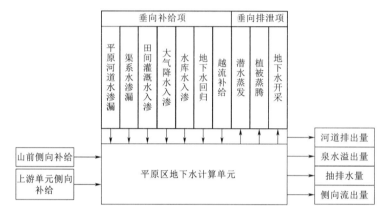

图 3-1　平原区地下水均衡模型

3. 平原区地下水侧向传输关系

如何建立平原区计算单元地下水侧向传输关系是水资源优化配置模型中的一个难点。在地下水资源调查评价中，首先通过水文地质勘测获得渗透系数、渗流断面面积、汇水长度以及水力坡度等水文地质参数，然后采用达西公式计算流域山区或平原区的侧向流入流出量。同理，要计算流域内每个计算单元的侧向渗流量，需要知道单元的水文地质参数，现有水文地质勘测资料无法提供如此详细的资料。干旱区平原地区地下水补给消耗主要是和地表水发生关系，地下水侧向渗流量较小，一般可以忽略不计。在地下水径流强烈地区，侧向渗流在水资源循环转化中所占比例较大，应在模型计算中考虑。为了增强模型的通用性，本节初步建立了计算单元地下水侧向传输关系。由于地下水侧向传输和侧向渗流量关系到各个单元的地下水渗透系数、渗流断面面积、汇水长度、水力坡度等一系列难以获得的水文地质参数，目前没有合适的方法能够在已有水文地质参数资料的条件下较为准确的定量确定单元侧向渗流量，需要进一步研究和探讨解决方法。

根据地下水模块的基本假设和设计思路，同时考虑地下水各个均衡要素之间的关系，明确地下水和地表水之间以及流域地下水之间的补排传输关系。本模块从计算单元和水资源分区两个层次分别建立地下水侧向传输关系。

（1）计算单元之间地下水侧向传输关系。在水资源优化配置模型中，计算单元一般按照水资源分区套行政分区的方式划分，在类型上可以分为山丘区和平原区的计算单元。山丘区地形地质情况复杂，地下水赋存和运动难模拟，同时山丘区地下水开采量多指未单独划分为山间平原区的小型山间河谷平原的浅层地下水开采量，开采量一般都较小，在规划阶段只需控制其地下水开采量，不考虑建立山丘区地下水传输关系。对平原区计算单元的地下淡水层进行均衡计算时，全国水资源综合规划规定的做法是将其视作一个地下水库，不考虑地下水库之间的水力联系，每个地下水库均受到规定的允许埋深变幅的约束，超出上限埋深的地下水视为弃水，地下水库的供水对象限定于所在单元。在地下水侧向径流较为强烈的情况下，平原区计算单元地下水的侧向流入流出量是影响浅层地下水位变幅的主要因素之一，在模型计算中不能忽略。通过建立平原区计算单元地下水之间的侧向传输关系，必要时适当考虑单元的侧向流入流出量，使计算单元地下水位的动态变化模拟更趋于合理，流域的水均衡计算也更为准确。

以流域内同级别河流为主干，仅考虑河流两岸计算单元沿河流流向的上下游之间地下水侧向水力联系，不考虑不同子流域计算单元之间的地下水侧向水力联系，如图3-2所示。

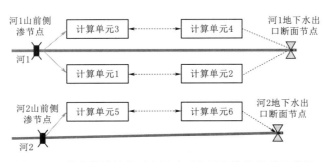

图3-2 某流域计算单元之间地下水侧向补排关系示意图

从图3-2可以看出，某流域有河1、河2两个子流域，计算单元1～计算单元4属于河1子流域，计算单元5、计算单元6属于河2子流域。仅考虑两个子流域内各自计算单元之间地下水的侧向水力联系。对河1来说，仅考虑位于河流同一岸的计算单元1与计算单元2之间、计算单元3与计算单元4之间的水力联系，不考虑计算单元1与计算单元3之间或计算单元2与计算单元4之间的水力联系。

地下水侧向径流的方向随着单元之间水力坡度的变化而变化，水力坡度是由单元之间地下水位差决定的。天然情况下水力坡度一般不会发生变化，但是在人类开采地下水活动的影响下，天然地下水水位会发生改变，尤其是在地下水严重超采地区。例如我国华北地区，形成了大面积的地下水降落漏斗，可能导致水力坡度的变化，使单元之间地下水的流向发生变化。因此，需要根据区域不同的地下水埋藏特征和开采现状，将单元之间地下水传输关系与单元地下水位联系起来，建立符合实际的地下水侧向传输关系。

（2）水资源分区之间地下水侧向传输关系。建立水资源分区之间地下水侧向传输关系。根据水资源分区下游是其他水资源分区还是水汇，分为两种情况。

第一种情况，当若干个水资源分区属于上下游关系，并且上游水资源分区向下游水资源分区有地下水侧向排出时，可将该排出量认为是下游水资源分区的地下水侧向流入量，直接进入下游流域的计算单元，参与单元地下水平衡计算。在这种情况下，上游水资源分区地下水侧向排出量控制节点与下游流域的计算单元连接，如图3-3所示。

从图3-3可以看出，河1、河2是河3的两条补给河源，三条河分属于流域a、流域b、流域c。流域a、流域b的地下水侧向排出量分别经过其流域出口控制断面节点1、节点2排向流域c，直接补给流域c的计算单元1和计算单元2。根据地下水模块设计的基本假设，水资源分区间地下水没有水量交换，是闭合的，因此，节点1、节点2的侧向排出量为零，仅建立传输关系。

第二种情况，当水资源分区下游是水汇时，上游水资源分区侧向排出量直接排入水汇，不再参与水平衡计算，仅需要相应修改模型中湖泊、湿地等的约束条件。在这种情况下，上游水资源分区地下水侧向排出量控制节点与湖泊、湿地等相连接，如图3-4所示。

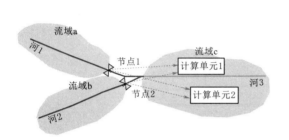

图3-3　水资源分区间地下水侧向补排关系示意图（下游为其他水资源分区）　　图3-4　水资源分区间地下水侧向补排关系示意图（下游为水汇）

3.2.3　地下水平衡方程及约束条件

1. 计算单元地下水平衡方程及约束条件

建立平原区计算单元地下水平衡方程，用于描述平原区地下水各要素之间的关系。

（1）平原区计算单元地下水平衡方程

$$GWSUPLY_t^j = GWDRAIN_t^j + GWVOG_t^j \qquad \forall t, j \qquad (3-3)$$

式中　$GWSUPLY_t^j$——j 计算单元 t 时段的地下水总补给量；

　　　$GWDRAIN_t^j$——j 计算单元 t 时段的地下水总排泄量；

　　　$GWVOG_t^j$——j 计算单元 t 时段的地下水蓄变量。

（2）平原区计算单元地下水总补给量

$$GWSUPLY_t^j = RAINSEEP_t^j + SIDESEEP_t^j + RIVSEEP_t^j + RESSEEP_t^j + CANSEEP_t^j$$
$$+ WFIESEEP_t^j + GTGSEEP_t^j + IRRISEEP_t^j + USIDSEEP_t^j$$
$$+ UDRAIN_t^j \quad \forall t, j \qquad (3-4)$$

式中　$RAINSEEP_t^j$——j 计算单元 t 时段的地下水降雨入渗补给量；

　　　$SIDESEEP_t^j$——j 计算单元 t 时段的山前侧渗补给量；

　　　$RIVSEEP_t^j$——j 计算单元 t 时段的河道入渗补给量；

　　　$RESSEEP_t^j$——j 计算单元 t 时段的水库入渗补给量；

　　　$CANSEEP_t^j$——j 计算单元 t 时段的渠系入渗补给量；

　　　$WFIESEEP_t^j$——j 计算单元 t 时段的田间入渗补给量；

$GTGSEEP_t^j$——j 计算单元 t 时段的越流补给量；

$IRRISEEP_t^j$——j 计算单元 t 时段的井灌回归补给量；

$USIDSEEP_t^j$——j 计算单元 t 时段的上游单元侧向补给量；

$UDRAIN_t^j$——j 计算单元 t 时段的上游单元排水量。

（3）平原区计算单元地下水总排泄量

$$GWDRAIN_t^j = GWEXPLO_t^j + GSIDEOUT_t^j + GEVAP_t^j \qquad (3-5)$$
$$+ RIVDRAIN_t^j + SPROUT_t^j + GDRAIN_t^j \qquad \forall t, j$$

式中　$GWEXPLO_t^j$——j 计算单元 t 时段的地下水开采量；

$GSIDEOUT_t^j$——j 计算单元 t 时段的侧向径流排泄量；

$GEVAP_t^j$——j 计算单元 t 时段的潜水蒸发量；

$RIVDRAIN_t^j$——j 计算单元 t 时段的河道排泄量；

$SPROUT_t^j$——j 计算单元 t 时段的泉水溢出量；

$GDRAIN_t^j$——j 计算单元 t 时段的地下水排水量。

（4）蓄水变量

$$GWVOG_t^j = (GLEVEL_t^j - GLEVEL_{t-1}^j) \times GSUPCOF^j \times AREA^j \qquad \forall t, j$$
$$(3-6)$$

式中　$GLEVEL_t^j$——j 计算单元 t 时段的潜水埋深；

$GLEVEL_{t-1}^j$——j 计算单元 $t-1$ 时段的潜水埋深；

$GSUPCOF^j$——j 计算单元的潜水给水度；

$AREA^j$——j 计算单元的计算面积。

（5）平原区地下水资源量

$$GWRESOURCE_t^j = GWSUPLY_t^j - IRRISEEP_t^j \qquad \forall t, j \qquad (3-7)$$

式中　$GWRESOURCE_t^j$——j 计算单元 t 时段的地下水资源量。

（6）平原区地下水可利用量

$$GAVEXPLOIT_t^j = EXPLCOF_t^j \times GWSUPLY_t^j \qquad \forall t, j \qquad (3-8)$$

式中　$GAVEXPLOIT_t^j$——j 计算单元 t 时段的地下水可开采量；

$EXPLCOF_t^j$——j 计算单元 t 时段的地下水可开采系数；

$GWSUPLY_t^j$——j 计算单元 t 时段的地下水总补给量。

（7）地下水开采量约束条件

$$GWSUPPLY_t^j \leqslant GAVEXPLOIT_t^j \qquad \forall t, j \qquad (3-9)$$

$$MGWSUPPLY_t^j \leqslant MGAVEXPLOIT_t^j \qquad \forall t, j \qquad (3-10)$$

式中　$GWSUPPLY_t^j$——j 计算单元 t 时段的地下水供水量；

$MGWSUPPLY_t^j$——j 山丘区计算单元 t 时段的地下水供水量；

$MGAVEXPLOIT_t^j$——j 山丘区计算单元 t 时段的地下水可开采量。

（8）潜水埋深约束条件

$$GLEVEL_t^j \geqslant UPGLEVEL_t^j \qquad \forall t, j \qquad (3-11)$$

式中　$GLEVEL_t^j$——j 计算单元 t 时段的潜水埋深；

$UPGLEVEL_t^j$——j 计算单元 t 时段的上限潜水埋深。

　　2. 水资源分区地下水平衡方程

　　水资源分区地下水平衡方程的主要功能是确定计算单元平衡方程的边界条件。水资源分区的出口断面是关键节点，它是子流域间水量交换的控制断面，简称流域节点，包括地表水和地下水。根据基本假设，流域间没有地下水交换，则水资源分区中的计算单元向流域节点的侧向排泄水量为零；若流域节点的下游连线为水汇或生态环境保护目标（湖泊湿地），则侧向排泄水量不为零，应根据实际资料确定排泄至水汇或生态环境保护目标的地下水量。

　　（1）当节点上、下游连线对象均为计算单元时。已知某流域有 m 个水资源分区，k 水资源分区的计算单元数为 n_k，k 水资源分区的上游有 p 个水资源分区的侧向排水流入，$k = 1, 2, \cdots, m$。

　　设 i 水资源分区为 k 水资源分区的上游水资源分区，i 水资源分区的 j 计算单元侧向排水量为 X_{ij}，则 i 水资源分区的总侧向排水量 Y_i 为

$$Y_i = \sum_{j=1}^{ni} X_{ij} \tag{3-12}$$

　　k 水资源分区的上游 p 个水资源分区的侧向排水总量 Y_k 为

$$Y_k = \sum_{i=1}^{p} Y_i \tag{3-13}$$

　　根据基本假设，则 Y_i、Y_k 为 0。若某平原区计算单元的上游仅为山丘区计算单元，则该单元的上游单元侧向补给量为 0。

　　（2）当节点上游连线对象为计算单元、下游连线对象为水汇时。水汇应加节点向下游的侧向排泄水量 Y_k，该项可根据实际资料分析确定。

3.2.4　主要的地下水参数

　　地下水参数包括含水层参数和其他基础参数两类。含水层参数是根据钻孔（井）抽水试验资料，经分析计算后确定。其他基础参数依据经验数据，并结合区域内的地质及水文地质条件经对比、筛选、优化后确定。地下水位动态变化过程的模拟计算是地下水模块的核心内容，作为水资源优化配置模型的子模块，在计算地下水位动态变化时，需要体现地下水位变化范围及变化趋势，对地下水位多年变幅进行较为准确的模拟计算。由于以月为计算时段，地下水年内水位变化过程的计算直接影响到年水位变化过程的计算准确度，因此，对与地下水位变化关系密切、自身影响因素较为复杂、空间变化差异大的含水层参数需要做相应的处理。在气象、地质等自然条件类型不同的地区，地下水均衡计算中对地下水位变化影响显著的含水层参数也不同。在干旱和半干旱地区，这类参数主要有潜水蒸发系数、潜水变幅带给水度等。

　　1. 潜水蒸发系数（C）

　　蒸发和植物散发是潜水在自然条件下垂直排泄的主要方式。在干旱和半干旱地区地下水埋藏浅时，潜水蒸发强烈，引起盐分上升并在地表积累，使土壤盐渍化。减少潜水蒸发损失可增加地下水资源的可利用量，这是合理开发利用地下水的一个重要课题。潜水蒸

主要分为裸地潜水蒸发和作物生长条件下的潜水蒸发两种。研究潜水蒸发的方法主要有经验公式法和机理法。针对影响潜水蒸发因素的不确定性，根据已有的观测数据，总结出估算潜水蒸发的经验公式是长期以来研究潜水蒸发的主要途径之一。本模块采用的经验公式为

$$Q_{潜蒸} = 10^{-3} \varepsilon_0 \cdot C \cdot F \tag{3-14}$$

式中　$Q_{潜蒸}$——潜水蒸发蒸腾排泄量，$10^6 \mathrm{m^3/a}$；

　　　ε_0——水面蒸发量，用 E_{601} 值，$\mathrm{mm/a}$；

　　　C——潜水蒸发系数；

　　　F——计算区（地下水位埋深<5m的区域）面积，$\mathrm{km^2}$。

上述经验公式将潜水蒸发的影响因素由一个综合系数，即潜水蒸发系数 C 来反映。C 值的选取是否合理，对潜水蒸发量的估算产生决定性的影响。C 值的选取要考虑潜水埋深、地质岩性、植被覆盖率等条件。具体选取 C 值时，可以参照当地潜水蒸发经验系数，并综合考虑其他影响因素。

2. 潜水变幅带给水度（μ）

给水度（μ）是地下水资源评价中十分重要的参数，它是降水入渗补给量、地表水体渗漏补给量、地下水蓄变量及地下水开采量等项估算的基本参数。给水度是一个比较复杂的水文地质参数，它与岩性、土壤质地、地下水埋深、土壤结构等诸因素有关。释水过程和充水过程的给水度并不相同，有疏干给水度和充水给水度之分。给水度值与抽水历时有关，不同阶段可以分出完全给水度、瞬时给水度及平均给水度，即由传统的常数变为变数。20世纪80年代中后期对给水度的确定曾采用抽水试验法和水均衡动态法。具体选取给水度 μ 值时，可以采用表3-3中所示的给水度值，也可以参照当地给水度试验资料和经验系数，综合考虑其他影响因素给定。

表3-3　　　　　　　　　　土壤、岩石的给水度 μ 参考值

土壤、岩石	给水度 μ	土壤、岩石	给水度 μ
黏土	<0.05	砾石	0.30～0.35
微粒砂、亚砂土	0.05～0.15	黏土质胶结砂岩	0.02～0.03
细粒砂	0.15～0.20	褐煤	0.03～0.05
中粒砂	0.20～0.25	有裂缝的石灰岩	0.008～0.10
粗粒砂	0.25～0.30	砂岩无裂缝	<0.005

3. 降雨入渗补给系数（α）

降雨入渗对地下水的补给量是指落到地表的降雨，经土壤非饱和带而达到地下水的那部分水量。在地下水埋深较浅的地区，地下水面以上土层可以蓄存的水量较少，降雨入渗的水量可以直接补给地下水。在地下水埋深较大的地区，地面入渗的水量有很大一部分蓄存在地下水面以上的土层中，并通过深层渗漏逐步补给地下水，另外一部分则通过汇集径流的沟渠、坑塘、洼地补给地下水。

降雨入渗对地下水的补给量是地下水资源评价中的重要参数，目前生产实践中常采用降雨入渗补给系数法和根据地下水位动态资料得到的降雨—地下水位关系，来计算降雨对

地下水的入渗补给量。降雨入渗补给系数法在我国的应用已有多年历史，随着对降雨入渗过程和补给机理研究的逐步深入，对降雨入渗补给系数影响因素的分析也更为全面，积累了丰富的资料，应用比较方便，因此，本模块采用降雨入渗补给系数法。降雨入渗补给系数法以降雨量乘以降雨入渗补给系数来求地下水的入渗补给量，即

$$P_r = \alpha P \qquad\qquad (3-15)$$

式中　P_r——降雨入渗对地下水的补给量，mm；

　　　α——降雨入渗补给系数，为 P_r/P 的比值；

　　　P——降雨量，mm。

降雨入渗补给系数 α 涉及的因素很多，它不仅取决于降雨量和土壤质地，同时与地形、地貌、地下水埋深、前期土壤含水量、植被等多种因素有关，确定比较困难。各地区应根据具体情况，在有条件时通过试验来确定 α 值，或者参考同类地区的资料选定 α 值。

4. 其他计算参数

其他计算参数可根据试验观测资料和计算区域经验数据给定。此类参数有渠系水渗漏补给系数、田间灌溉入渗系数、水库入渗系数、河道入渗系数等。

3.2.5　地下水子单元的划分

计算单元划分一般为水资源分区套行政分区，也可以将灌区作为计算单元。对于潜水蒸发系数、潜水变幅带给水度、降雨入渗补给系数等重要的地下水参数，它们与土壤质地、地形地貌、地下水埋深、植被状况等多种因素相关。地下水模块与地表水模块的计算单元是一致的，单元面积相对比较大。根据计算区域地质条件的复杂程度和潜水埋深变化幅度，一个计算单元内部往往存在着多种地质类型，潜水埋深在不同的地形地质条件下也会出现极大的变化。在这种情况下，若整个计算单元取相同的地下水参数值，将使地下水均衡相关的各分项计算产生较大的偏差，从而产生不合理的计算结果。为了使所取参数较为准确，更加符合实际水文地质状况，在地下水均衡计算时，需要对计算单元进一步划分。

岩性和潜水埋深是影响地下水计算参数的重要因素。目前地下水计算中通常根据不同的岩性和潜水埋深范围来选取潜水给水度、潜水蒸发系数等计算参数，因此，选取地质岩性和潜水埋深范围作为划分地下水计算单元的依据。一般来说，地质岩性分为六类：黏土、亚砂土（微粒砂）、中粒砂、粗粒砂和砾石。潜水埋深（h，单位 m）范围根据地下水计算参数的翔实程度进行划分，通常可分为五个范围：$h<1$、$1 \leqslant h<2$、$2 \leqslant h<3$、$3 \leqslant h<5$、$h \geqslant 5$。一个计算单元内往往存在多种地质类型和多个埋深范围内的潜水埋深值，考虑到计算的规模和复杂程度，划分子单元时，需要进行适当的假定和概化。

具体处理方法：将计算单元划分为若干个子单元，假定每个子单元内，只存在两种地质岩性和两个埋深范围内的潜水埋深值。根据地形地质资料和潜水埋深资料，分别得到两种岩性和两个埋深值所占子单元的面积比例，然后进行组合，得到所有岩性和埋深组合所占子单元的面积比例系数。接着参照不同组合选取相应的地下水计算参数，乘以其组合的比例系数，估算地下水的补给项和排泄项。最后将各种组合情况计算所得的各项相加，得到子单元的地下水补给项和排泄项。将各个子单元的值累加到计算单元，可得到计算单元

的地下水各分项值。例如，计算单元 U 可以划分为 n 个子单元（K_1，K_2，…，K_i，…，K_n），所占单元面积分别为（F_{K1}，F_{K2}，…，F_{Ki}，…，F_{Kn}）。子单元 K_i 内主要包含两种岩性Ⅰ和Ⅱ，所占 K_i 的面积比例分别为 x_{1i} 和 x_{2i}；K_i 内同时包含分属两个埋深范围的潜水位 a 和 b，所占 K_i 的面积比例分别为 y_{1i} 和 y_{2i}。则不同岩性和埋深组合所占 K_i 的面积比例 P_i 可能产生四种情况，由下式计算得出

$$P_i = \begin{pmatrix} x_{1i} \\ x_{2i} \end{pmatrix} \cdot \begin{pmatrix} y_{1i} & y_{2i} \end{pmatrix} = \begin{pmatrix} x_{1i}y_{1i} & x_{1i}y_{2i} \\ x_{2i}y_{1i} & x_{2i}y_{2i} \end{pmatrix} \qquad i=1, 2, \cdots, n \qquad (3-16)$$

子单元 i 中不同岩性和埋深组合所占计算单元 U 的比例 P_{Ui} 为

$$P_{Ui} = F_{Ki}P_i \qquad\qquad i=1, 2, \cdots, n \qquad (3-17)$$

$$P_U = \sum_1^i F_{Ki}P_i = 1 \qquad\qquad i=1, 2, \cdots, n \qquad (3-18)$$

这样，在计算单元 U 内各种不同岩性和不同潜水埋深的具体位置未知的情况下，利用不同岩性和埋深的组合率定相应的地下水计算参数，通过估算单元 U 内不同岩性和埋深组合所占单元 U 的面积比，进行地下水各补给项和排泄项的估算。

3.3 实例：奎屯河流域水资源配置

3.3.1 流域概况

1. 自然地理

奎屯河流域位于天山北麓，准噶尔盆地西南部，南以天山山脊为界，北至古尔班通古特沙漠边缘，西与博州为邻，东与沙湾市紧密相连，面积 2.83 万 km²。地貌可划分为山区、丘陵和平原三大类型。气候干燥，属于典型的大陆性气候。平原区年平均气温 7℃，极端最高气温 43.1℃，极端最低气温 -32.3℃，年降水量 150～170mm，年蒸发量 1710～1930mm，冻土深 149cm，无霜期 175 天，有干热风、沙尘暴和浮尘天气等自然灾害发生。

2. 河流水系

奎屯河流域由奎屯河、四棵树河和古尔图河以及十几条小河组成，属内陆水系。流域内河流主要以冰川融雪为主要补给源，占总补给量的 40% 以上，其特点是河流水量随气温的高低而涨落，冬季水小，夏季水大。奎屯河、四棵树河和古尔图河出山口多年平均径流量分别为 6.60 亿 m³、2.97 亿 m³、3.61 亿 m³。

3. 水资源量

奎屯河流域水资源总量为 16.78 亿 m³，其中地表水 15.26 亿 m³，地下水不重复量 1.52 亿 m³。流域地下水主要靠河床渗漏补给，含水层富水性好。地下水位由南至北逐步升高，南部水位高，距地面深达 140m，东北部水位离地面仅 2～4m。平原区地下水资源量采用全国水资源综合规划第一阶段成果。多年平均地下水总补给量 7.7 亿 m³，其中降水入渗补给量 0.45 亿 m³，山前侧渗补给量 1.07 亿 m³，二者之和为地下水天然补给量 1.52 亿 m³。河道渗漏补给量、渠系渗漏补给量等地表水体补给量之和为 5.93 亿 m³。多

年平均地下水总排泄量 7.91 亿 m³，其中潜水蒸发量 5.12 亿 m³，河道排泄量（包括平原泉水、排水渠排泄量）1.34 亿 m³，浅层地下水开采量 1.38 亿 m³，侧向流出量 0.07 亿 m³。地下水理论可开采量 4.23 亿 m³，实际可开采量 2.70 亿 m³。

4. 水资源开发利用现状及存在的问题

奎屯河流域平原区内经济以农牧业、石油化工为主，2004 年总人口约 52.74 万人，工业增加值 186.9 亿元，灌溉面积 288.78 万亩。实际引用地表水量 10.23 亿 m³，地下水开采量 4.23 亿 m³。城镇生活用水综合定额 249 L/(人·d)，农村生活用水定额 106 L/(人·d)，工业万元增加值用水量 26m³，农业灌溉实际综合毛定额 471m³，低于全疆平均水平。已建成引水枢纽 8 座，水库 11 座，总库容 3.02 亿 m³。奎屯河、四棵树河、古尔图河引水率普遍偏高，至少在 80% 以上。2001—2004 年平均入甘家湖水量为 1.54 亿 m³，其中奎屯河下泄水量 0.46 亿 m³，四棵树河和古尔图河下泄水量 1.08 亿 m³。

水资源开发利用存在问题为：缺乏生态环境用水保障，区域生态环境情势不容乐观；用水增长过快，水资源供需矛盾日益加剧；水利工程老化失修严重，缺少控制性工程。

3.3.2 系统网络图与模型数据

1. 水资源分区和计算单元的划分

按照河流水系和县级行政区划的完整性、现有水利工程供水范围及规划调水工程高程分布等划分计算单元，见表 3-4。

表 3-4 奎屯河流域计算单元划分

四 级 区	五 级 区	行 政 区	计算单元（二级灌区）
奎屯河流域	奎屯河	克拉玛依市	独山子灌区
		奎屯市、农七师	奎屯灌区
		农七师	奎屯河东干渠灌区
		乌苏市	奎屯河西干渠灌区
		农七师	车排子北灌区
		乌苏市	车排子南灌区
	四棵树河	乌苏市	喇嘛沟干渠灌区
		乌苏市	五向分水闸灌区
		乌苏市	特吾勒特河灌区
		农七师	柳沟灌区
	古尔图河	乌苏市	古尔图镇灌区
		农七师	高泉灌区

计算单元内的地下水水文要素往往存在较大的差异。针对地下水均衡要素的特点，对计算单元进一步划分。根据单元内地质岩性和潜水埋深的不同，划分地下水子单元见表 3-5。

表 3-5 奎屯河流域地下水子单元

计算单元	地下水子单元	计算单元	地下水子单元
独山子灌区	独山子	车排子南灌区	车排子南
奎屯灌区	131 团	喇嘛沟干渠灌区	喇嘛沟
	奎屯市区	五向灌区	五向
	奎屯市东	柳沟灌区	125 团
奎屯河东干渠灌区	奎屯河东	特吾勒特河灌区	特吾勒
车排子北灌区	车排子北	古尔图镇灌区	古尔图
奎屯河西干渠灌区	八十四户乡	高泉灌区	124 团
	乌苏及其他		

地下水子单元划分依据为：每个地下水子单元内包含两种不同岩性和两个埋深范围内的潜水埋深值。根据子单元内不同岩性和埋深组合，采用相应的地下水参数，进行地下水均衡计算。

2. 水资源系统网络图

奎屯河流域水资源配置系统网络图如图 3-5 所示。系统网络图包括计算单元 12 个，重要的蓄水工程 13 座（其中已建水库 8 座，规划水库 5 座），引水枢纽 11 处，河流尾闾断面 3 处。重要的生态环境保护目标（如甘家湖保护区、古尔图河生态等）作为流域尾闾的保护湿地。

奎屯河流域地下水系统网络图如图 3-6 所示。每个计算单元作为一个独立的地下水库，按照地下水侧向传输关系的建立原则，确定流域地下水网络系统。计算单元之间以及计算单元和流域出口断面之间，通过概化的地下水侧向传输渠道相连，反映了计算单元之间地下水的动态交换关系。奎屯河、四棵树河以及古尔图河三个子流域之间没有地下水量交换，地下水侧向传输关系分别沿各河流纵向建立，最终由各子流域出口断面流入下游水汇（甘家湖）。各个计算单元之间的地下水侧向交换量，根据已有实测水文资料或经验数据确定，无资料的单元认为侧向排泄量很小，可忽略不计。

3. 方案设置

(1) 水资源配置原则。奎屯河流域水资源配置应遵循西北干旱区水资源合理配置的原则。针对奎屯河流域水资源系统自身特点及其与社会经济和生态环境系统的关系，还需遵循以下几个基本原则：

1) 保障生活用水，合理安排工业和农业用水。社会经济供水顺序为：生活、工业和农业。

2) 重点生态环境保护目标用水优先满足。对甘家湖保护区等重点生态环境保护目标的需水量，在模型模拟计算中作为目标优先满足，并退出被社会经济挤占的生态环境用水量。

3) 考虑现状并优先利用当地水资源。尽量保持现有水利工程的调度运行方式，当地水资源利用应优先考虑，可适当增加地下水开采量。

4) 多种水源联合调配。各类水源的利用顺序为：当地地表水、地下水、回用水和外

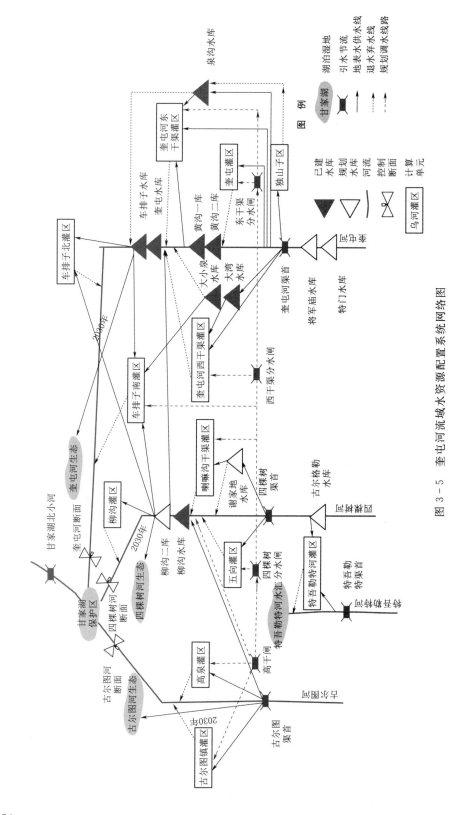

图 3-5 奎屯河流域水资源配置系统网络图

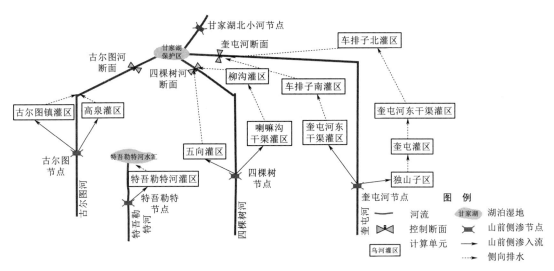

图 3-6 奎屯河流域地下水系统网络图

流域调水。

（2）方案设置。水资源配置是由工程措施和非工程措施组成的体系来实现，主要包括两个方面：一是需水，二是供水。需水方面，可通过调整产业结构、控制需水量增长，适应较为不利的水资源条件，保障生态环境用水。供水方面，一方面通过水利工程措施来改变水资源的天然时空分布，满足社会经济的需水要求；另一方面通过加强用水管理，协调各用水户竞争性用水关系，在社会经济和生态环境用水之间合理分配水资源。供水工程布局方案不同，需要付出的代价不同，甚至差异巨大。因此，水资源配置方案设置应该遵循：可靠的需水估计、有效的供水能力和合理的工程布局。

按照各水平年的需水量、工程方案组合、地下水开采策略等形成奎屯河流域水资源配置方案，见表 3-6。

表 3-6　　　　　　　　　　奎屯河流域水资源配置方案设置

项　目			2015 年	2030 年
一次平衡	需水		一般节水	一般节水
	水利工程			
	调度原则	水库	设计水库调度线	设计水库调度线
		地下水	多年平均不超采，枯水年允许超采	多年平均不超采，枯水年允许超采
二次平衡	需水		强化节水	强化节水
	水利工程			
	调度原则	水库	设计水库调度线	设计水库调度线
		地下水	多年平均不超采，枯水年允许超采	多年平均不超采，枯水年允许超采

续表

项　目			2015 年	2030 年
三次平衡	需水		强化节水	强化节水
	水利工程		将军庙水库、精奎输水干渠	将军庙水库、精奎输水干渠
	调度原则	水库	设计水库调度线	设计水库调度线
		地下水	多年平均不超采，枯水年允许超采	多年平均不超采，枯水年允许超采

4. 地下水参数设置

地下水参数包括含水层参数和其他基础参数两类。含水层参数是依据历年试验成果并参考 SL 256—2000《机井技术规范》、《机井技术手册》以及《新疆地下水资源调查与评价》，并根据区域自然条件确定。其他基础参数依据经验数据，结合区内的地质及水文地质条件经对比、筛选、优化、模型计算率定后确定。

（1）含水层参数。模型计算中用到的含水层参数主要包括潜水变幅带给水度（μ）、潜水蒸发系数（C）。取值分别见表 3-7、表 3-8。根据不同的岩性种类和不同的潜水埋深范围，在计算中选取不同的参数值。

表 3-7　　　　　　　　　　　潜水变幅带给水度（μ）值

岩　性	潜　水　埋　深 h/m				
	$h<1$	$1\leqslant h<2$	$2\leqslant h<3$	$3\leqslant h<5$	$h\geqslant 5$
黏土	0.05~0.08	0.03~0.05	0.02~0.03	0.01~0.02	0~0.01
亚砂土（微粒砂）	0.13~0.16	0.11~0.13	0.10~0.11	0.05~0.10	0~0.05
细粒砂	0.14~0.16	0.13~0.14	0.12~0.13	0.10~0.12	0~0.10
中粒砂	0.20~0.22	0.19~0.20	0.18~0.19	0.10~0.18	0~0.10
粗粒砂	0.20~0.25	0.17~0.20	0.15~0.17	0.12~0.17	0~0.12
砾石	0.28~0.30	0.25~0.28	0.22~0.25	0.20~0.22	0~0.20

表 3-8　　　　　　　　　　　潜水蒸发系数（C）值

岩　性	潜　水　埋　深 h/m				
	$h<1$	$1\leqslant h<2$	$2\leqslant h<3$	$3\leqslant h<5$	$h\geqslant 5$
黏土	0.33~0.53	0.20~0.33	0.10~0.20	0.01~0.10	0
亚砂土（微粒砂）	0.30~0.50	0.20~0.30	0.10~0.20	0.01~0.10	0
细粒砂	0.40~0.50	0.10~0.40	0~0.10	0	0
中粒砂	0.02~0.45	0.01~0.02	0~0.01	0	0
粗粒砂	0.02~0.45	0.01~0.02	0~0.01	0	0
砾石	0.02~0.45	0.01~0.02	0~0.01	0	0

（2）其他基础参数。其他基础参数包括降雨入渗补给系数（α）、渠系水渗漏补给系数（m）、田间灌溉入渗系数（β）、水库入渗系数（b）、河流入渗系数（M）等，同样根据规范和当地试验观测资料确定，具体取值见表 3-9~表 3-12。

表 3 - 9　降雨入渗补给系数（α）值

岩　性	潜　水　埋　深 h/m				
	h<1	1≤h<2	2≤h<3	3≤h<5	h≥5
黏土	0.08～0.12	0.07～0.10	0.04～0.06	0.03～0.07	0.02～0.04
亚砂土（微粒砂）	0.08～0.15	0.08～0.15	0.04～0.07	0.05～0.10	0.03～0.08
细粒砂	0.12～0.18	0.15～0.20	0.10～0.16	0.05～0.10	0.05～0.10
中粒砂	0.10～0.20				
粗粒砂					
砾石					

表 3 - 10　计算单元渠系水渗漏补给系数（m）值及田间灌溉入渗系数（β）值

计算单元	渠系水入渗系数（m）	田间灌溉入渗系数（β）		
		2004 年	2015 年	2030 年
独山子灌区	0.092	0.700	0.730	0.750
奎屯灌区	0.172	0.660	0.675	0.685
奎屯河东干渠灌区	0.217	0.615	0.635	0.660
奎屯河西干渠灌区	0.303	0.615	0.645	0.660
车排子北灌区	0.224	0.620	0.645	0.660
车排子南灌区	0.275	0.570	0.615	0.650
喇嘛沟干渠灌区	0.202	0.600	0.630	0.655
五向分水闸灌区	0.168	0.630	0.645	0.660
特吾勒特河灌区	0.194	0.590	0.615	0.640
柳沟灌区	0.242	0.570	0.610	0.645
古尔图镇灌区	0.252	0.605	0.635	0.660
高泉灌区	0.230	0.610	0.638	0.655

表 3 - 11　平原区水库入渗系数（b）值

坝基岩性	大型水库	中型水库	小型水库
黏性土	0.06～0.10	0.15～0.20	0.20～0.30
砂性土（含土/砾）	0.08～0.12	0.20～0.23	0.30～0.50

表 3 - 12　河流入渗系数（M）值

类型	大型河流	中型河流	小型河流
山间河谷型	0.02～0.10	0.10～0.25	0.30～0.50
山前带河流	0.10～0.25	0.35～0.50	0.60～0.80
平原区河流	0.05～0.20	0.15～0.30	0.50

3.3.3　需水预测

1. 社会经济需水

社会经济不同的发展格局、节水水平以及水资源条件的空间分布、供水能力、用水效率等的差异，均对需水预测结果产生影响，主要表现在需水预测的不确定性和需水弹性上。除了考虑上述因素外，还应参考其他用水效率较高地区的用水水平。常采用情景法，一般设置常规节水和强化节水两种情景下的需水方案。奎屯河流域强化节水方案需水预测成果见表 3-13。

基准年强化节水方案社会经济需水量为 15.64 亿 m³，2030 年达到 21.91 亿 m³，相对基准年增幅 40.1%，同期工业发展速度 6.1%，农业灌溉面积发展速度 0.9%。说明 26 年中通过大力开展节水和调整产业结构，建立节水型社会，在需水增长幅度减缓的情况下使工业获得了较大发展，这种变化符合新疆经济发展从农业化向工业化转变的目标。

表 3-13　　　　　　　　奎屯河流域强化节水方案需水统计表　　　　　　单位：亿 m³

水平年	分区	城镇				农村			经济需水合计	生态	总计
		生活	生产	城镇生态	小计	生活	生产	小计			
2004	奎屯河	0.20	0.50	0.16	0.86	0.09	9.35	9.44	10.29	1.62	11.91
	四棵树河	0.00	0.04	0.00	0.04	0.04	3.67	3.71	3.75	0.00	3.75
	古尔图河	0.00	0.01	0.00	0.01	0.02	1.56	1.58	1.60	0.00	1.60
	奎屯河流域	0.20	0.55	0.16	0.92	0.15	14.58	14.72	15.64	1.62	17.26
2015	奎屯河	0.35	2.45	0.31	3.11	0.11	10.16	10.27	13.38	1.62	15.00
	四棵树河	0.00	0.05	0.00	0.06	0.05	4.09	4.14	4.20	0.00	4.20
	古尔图河	0.00	0.02	0.00	0.02	0.02	1.76	1.79	1.80	0.00	1.80
	奎屯河流域	0.35	2.52	0.31	3.18	0.18	16.02	16.20	19.38	1.62	21.00
2030	奎屯河	0.49	3.77	0.41	4.68	0.10	10.82	10.93	15.60	2.05	17.65
	四棵树河	0.00	0.07	0.00	0.07	0.05	4.33	4.38	4.45	0.54	4.99
	古尔图河	0.00	0.02	0.00	0.02	0.02	1.82	1.84	1.86	0.68	2.54
	奎屯河流域	0.50	3.85	0.41	4.77	0.17	16.98	17.15	21.91	3.27	25.18

需水结构变化的过程伴随着需水增长的过程。从需水结构看，现状农业用水占社会经济总用水的 93.3%，比重较高。主要是因为内陆干旱区农业用水基本要靠灌溉解决，同时也说明节水重点在农业，农业具有较大节水潜力。2030 年农业需水占社会经济总需水的比例下降到 77.2%，工业需水所占比例从 2004 年的 3.5% 上升到 17.6%，主要是因为独山子区、奎屯市和乌苏市等几大工业园区的建设，工业需水量明显增长。

2. 生态环境需水

内陆干旱区由于特殊的地域特点，生态与环境需水着重考虑绿洲系统的消耗水量、重点河道的生态与环境流量过程以及地质环境稳定的约束水位和亏缺水量。根据对奎屯河流域生态环境评价的结果，目前不存在地质环境问题，河流主要是补给沿河两岸河谷林和尾间湖泊湿地的需水，对流量过程没有要求，因此生态和环境需水主要考虑绿洲系统的消耗水量。

据计算，奎屯河流域现状生态总耗水为 6.21 亿 m³，占水资源总量的 35%。奎屯河向艾比湖下泄水量已经为零，目前生态耗水主要集中在甘家湖梭梭保护区，其他水资源分区虽然部分属于天然绿洲区，但由于植被退化，消耗水资源量较小。流域社会经济耗水明显高于生态耗水，二者比例为 1.7:1，生态需水的目标主要是恢复甘家湖河谷林地需水。流域上中游过量用水，使下游进入甘家湖区的水量大幅度减少，尤其是古尔图河，早在 20 世纪 60 年代就彻底断流，致使保护区河谷林、湿地等严重退化。根据以上分析，主要是恢复古尔图河、四棵树河下游末端林地，其次是恢复奎屯河在保护区范围内的衰败林相。

据预测，古尔图河末端与四棵树河下游恢复林地新增净需水分别为 0.68 亿 m^3 和 0.54 亿 m^3，恢复奎屯河下游河谷林生长状态，改变衰败迹象，总的新增净需水约 0.43 亿 m^3。根据甘家湖区现状生态耗水量分析，现状耗水量为 1.62 亿 m^3。甘家湖河谷林恢复需新增生态需水量 1.65 亿 m^3，则甘家湖区生态总需水量为 3.27 亿 m^3。

3.3.4 基准年水资源供需平衡分析与耗水平衡分析

现状年已建平原水库 8 座，总调蓄库容约为 4.40 亿 m^3，水库调度采用设计调度线。以地下水可开采量作为基准年地下水开采量上限约束，遵循多年平均不超采，个别年份允许超采的原则。遵循现有河道的引水比和地方、兵团的分水协议等。

1. 水资源供需平衡分析

基准年奎屯河流域供水量统计见表 3-14。

表 3-14　　　　基准年奎屯河流域供水量统计表（按水源分类）　　　　单位：亿 m^3

分　区	干旱年份	当地地表水	地下水	外调水	其他	合计
奎屯河	50%	8.43	1.72	0	0.04	10.20
	75%	8.05	1.53	0	0.05	9.63
	95%	7.34	1.72	0	0.05	9.10
	平均	8.24	1.69	0	0.04	9.96
四棵树河	50%	2.63	0.74	0	0.00	3.37
	75%	2.54	0.70	0	0.00	3.24
	95%	2.26	0.75	0	0.00	3.01
	平均	2.62	0.74	0	0.00	3.35
古尔图河	50%	1.32	0.28	0	0.00	1.60
	75%	1.31	0.28	0	0.00	1.59
	95%	1.28	0.29	0	0.00	1.57
	平均	1.31	0.28	0	0.00	1.59
奎屯河流域	50%	12.29	2.77	0	0.05	15.11
	75%	11.87	2.57	0	0.05	14.49
	95%	11.18	2.67	0	0.05	13.89
	平均	12.16	2.70	0	0.04	14.91

从表 3-14 可以看出，多年平均供水量 14.91 亿 m^3，其中地下水 2.70 亿 m^3，占供水总量的 18.1%；95% 干旱年份供水量 13.89 亿 m^3，与多年平均相差 1.01 亿 m^3，其中地下水为 2.67 亿 m^3，占供水总量的 19.2%。地表水和地下水供水量年际变化均较小，

供水能力比较稳定，主要原因是三大地下水水源地和众多的平原水库群基本上调控了当地水资源，缺水主要在农业。

基准年奎屯河流域生态保护目标水资源供需平衡结果见表 3-15，生态保护目标总缺水量 1.70 亿 m³。

表 3-15　　　　基准年奎屯河流域生态保护目标水资源供需平衡结果　　　　单位：亿 m³

目　　标	2030年生态目标期望值	2004年			
		供水			缺　水
		当地水	外调水	合计	
甘家湖	1.62	1.57	0	1.57	0.05
奎屯河生态	0.43	0	0	0	0.43
四棵树河生态	0.54	0	0	0	0.54
古尔图河生态	0.68	0	0	0	0.68
合计	3.27	1.57	0	1.57	1.70

2. 地下水开发利用分析

基准年奎屯河流域计算单元地下水开采量及动态补给量见表 3-16。流域地下水补给量为 5.39 亿 m³。按照《新疆地下水资源调查与评价》的推荐方案，取奎屯河流域地下水可开采系数为 0.65，则地下水可开采量为 3.50 亿 m³。地下水开采量为 2.70 亿 m³，占可开采量的 77.18%。由表中数据可以看出，各灌区地下水开采量基本上在其可开采量范围之内，未出现严重的地下水超采现象。

表 3-16　　　　基准年奎屯河流域计算单元地下水开采量及动态补给量

计算单元	地下水补给量/亿 m³	地下水可开采量/亿 m³	地下水开采量/亿 m³	开采比例/%
独山子灌区	0.19	0.13	0.09	74.27
奎屯灌区	0.33	0.21	0.22	100.97
奎屯河东干渠灌区	0.92	0.60	0.37	62.49
奎屯河西干渠灌区	0.65	0.42	0.42	100.26
车排子北灌区	0.78	0.51	0.51	100.37
车排子南灌区	0.35	0.23	0.07	31.39
喇嘛沟干渠灌区	0.31	0.20	0.19	97.17
五向分水闸灌区	0.54	0.35	0.35	101.22
特吾勒特河灌区	0.25	0.16	0.00	1.48
柳沟灌区	0.29	0.19	0.19	100.44
古尔图镇灌区	0.53	0.35	0.11	32.55
高泉灌区	0.26	0.17	0.17	101.22
合计	5.39	3.50	2.70	77.18

表 3-17 为基准年奎屯河流域计算单元地下水平均埋深及变幅。表中多年平均地下水埋深为各灌区 1955—2000 年间任意连续 12~25 年埋深平均值，数据来源于《奎屯河流域

规划平原区地下水资源评价》。随着地下水开发利用程度的不断提高，地下水埋深普遍呈现增大趋势，与多年平均相比，在现状地下水开发利用水平下，各灌区地下水埋深均有不同幅度的增大。除奎屯河东干渠灌区、五向分水闸灌区和高泉灌区增幅较大以外（分别较多年平均增加了 1.39m、0.97m 和 2.29m），其他各灌区地下水埋深变化不大。这三个灌区均位于河流中下游的冲洪积细土平原区，潜水位埋藏浅，潜水的蒸发蒸腾作用强烈，是地下水的径流排泄区，地下水埋深变幅受气候和开采量影响很大，地下水开采量占可开采量比重分别达到了 62.49%、101.22%、101.22%，地下水开发利用程度比较高。在气候因素和较高的地下水开发利用双重影响下，三个灌区的地下水埋深出现了较大幅度的增加，将会对区内人工植被和天然生态产生影响。因此，在未来地下水开发利用中应减小开发力度，保护灌区天然和人工生态环境。

表 3-17　　　　　基准年奎屯河流域计算单元地下水平均埋深及变幅　　　　　单位：m

分　区	地质类型	地下水埋深		埋深变幅
		多年平均（$\bar{H}$）	基准年（H_0）	$\bar{H}-H_0$
独山子灌区	冲洪积砾质平原	154.45	154.36	−0.09
奎屯灌区		42.27	42.32	0.05
奎屯河东干渠灌区		3.10	4.49	1.39
奎屯河西干渠灌区	冲洪积细土平原	64.42	64.77	0.35
车排子北灌区		4.37	5.24	0.87
车排子南灌区		4.07	4.32	0.25
喇嘛沟干渠灌区	冲洪积砾质/细土平原	26.75	27.04	0.29
五向分水闸灌区	冲洪积细土平原	3.33	4.30	0.97
特吾勒特河灌区	冲洪积砾质平原	45.00	44.62	−0.38
柳沟灌区	冲洪积细土平原	2.60	2.61	0.01
古尔图镇灌区	冲洪积砾质/细土平原	23.50	24.06	0.56
高泉灌区	冲洪积细土平原	3.74	6.03	2.29

选取位于奎屯河上游、中游和下游的独山子灌区、奎屯河东干渠灌区和车排子北灌区，分析奎屯河现状地下水开采水平下的地下水埋深变化。基准年独山子灌区、奎屯河东干渠灌区和车排子北灌区 49 年长系列地下水埋深变化分别如图 3-7～图 3-9 所示。

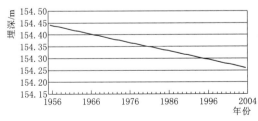

图 3-7　基准年独山子灌区长系列
（1956—2004 年）潜水埋深变化

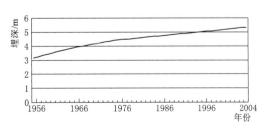

图 3-8　基准年奎屯河东干渠灌区长系列
（1956—2004 年）潜水埋深变化

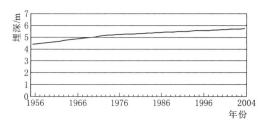

图 3-9　基准年车排子北灌区长系列
（1956—2004 年）潜水埋深变化

从图 3-7 可以看出，现状地下水开采水平下，独山子灌区地下水埋深变化很小，1956—2004 年，变幅仅为 0.18m。这是由于独山子灌区位于奎屯河上游的冲洪积砾质平原区，地层颗粒粗大、孔隙大，且地形坡度较大，地下水径流强烈，是地下水的补给径流区。潜水变化动态属于水文型动态，地下水主要补给源为山区地下水的侧向补给、奎屯河上游河道及渠道入渗补给，河水流量变化很大程度上决定着地下水动态。奎屯河流量年际变化小，对独山子灌区的地下水补给较为稳定，因此，潜水埋深长年基本保持不变。奎屯河东干渠灌区和车排子北灌区地下水埋深均有不同程度的增大，1956—2004 年，最大变幅分别为 2.17m 和 1.35m。奎屯河东干渠灌区和车排子北灌区位于奎屯河中下游的冲洪积细土平原区，潜水位埋藏浅，蒸发蒸腾作用强烈，是地下水的径流排泄区。奎屯河中下游属于社会经济用水量较大的地区，地下水开发利用程度较高，地下水开采量占可开采量的比例分别达到了 62.49%、100.37%。因此，地下水开发利用不断提高的情况下，地下水埋深呈现逐年增大趋势。

3. 耗水平衡分析

表 3-18 为基准年奎屯河流域分区耗水平衡结果。流域用水消耗占水资源总量的 57.2%，其中农业用水消耗占水资源总量的 54.4%。耗水平衡分析结果表明，奎屯河流域水资源严重不足，属资源性缺水，社会经济耗水和生态耗水的比例失调，社会经济用水比例过高，挤占了生态环境用水。为了维持流域社会经济可持续发展，保护生态环境，迫切需要从外流域调水。

表 3-18　　　　　　基准年奎屯河流域分区耗水平衡结果　　　　单位：亿 m³

分区	分区水资源量			入境水量	用水消耗				非用水消耗量	总耗水量
	地表水	地下水	总量		生活	生产	农业	合计		
奎屯河	8.09	0.72	8.81	0	0.17	6.62	6.38	6.79	2.02	8.81
四棵树河	3.75	0.36	4.11	0	0.04	2.21	2.20	2.26	1.85	4.11
古尔图河	4.37	0.45	4.82	0	0.02	1.08	1.07	1.10	3.72	4.82
奎屯河流域	16.21	1.53	17.74	0	0.23	9.91	9.65	10.15	7.59	17.74

3.3.5　水资源三次平衡分析与耗水平衡分析

水资源三次平衡分析包括一次平衡、二次平衡以及三次平衡分析。一次平衡分析，供水方面立足于现状供水能力，并适当考虑多年平均水资源量的衰减；需水方面是在现状用水水平且不考虑新增节水措施的前提下，分析用水需求增长情况下的水资源供需矛盾。其目的是充分暴露未来水资源供需中可能发生的最大缺口，为节水、治污、挖潜及其他新增供水措施的分析工作提供定量基础。二次平衡分析，是在一次平衡分析的基础上，立足于当地水资源，结合产业结构调整、节水、治污、挖潜等措施，进行基于当地水资源承载能力的供需平衡分析。其目的是暴露在充分发挥当地水资源承载能力条件下仍不能解决的水资源供需缺口，即提出只能依靠新建外调水工程解决缺水问题。三次平衡分析，是在二次平衡分析的基础上，将当地水与外调水作为整体进行水资源平衡分析。

1. 三次平衡供需分析

三次平衡模拟方案设置见表 3-6，三次平衡供需分析详细结果参考有关资料。

通过三次平衡分析，2015 年和 2030 年流域社会经济多年平均供水量分别为 19.34 亿 m^3 和 21.89 亿 m^3，较基准年分别增加了 4.43 亿 m^3 和 6.98 亿 m^3，说明外调水是维持社会经济用水增长的主要水源。社会经济缺水量由基准年的 0.73 亿 m^3 减少到 2030 年的 0.02 亿 m^3，基本实现水资源供需平衡。

通过三次平衡分析，流域调水后，当地水加大了供给生态的力度，基本满足了 2015 年和 2030 年的生态保护目标需水量。

2. 三次平衡地下水开发利用分析

根据基准年地下水开采状况，对规划水平年地下水开采量进行适当控制，在尽量满足社会经济发展用水的基础上，避免出现地下水大幅度超采现象，以免对生态环境产生不良影响。2015 年和 2030 年流域计算单元地下水补给和开采状况见表 3-19 及表 3-20。

表 3-19　　　　　2015 年奎屯河流域计算单元地下水补给量及开采量

计算单元	地下水补给量/亿 m^3	地下水可开采量/亿 m^3	地下水开采量/亿 m^3	开采比例/%
独山子灌区	0.35	0.23	0.00	0.00
奎屯灌区	0.42	0.28	0.28	100.58
奎屯河东干渠灌区	0.97	0.63	0.38	60.10
奎屯河西干渠灌区	0.65	0.43	0.43	100.35
车排子北灌区	0.84	0.54	0.55	100.25
车排子南灌区	0.30	0.20	0.08	42.77
喇嘛沟干渠灌区	0.42	0.27	0.21	75.82
五向分水闸灌区	0.58	0.37	0.38	101.24
特吾勒特河灌区	0.27	0.17	0.00	1.39
柳沟灌区	0.30	0.19	0.19	100.63
古尔图镇灌区	0.55	0.36	0.12	34.64
高泉灌区	0.27	0.18	0.18	101.25
合计	5.92	3.85	2.80	72.81

表 3-20　　　　　2030 年奎屯河流域计算单元地下水开采量及动态补给量

计算单元	地下水补给量/亿 m^3	地下水可开采量/亿 m^3	地下水开采量/亿 m^3	开采比例/%
独山子灌区	0.40	0.26	0.00	0.00
奎屯灌区	0.53	0.34	0.35	103.49
奎屯河东干渠灌区	0.92	0.60	0.38	63.50
奎屯河西干渠灌区	0.69	0.45	0.49	110.53

续表

计算单元	地下水补给量/亿 m³	地下水可开采量/亿 m³	地下水开采量/亿 m³	开采比例/%
车排子北灌区	0.84	0.55	0.61	110.72
车排子南灌区	0.31	0.20	0.08	41.61
喇嘛沟干渠灌区	0.44	0.28	0.21	73.18
五向分水闸灌区	0.58	0.38	0.42	111.77
特吾勒特河灌区	0.27	0.18	0.00	1.36
柳沟灌区	0.29	0.19	0.21	111.23
古尔图镇灌区	0.55	0.36	0.13	35.12
高泉灌区	0.27	0.18	0.20	111.78
合计	6.09	3.97	3.08	77.95

2015 年流域地下水补给量为 5.92 亿 m³，较基准年增长了 0.53 亿 m³；地下水开采系数取 0.65，则地下水可开采量为 3.85 亿 m³，较基准年增长 0.35 亿 m³；地下水开采量为 2.80 亿 m³，比基准年增加了 0.09 亿 m³。地下水开采量占可开采量的 72.81%，较基准年下降了 4.37%。由于减少了五向分水闸灌区和高泉灌区的地下水开采量，因此流域各单元地下水开采量均在可开采量和动态补给量范围之内，无超采现象发生。

2030 年流域地下水动态补给量为 6.09 亿 m³，较 2015 年和基准年分别增长了 0.19 亿 m³ 和 0.71 亿 m³；地下水开采系数取 0.65，则地下水可开采量为 3.97 亿 m³，较 2015 年和基准年分别增长了 0.13 亿 m³ 和 0.47 亿 m³；地下水开采量为 3.08 亿 m³，较 2015 年和基准年分别增长了 0.29 亿 m³ 和 0.38 亿 m³。地下水开采量占可开采量的 77.95%，与基准年开采比例持平。由图 3-10 可以看出，地下水补给量和可开采量的增长幅度小于地下水开采量的增长幅度，流域内某些计算单元的地下水开采在基准年就达到了 100% 左右。随着规划水平年用水增长，某些计算单元（包括奎屯河西干渠灌区、车排子北灌区、五向分水闸灌区、柳沟灌区和高泉灌区）的地下水开采比例由基准年的 100% 左右上升到 2030年的 110% 左右，出现了轻微的超采现象，但超采幅度不大。经地下水埋深变化分析后得出，轻微超采没有造成地下水埋深大幅度下降，故未对现状天然生态造成较大的不良影响。

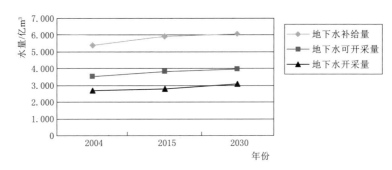

图 3-10 奎屯河流域各水平年地下水补给与开采量增长状况

规划水平年各计算单元地下水埋深情况见表 3-21。与基准年相比，2015 年和 2030年各分区埋深值保持了基准年的埋深水平，埋深变幅在 ±0.25m 以内。说明规划水平年地下水开采量的增加没有引起地下水埋深大幅度的下降，维持和保护了流域内各灌区现状生态环境，是合理的。

表 3－21   规划水平年奎屯河流域计算单元地下水埋深变幅   单位：m

分区	地下水埋深			埋深变幅 ΔH	
	基准年（H_0）	2015 年（H_1）	2030 年（H_2）	$H_1 - H_0$	$H_2 - H_0$
独山子灌区	154.36	154.15	154.11	−0.21	−0.25
奎屯灌区	42.32	42.43	42.41	0.11	0.09
奎屯河东干渠灌区	4.49	4.50	4.51	0.01	0.02
奎屯河西干渠灌区	64.77	64.81	64.85	0.04	0.08
车排子北灌区	5.24	5.25	5.25	0.01	0.01
车排子南灌区	4.32	4.45	4.45	0.13	0.13
喇嘛沟干渠灌区	27.04	27.04	27.04	0.00	0.00
五向分水闸灌区	4.30	4.34	4.35	0.04	0.05
特吾勒特河灌区	44.62	44.61	44.61	−0.01	−0.01
柳沟灌区	2.61	2.61	2.61	0.00	0.00
古尔图镇灌区	24.06	24.06	24.06	0.00	0.00
高泉灌区	6.03	6.04	6.05	0.01	0.02

同样选取位于奎屯河的独山子灌区、奎屯河东干渠灌区和车排子北灌区，分析在规划年地下水开采水平下，奎屯河上游、中游和下游地下水埋深变化情况。2015 年和 2030 年独山子灌区、奎屯河东干渠灌区和车排子灌区 49 年长系列地下水埋深变化情况分别如图 3－11～图 3－16 所示。

2015 年和 2030 年独山子灌区地下水埋深分别减小了 0.67m 和 0.79m，埋深变化不大，与基准年的下水埋深基本持平。说明独山子灌区地下水补给源稳定，规划水平年地下水开发利用强度不大（图 3－11、图 3－12）。

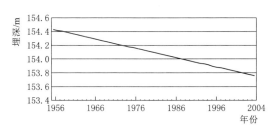

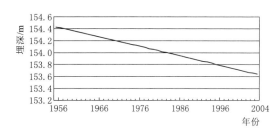

图 3－11   独山子灌区 2015 年长系列　　　　图 3－12   独山子灌区 2030 年长系列
（1956—2004 年）潜水埋深变化　　　　　（1956—2004 年）潜水埋深变化

2015 年奎屯河东干渠灌区和车排子北灌区地下水埋深分别增加了 2.22m 和 1.36m。2030 年两灌区地下水埋深分别增加了 2.23m 和 1.37m，与 2015 水平年相比，地下水埋深变幅基本维持不变；与基准年相比，地下水埋深分别增加了 0.06m 和 0.02m，即在 2030 年地下水开发利用水平下，奎屯河东干渠灌区和车排子北灌区地下水埋深变幅与基准年基本保持一致，说明规划水平年地下水开采量未引起地下水埋深大幅度增加，不会使生态环境在现状基础上产生恶化趋势，地下水开发利用量是合理的（图 3－13～图 3－16）。

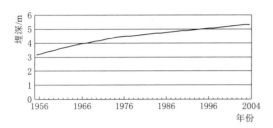

图 3-13 奎屯河东干渠灌区 2015 年长系列
（1956—2004 年）潜水埋深变化

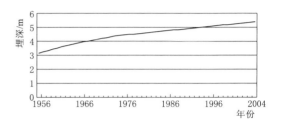

图 3-14 奎屯河东干渠灌区 2030 年长系列
（1956—2004 年）潜水埋深变化

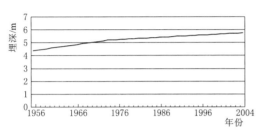

图 3-15 车排子北灌区 2015 年长系列
（1956—2004 年）潜水埋深变化

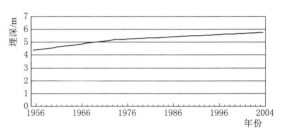

图 3-16 车排子北灌区 2030 年长系列
（1956—2004 年）潜水埋深变化

3. 水资源三次平衡耗水分析

奎屯河流域三次平衡耗水成果见表 3-22。2015 年用水消耗占水资源总量的 58.0%，其中农业用水消耗占水资源总量的 52.4%。与基准年相比，用水消耗占水资源总量比例上升了 0.8%，但农业用水消耗所占比例下降了 2.0%，说明在流域社会经济用水持续增长的情况下，通过调整产业结构，在控制流域用水消耗增长幅度的基础上，使农业用水消耗的比例有所下降。2030 年增加了外调水，用水消耗占水资源总量比例较 2015 年有所下降，为 57.2%，与基准年用水消耗比例持平，农业用水消耗比例为 49.7%，较基准年和 2015 水平年分别下降了 4.7% 和 2.7%。耗水分析结果说明了流域强化节水方案在实施调水后，满足了流域社会经济发展用水的需要，同时控制了用水消耗没有继续增长，维持了流域生态环境现状。

表 3-22　　　　　　奎屯河流域强化节水方案三次平衡分区耗水平衡成果　　　　单位：亿 m³

水平年	分区	分区水资源量			入境水量	用水消耗				非用水消耗量	总耗水量
		地表水	地下水	总量		生活	生产	农业	合计		
2015	奎屯河	8.09	0.72	8.81	2.64	0.24	8.20	7.31	8.44	3.01	11.45
	四棵树河	3.75	0.36	4.11	1.09	0.05	2.80	2.78	2.86	2.35	5.21
	古尔图河	4.37	0.45	4.82	0.17	0.02	1.24	1.24	1.27	3.72	4.99
	奎屯河流域	16.21	1.52	17.73	3.90	0.31	12.25	11.34	12.56	9.07	21.63
2030	奎屯河	8.09	0.72	8.81	4.71	0.29	9.36	7.89	9.65	3.87	13.52
	四棵树河	3.75	0.36	4.11	1.72	0.05	3.04	3.02	3.09	2.73	5.82
	古尔图河	4.37	0.45	4.82	0.42	0.02	1.30	1.30	1.32	3.92	5.24
	奎屯河流域	16.21	1.52	17.73	6.85	0.36	13.71	12.20	14.07	10.52	24.59

第4章
大尺度水资源供求分析模型

4.1 模型总体设计

4.1.1 模型定位

一般来说，不同级别的用户与解决不同层次的问题所开发模型系统的侧重点有很大不同。面对研究范围大，又涉及社会、经济、生态、环境等诸多因素的复杂巨系统，模型的定位显得尤为关键。本章构建的模型系统侧重于研究宏观层面的水资源供求态势分析，以及保障供水安全的供水水源安排方案和政策措施建议等，其基本依据是流域或区域水资源综合规划及相关专项规划等。水利工程是调配水资源的工具，在来水和需水间起着桥梁作用。我国水利工程数量巨大，在该层次的模型系统中完全反映这些工程难度非常大，过度简化水利工程则不能有效的反映其调蓄作用，保障供水安全的供水水源安排方案就是不符合实际的方案。要从整体上把握水资源开发利用的态势，在宏观尺度上对大规模的水资源系统进行模拟，传统的水资源供需分析模型显得不足。如何在模型系统中反映水利工程的调蓄作用，是模型系统是否实用的关键环节之一。基于以上分析，简单、实用是模型系统的基本定位，必要的大中型跨流域供水工程应单独列出，充分利用流域水资源分区套地（市）计算单元中蓄水工程的兴利库容、现状供水能力等统计数据，探讨其经验关系、水库年际间调蓄等。

4.1.2 模型基本框架

根据模型系统的定位，模型组成和使用方法应相对简单，突出实用性，侧重于水资源问题的宏观趋势分析。结合水文站点的实测径流资料、流域综合规划成果中的水资源分区下泄水量等已有成果，提高模型参数的精度和成果的可靠性。尽量利用各种统计规律建立某些变量之间的经验关系，以数据库作为存储各类数据的载体，输入数据主要依据现有规划成果，输出结果表现形式要丰富。

流域或区域水资源综合规划、相关专项规划等成果作为基础输入数据，以流域水资源分区耗水平衡控制水资源供需平衡结果，提高模型参数的可靠性，构建大尺度水资源供求分析模型。模型系统由社会经济用水现状分析模块、需水预测模块和水资源供求分析模块组成，模型系统基本框架示意图如图4-1所示。

社会经济用水现状分析模块拟分为非农业用水现状分析和农业用水现状分析两个子模块。子模块的社会经济发展指标采用统计年鉴资料，用水量数据采用水资源公报、水资源综合规划和相关规划的成果。模块应能够进行社会经济发展指标、各业用水量的变化趋势分析，对现状数据进行合理性和一致性分析检查，分析评价水资源开发利用现状存在的主

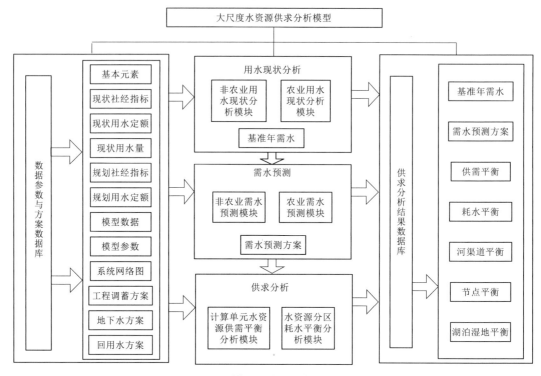

图 4-1 模型系统基本框架示意图

要问题、用水水平和效率，确定基准年的社会经济发展指标、用水指标和需水量。

需水预测模块拟分为非农业需水预测和农业需水预测。需水预测的方案设置包括：根据拟定不同的社会经济发展水平、节水水平等，组合成不同的需水方案。在基准年需水预测结果的基础上，针对不同的需水方案，预测社会经济发展指标、用水定额等，得到不同水平年的需水预测结果，并对需水预测方案进行合理性分析。

水资源供求分析模块包括计算单元水资源供需平衡分析和水资源分区耗水平衡分析两个子模块。该模块用于基准年和规划水平年的水资源供需平衡分析和耗水平衡分析。基准年水资源供需平衡分析和耗水平衡分析可以拟定模型系统的各类参数，通过建立基准年和规划水平年各参数之间的关系，进行规划水平年的水资源供需平衡分析。该模块的方案设置包括：需水预测方案、工程调蓄方案、污水处理回用水方案、地下水利用方案等。需水预测数据包括非农业需水和农业需水，二者以同一方案出现。由于水利工程众多，拟按照蓄水和引提水两类工程设定地表水供水渠道的参数。假定回用水仅在计算单元内使用，可设置不同的利用程度。地下水供水量不能超过其可开采量，假定仅在计算单元内使用。水资源分区耗水平衡分析时，要考虑水资源开发利用程度、社会经济耗水的比例，社会经济耗水量不大于水资源可利用量，出口断面的下泄水量不小于设定的生态基流。

4.1.3 模型设计特点

根据模型系统构建思路，模型设计具有如下特点：

（1）简单、实用。

（2）解决问题的层次侧重于顶层、宏观等。

（3）统一考虑社会、经济、生态环境系统，各方用水是博弈妥协的结果。

（4）计算过程简单，复杂问题简单化，经验关系与现有成果作为计算依据。

（5）可进行流域、行政区间的分析比较等。

（6）具有友好的输入输出界面等。

4.2 水资源系统网络图

4.2.1 系统概化思路

用模型描述自然规律通常要对研究对象进行必要的简化，换句话说，模型描述的是概化的研究对象。研究对象的概化，必然有一系列假定。对于水资源规划问题，研究区的概化要依据解决问题的层次。一般来说，问题越宏观，概化程度越高，考虑的因素相对较少，即选用对规划结果影响最大的有限数量的参数，参数的综合性也越强。

大尺度水资源供求分析模型定位是简单、实用，研究流域或区域宏观层面的问题，计算单元多采用水资源三级区套地市或水资源四级区套地市。本章模型系统设计拟定以水资源三级区为例进行耗水平衡分析计算，以计算单元为核心进行水资源供需平衡分析计算，两者的有机结合可以有效地识别模型的参数，提高规划结果的计算精度，将计算误差控制在水资源三级区内。根据基础数据的来源和易获取的资料，将水源（地表水、地下水、污水处理回用水、外调水等）、需水（城镇生活、农村生活、工业、农业、城镇生态等）、水利工程（蓄引提调工程）等均概化到计算单元上，在计算单元上进行社会经济用水的供用耗排分析计算，可充分利用流域水资源综合规划等成果。这种概化方式相当于由计算单元组成的概化"河流"构成了流域水系，按照实际的水系分布，建立计算单元之间的水力逻辑关系，计算单元及其连线则构成了概化的河流系统。在计算单元上的地表水蓄引提调工程具有向本计算单元和其他计算单元供水的功能，需要建立计算单元之间的供水连线，其他计算单元可以是水资源三级区内的，也可以是水资源三级区外的。水资源三级区外的计算单元供水连线表示水资源三级区之间的调入、调出水量关系。计算单元及其供水连线构成了地表水供水系统。社会经济用水的供用耗排概化在计算单元上，为简化系统网络图，可将其排水系统与计算单元的下游河流连线重合，不单独画出排水连线。地下水、污水处理回用水等均概化在计算单元上，相应的地下水供水系统、污水处理回用系统隐含在计算单元内，不单独画出。建立了以计算单元为核心的水资源供需平衡分析系统网络之后，可将水资源三级区之间的水力联系用连线连接起来，则构成了水资源三级区耗水平衡分析系统网络。

4.2.2 系统网络图组成

根据上述系统概化思路，系统网络图主要由节点（点）、计算单元水传输系统（线）、水资源分区水传输系统（面）三类元素组成。

1. 节点

节点主要包括计算单元、引水节点、调水水源节点、水资源分区断面、湖泊、湿地、水汇等。

（1）计算单元。水源、需水用户、水利工程供水以计算单元为节点。水源包括当地地表水、地下水、污水处理回用水、外调水等；需水用户包括城镇生活、农村生活、工业、农业、城镇生态等；水利工程包括蓄引提工程的供水，将计算单元内的蓄水工程简化为一个以兴利库容为库容的概化水库，将引提调工程概化为一个引水工程。隐含在计算单元内的供水系统包括地表水供水系统、地下水供水系统、污水处理回用系统等。

（2）引水节点。主要干支流上的地表水供水节点，上游有水资源分区入境河流连线，下游有 $1\sim n$ 条供水连线，节点多位于水资源分区上游。

（3）调水水源节点。调水水源节点指研究区以外的水源，其属性与水汇类似，不属于任何水资源分区。该节点仅有下游调水连线，$1\sim n$ 条。

（4）水资源分区断面。水资源分区断面指水资源分区出境水量断面，假定水资源分区仅有一个出境断面。通过设置该断面的生态基流约束条件，满足河流生态用水或入海水量要求。

（5）湖泊、湿地。上下游均有连线，上游为计算单元下游河流传输连线和供水连线，下游与水资源分区断面连线或无连线。

（6）水汇。水汇是流域水循环最终水量的汇集处，流域内可概化多个水汇，如河流尾闾湖泊、低洼地、沙漠、海洋等。水汇仅与水资源分区断面连线。

2. 计算单元水传输系统

计算单元水传输系统主要包括当地地表水供水系统、重大供水工程供水系统、外调水供水系统、地下水供水系统、污水处理回用系统、排水系统、河流传输系统等。这些水传输系统均与计算单元相连接。

（1）当地地表水供水系统。计算单元内的地表水蓄引提工程可以向本计算单元和水资源分区内的其他计算单元供水，向水资源分区外的计算单元供水归类到重大供水工程供水系统中。向本单元供水隐含在计算单元内，不单独画出。向其他计算单元供水需要建立计算单元之间的供水连线，计算单元上游和下游可以有 $0\sim n$ 条供水连线。与水资源分区相连的上游水资源分区断面可以作为供水节点向本水资源分区内的计算单元供水，即上游水资源分区断面与下游水资源分区内的计算单元可以连接供水连线。计算单元、水资源分区断面及其供水连线构成了当地地表水供水系统。对于一个特定的水资源分区，该供水系统仅向本水资源分区内计算单元供水。

（2）重大供水工程供水系统。为了突出重大供水工程在水资源供需平衡分析中的作用以及简化模型计算过程和操作使用等，单独建立该供水系统。该供水系统由水资源分区之间的计算单元供水连线、水资源分区断面与计算单元的供水连线构成。重大供水工程供水系统和外调水供水系统描述了水资源分区之间的调入、调出水量关系。

（3）外调水供水系统。调水水源节点与计算单元的外调水连线，反映研究区域外调入水量与各水资源分区的调入、调出水量关系。

（4）地下水供水系统。一般将计算单元内的地下水简化为一个地下水库，假定仅供本单元使用，隐含在计算单元内，不单独画出。

（5）污水处理回用系统。污水排放主要是城镇生活和工业产生的废污水，产生的污水有两个通道，一是直接进入河道，二是进入污水处理厂。处理后的污水一部分回用，一部分进入河道。假定回用水供本单元使用，隐含在计算单元内，不单独画出。

（6）排水系统。是指计算单元灌溉渠系和田间退水量、回用水未利用量、未处理污水排放量等通过排水连线传输至下游节点的水流传输系统。每个计算单元仅有一条排水通道，为简化系统网络图，将排水系统与计算单元的下游河流连线重合，不单独画出排水连线。

（7）河流传输系统。由计算单元组成的概化"河流"按照实际水系分布建立的计算单元之间的水力联系，计算单元及其连线构成了概化的河流系统。计算单元上游河流连线有 $0 \sim n$ 条，下游河流连线假定仅有1条，且计算单元排水连线与其重合。

3．水资源分区水传输系统

流域水资源分区由一个或多个计算单元组成，上游水资源分区断面的出境水量是下游水资源分区的入境水量。所有的水资源分区通过水资源分区断面按照水传输关系连接起来，构成了水资源分区之间的水传输系统。它反映了水资源分区之间出境、入境水量关系，是流域水资源循环转化耗水平衡计算的基础。水资源分区上游连线有 $0 \sim n$ 条，下游连线假定仅有1条。

4.2.3 系统网络图绘制

系统网络图绘制的主要依据是水量平衡原理，各节点按照其上、下游连线的实际对应关系和逻辑关系，在任意两个节点间连接若干条有向连线。以计算单元、水资源分区断面构成的水传输连线必须是连续的，最终应汇集到水汇或湖泊湿地。系统网络图绘制方法如下。

（1）以接近研究区实际地理位置的方式绘出主要河流，目的在于增加系统网络图的直观性、可阅读性等。

（2）将含有主要河流干支流的计算单元、引水节点、水资源分区断面标在主要河流上，其余计算单元按照次级水系位置标出，然后标出调水水源节点、湖泊、湿地、水汇等。

（3）以计算单元、引水节点、调水水源节点、水资源分区断面、湖泊、湿地等节点，连接当地地表水供水系统、大型供水工程供水系统、外调水供水系统、河流传输系统等。

（4）勾绘出流域水资源分区的边界，每个水资源分区仅概化一个断面，连接水资源分区断面之间的水传输连线。

（5）反复检查、修改系统网络图，直至满足要求。

4.3 模型系统设计

本节按照模型系统总体设计和系统网络图对模型的组成部分进行详细说明，分为用水现状分析、需水预测、水资源供求分析三个模块。对于三个模块共用的基本元素单独设计。

4.3.1 模型基本元素

模型基本元素是模型系统的底层元素，包括基本元素和其他基本元素，是模型数据、参数、逻辑关系、分析计算、统计分析、输入与输出结果等的基本科目。基本元素主要包括行政分区、水资源分区、计算单元、节点（包括引水节点、水资源分区断面、调水水源节点、水汇、湖泊）。其他基本元素包括规划水平年、系列年、水源类型、需水部门等。基本元素使用数据库表单存放。

1. 基本元素

（1）行政分区，为各省（自治区）、地（市），输入输出结果可按照行政区统计。主要字段包括行政区的名称、代码、标识符等。

（2）水资源分区，为水资源一级区、二级区、三级区、四级区等，输入输出结果可按照流域水资源分区统计。主要字段包括水资源分区的名称、代码、标识符，以及水资源分区控制断面、水利工程与水资源分区的对应关系等。

（3）计算单元，水资源供需平衡分析计算的最小单元，采用水资源分区套地市，便于按照不同口径分类统计。主要字段包括计算单元的名称、代码、标识符，以及与行政分区、水资源分区等的对应关系。

（4）节点，包括引水节点、水资源分区断面、调水水源节点、水汇等。主要字段包括节点名称、代码、标识符、所属水资源分区、节点类型等。

（5）湖泊，包括湖泊和湿地。主要字段包括湖泊湿地的名称、代码、标识符、所属水资源分区等。

2. 其他基本元素

（1）规划水平年，预先设置的规划水平年。

（2）系列年，长系列年份，与水文系列年对应。

（3）水源类型，包括地表水、地下水、外调水、回用水、海水。主要字段包括水源类型名称、代码和标识符等。

（4）需水部门，包括城镇生活、农村生活、工业及三产、农业、城镇生态、农村生态。主要字段包括需水部门名称、代码和标识符等。

4.3.2 用水现状分析

社会经济现状用水量分析是需水预测、水资源供求分析的依据。用水现状分析以流域水资源综合规划成果、近年来社会经济发展和供用水量等资料为基础，通过分析对比各地区综合用水指标和主要单项用水指标的变化趋势，评价社会经济现状用水水平和效率，找出存在的主要问题，确定基准年需水量。主要包括两方面内容：一是现状年和近10年社会经济指标与供用水情况；二是结合水资源开发利用评价结果确定基准年社会经济指标、用水指标、需水量等。

社会经济发展现状统计指标原则采用《中国统计年鉴》等权威部门发布的数据，现状供用水统计数据参考《中国水资源公报》，并按照全国水资源综合规划的口径进行调整。现状数据要结合水利普查成果进行合理性和一致性分析检查。

4.3.2.1 非农业用水现状分析

1. 社会经济发展指标

社会经济发展指标主要包括：总人口、城镇人口、农村人口；GDP、人均 GDP；第一产业增加值；第二产业增加值，包括一般工业、高用水工业、建筑业；第三产业增加值。

2. 供用水量

供水量包括地表水、地下水、其他；用水量包括城镇生活、农村生活、工业、农业等。

3. 主要分析指标

主要分析指标包括综合用水指标、生活用水指标和工业用水指标等，并利用这些指标评价水资源分区和行政区的用水水平和用水效率及其变化情况。

（1）综合用水指标包括人均用水量和单位 GDP 用水量。分析城市人均工业增加值与人均工业用水量的相关关系，可根据高用水工业比重、供水情况（紧张与否）、节水情况进行综合分析。

（2）生活用水指标包括城镇生活和农村生活用水指标。城镇生活用水指标按城镇居民和公共设施分别计算，统一以人均日用水量表示。农村生活用水指标分别按农村居民和牲畜计算，居民用水指标以人均日用水量表示。

（3）工业用水指标按火电工业和一般工业分别计算。火（核）电工业用水指标以单位装机容量用水量表示；一般工业用水指标以单位工业增加值的用水量表示。

根据以上指标，分析近 10 年社会经济发展指标、供用水指标及其变化趋势，结合 GDP、农业增加值和工业增加值的增长速度，分析总用水量、农业用水和工业用水的弹性系数。结合流域水资源综合规划成果，评价非农业现状用水水平和效率，并按行政区、流域等提供分析结果。

4.3.2.2 农业用水现状分析

1. 农业指标

农业指标主要包括耕地面积、有效灌溉面积、实灌面积、播种面积、粮食产量、林果灌溉面积、草地灌溉面积、鱼塘补水面积、大小牲畜数量。

主要分析指标包括农田灌溉面积占耕地的比例、实灌率、人均粮食产量、亩均粮食产量、耕地面积的区域分布、农田有效灌溉面积的区域分布。

2. 农业用水

农业用水主要包括农业总用水量、农田灌溉用水量、林牧渔业用水量、牲畜用水量。

主要分析指标包括农田亩均灌溉用水量、单方水量粮食产量、林果地亩均灌溉用水量、草场灌溉亩均用水量和鱼塘亩均补水。

根据以上主要分析指标，分析近 10 年农业经济发展指标、供用水指标及其变化趋势，分析农业用水弹性系数，结合流域水资源综合规划成果，评价农业现状用水水平和效率。

4.3.2.3 基准年需水分析

现状年实际供用水情况只能反映在现状社会经济和当前实际来水条件下的水资源供用状况。基准年也称为现状水平年，其水资源供需状况主要是指现状经济发展水平和现有水利工程在不同来水情况下，依据各部门的需要，分析可能提供的水量以及可能存在的余缺水量。

基准年与现状实际年的差别主要在于其来水条件的不同。来水的差异使得供水与需水发生变化，进而影响水资源供需态势。因此，基准年主要分析不同来水频率的水资源供需关系。基准年水资源供需分析不仅能正确认识现状水资源开发利用状况及其存在的问题，而且也是分析未来水平年水资源供需发展趋势的基础。

1. 需水量

需水量包括生活、工业和农业等需水量。

生活和工业用水保障率一般在 95％以上，需水量（定额）基本采用现状年实际统计数据（或计算的结果）。若有统计数据说明缺水或供水不足，应在现状实际供水量的基础上适当修正，然后计算相应的定额，最后采用定额法确定其需水量。

农业需水受来水频率的影响较大。具体计算是根据现状农业生产发展规模，采用近 5 年（现状年前后）的结果，结合长系列降水频率，在近 5 年中选择多年平均条件和中等干旱年份（75％频率）的需水定额，采用定额法确定。按照来水频率分为多年平均、中等干旱年条件计算净灌溉需水量，结合灌溉水利用系数确定毛灌溉需水量。

2. 供水量

在现状年的基础上，扣除现状供水中不合理开发的水量（包括地下水超采量、未处理污水直接利用量和不符合水质要求的供水量以及超过分水指标的引水量等），确定不同频率的来水。

3. 水资源供需状况分析

采用水资源供求分析模型系统计算。

4. 主要输出结果

（1）需水量。①非农业：总需水量、生活总需水量、城镇生活需水量、农村生活需水量、工业需水量、一般工业需水量、火电需水量、三产需水量；②农业：总需水量、农田灌溉需水量、林牧渔业需水量（包括林果地、草场、鱼塘）和牲畜需水量；③综合：生活需水量、工业需水量、三产需水量、农业需水量和总需水量。

（2）供水量。按照非农业、农业以及综合分别统计，总供水量、地表水供水量、地下水供水量、跨流域调水量和其他。

（3）缺水量。按照非农业、农业以及综合分别统计，总供水量、总需水量、缺水量和缺水率。

4.3.3　需水预测

4.3.3.1　非农业需水预测

模块的主要功能：通过不同规划水平年生活、二产（一般工业、高耗水工业）、三产的发展指标，综合考虑各环节的用水定额，进行不同计算单元的生活、二产、三产的用水需求预测及非农业总需水量预测。主要内容包括：①生活需水量，包括城镇生活、农村生活、生活总需水量；②二产需水量，包括一般工业、高耗水（火电）、建筑业需水量；③三产需水量；④城镇生态需水量；⑤非农业总需水量。

1. 主要内容

（1）非农业发展指标的来源/确定。依据流域水资源综合规划和相关规划数据或统计数据，确定不同规划水平年发展指标。首先，采用规划的数据；其次，利用历史资料和相关规划进行外推（这部分利用用水总量控制指标进行约束）。预测指标为：①生活方面，主要指标包括：总人口、城镇人口、农村人口。②二、三产方面，主要指标包括：GDP、工业增加值、三产增加值。

（2）用水定额的确定。用水定额既可以直接采用规划数据，也可以利用历史资料和居民生活用水的改善程度进行统计分析。

生活用水指标包括城镇生活和农村生活用水指标。城镇生活用水指标按城镇居民和公共设施分别计算，统一以人均日用水量表示。农村生活用水指标分别按农村居民和牲畜计算，居民用水指标以人均日用水量表示，牲畜用水指标以头均日用水量表示，并按大、小牲畜分别统计。工业用水指标一般按工业和火（核）电工业分别计算。一般工业用水指标以单位工业增加值的用水量表示，火（核）电工业用水指标以单位装机容量用水量表示。三产用水指标按照万元增加值用水量表示。

（3）需水量预测。需水量预测包括城镇生活和农村生活需水量预测、工业需水量预测、三产需水量预测。

2. 计算方法

生活、工业、建筑业和第三产业需水预测均采用定额法。

3. 输出结果

（1）人口发展指标预测结果。人口发展指标预测结果包括总人口、城镇人口、农村人口、城镇化率、人口增长率。

（2）社会经济发展指标预测结果。不同发展方案下的 GDP、工业增加值（包括一般工业增加值、高耗水工业增加值）、三产增加值以及结合现状年各指标的增加值、年均增长率。

（3）需水定额预测结果。①生活：城镇生活需水净定额、农村生活需水净定额、人均综合用水净定额；②工业：不同方案下工业需水定额、一般工业需水定额、高耗水工业需水定额；③三产和城镇生态：三产需水定额、城镇生态需水定额。

（4）需水量预测结果。①城镇生活需水量、农村生活需水量、生活总需水量；②不同方案下工业需水量、一般工业需水量、高耗水工业需水量；③不同方案三产需水量；④合理性检查。

4.3.3.2 农业需水预测

模块的主要功能：通过不同规划水平年的农业发展指标，综合考虑农业需水定额，进行不同计算单元农业用水需求的预测。预测指标主要包括：农田灌溉需水量、林牧渔业需水量、牲畜需水量以及农业总需水量。

1. 主要内容

（1）规划水平年农业发展指标的来源/确定。农业发展指标主要是灌溉面积发展预测，包括农田灌溉面积和林牧渔业灌溉面积预测两部分。

预测原则：以国家和地区宏观发展指标为控制，与粮食安全相结合，在综合区域水资源条件下的预测，同时通过供水反馈调整。

本次规划水平年农业发展指标的预测思路：首先，依据流域水资源综合规划和相关规划数据或统计分析方法，确定规划水平年发展指标，主要有农田有效灌溉面积、林果地灌溉面积、草场灌溉面积、鱼塘补水面积。其次，结合国家和地区宏观发展相关规划，利用现状资料进行外推（利用用水总量控制指标供水量进行反馈、确定）

（2）灌溉用水定额的确定。这是农业需水预测的核心模块，定额既可以计算也可以直接采用规划数据。本次主要采用规划数据，即结合流域水资源综合规划不同节水方案的农田亩均灌溉用水量（水田、水浇地、菜田定额）或结合研究区规划的净定额；毛定额则考虑不同水平年灌溉水利用系数进行计算。由于农业灌溉水量与降水量密切相关，故在模块中设置 50％、75％和 90％不同降水频率的净定额。

（3）农业需水量预测。预测指标包括：多年平均、50％、75％和 90％频率的农田灌溉需水量、林牧渔业灌溉需水量，农业灌溉总需水量。

2．计算方法

农田灌溉、林牧渔业需水预测均采用定额法。

3．输出结果

不同区域农业发展指标包括农田有效灌溉面积（包括水田、水浇地、菜田面积）、林牧渔业有效灌溉面积、大小牲畜数量；不同水平年与现状年结果比较，给出新增农田有效灌溉面积；不同区域不同频率农业用水定额，采用亩均用水量，包括：农田灌溉净定额/毛定额（包括水田、水浇地、菜田用水定额）、林果地净定额/毛定额、草场灌溉净定额/毛定额，以及大小牲畜用水定额［L/（头·d）］；不同区域不同频率农业需水量，农田灌溉需水量（包括水田、水浇地、菜田需水量）、林果地需水量、草场灌溉需水量，以及大小牲畜需水量。

4.3.3.3　输入输出设计

综合以上非农业需水预测结果和农业需水预测结果，得出区域总需水量，并在此基础上进行合理性检查。统计不同规划水平年总需水量、生活需水量、工业和三产需水量、农业需水量，进行各用水部门需水量演变趋势分析。对各用水部门单位需水量不同水平年变化的横向和纵向比较说明预测结果的合理性。校核的指标包括：人均用水量、单位 GDP用水量、城镇生活人均日用水量、农村生活人均日用水量、万元工业增加值用水量、农田亩均灌溉用水量等。结果通过图表的形式体现。

4.3.4　水资源供求分析

水资源供求分析包括计算单元水资源供需平衡分析和水资源分区耗水平衡分析两个子系统，主要内容包括：模拟计算方法、模拟过程设计、方案设置、输入数据设计、输出结果设计。

4.3.4.1　模拟计算方法

水资源供求分析采用年时段长系列调算方法，以计算单元为核心进行水资源供需平衡计算，通过水资源分区耗水平衡计算，提高水资源供需平衡结果的可靠性和精度。模拟计算遵循水量平衡原理。为了简化计算过程，提高人机交互程度，充分反映区域水资源供需分析的差异程度，按照水资源分区的水传输关系，从上游向下游依次对每个水资源分区进行以计算单元为核心的水资源供需平衡计算和耗水平衡计算。

水资源供需平衡计算一般分为优化和规则两种建模方法。

（1）优化模型是以运筹学为理论基础，将流域或区域作为一个整体，在给定的边界条件和约束条件下，以设定的目标函数为引导，通过求解巨型方程组，反复迭代得到各节点的水资源分配结果。优点是概念清晰，有可靠的理论基础，可获得整体最优结果。缺点是较复杂，难理解，控制较难。

（2）规则模型是在一定的规则集指导下，从河流上游至下游顺序计算。断面节点的用水对象按照事先制定的规则或分水比例进行水资源分配，然后进行多次从上游至下游的反复调整计算。流域或区域的整体配置结果与计算者的经验有很大的关系。优点是概念清晰、灵活、易懂，符合传统的思维习惯。缺点是更多地依赖计算者的经验。

本次拟采用优化和规则联合建模方法。水资源分区之间的水传输利用规则方法进行模拟计算，水资源分区内的计算单元水资源供需平衡计算采用优化方法。每个水资源分区内计算单元水资源供需平衡计算采用不同的目标函数，可根据不同地区水资源的禀赋条件进行分析计算。由于水资源分区内的计算单元较少，GAMS演示版即可满足优化模型的建模和运行要求。水资源供需平衡分析的供水决策采用两时段序贯决策优化计算方法（简称两时段法），这里的两时段是指两个日历年。在两时段情形下，第一时段称为当前时段，第二时段为当前时段的下一时段，第二时段以后的全部时段统称为余留期。两时段法旨在解决水库调度计算中余留期的后效性问题。这样可以考虑水资源的年际差异、水库的年际间调蓄等。下面详细介绍计算方法，目标函数、约束方程等的计算公式参考前面的章节及相关文献。

1. 计算单元水资源供需平衡分析模块

（1）水源、需水和供水工程的简化。水源包括当地地表水、地下水、污水处理回用、外调水等。

需水用户包括城镇生活、农村生活、工业、农业、城镇生态和农村生态。

水利工程包括蓄引提工程，将计算单元内的蓄水工程简化为一个库容为兴利库容的概化水库，将引提调工程概化为一个引水工程。隐含在计算单元内的供水系统包括地表水供水系统、地下水供水系统、污水处理回用系统等。

（2）目标函数。主要以水量目标为主，包括时段末系统蓄水量最大、损失水量最小、弃水量最小、缺水量最小等。

（3）主要平衡方程和约束条件。

1）计算单元水利工程平衡方程及约束条件。对于任意一个计算单元，假定其当地地表水工程、重大供水工程、外调水工程向其他计算单元的供水量，一部分要经过概化水库的调蓄，占用水库的供水能力，另一部分利用引水节点供水，占用引提工程的供水能力。由于难以区分计算单元内的当地地表水和入境水分别有多少水进入蓄水工程和引提工程，拟采用节点引水优先原则。同样，重大供水工程和外调水工程进入计算单元的水量也难以区分引水和水库蓄水，也采用节点引水优先原则。计算单元内的节点引水和水库供水总和不能超过两者供水能力之和。在实际应用时，考虑到蓄引提工程规模一般都较大，可以将其供水能力乘以一个折减系数。蓄水工程和引提工程的供水能力折减系数可以不相同，可利用两者现状供水能力之比初步分割进入蓄水工程和引提工程的水量。外调水渠道类型分为两种：0 为直接进入河道，1 为进入水库。

主要水利工程平衡方程及约束条件包括：当地地表水水库平衡方程、重大供水工程当地水库平衡方程、外调水当地水库平衡方程、水库库容上下限约束条件、当地地表水引提工程平衡方程、重大供水工程引提工程平衡方程、外调水引提工程平衡方程、蓄水工程供水能力约束条件、引提工程供水能力约束条件、当地地表水渠道供水能力约束条件、重大供水工程渠道供水约束条件、外调水渠道供水约束条件。

2）引水节点平衡方程。

3）水资源分区断面约束条件。水资源分区断面出境水量不小于生态基流。

4）计算单元用水平衡方程。主要包括生活用水、工业用水、灌溉用水等平衡方程。

5）污水处理回用约束条件。主要包括污水处理回用、污水处理回用供工业、污水处理回用供农业、污水处理回用供城镇生态等约束条件。

6）地下水供水约束条件。

7）湖泊、湿地约束条件。

8）排水渠道约束条件。

9）农业宽浅破坏约束条件。

2. 水资源三级区耗水平衡分析模块

水资源三级区耗水平衡分析模块主要包括水资源分区耗水平衡方程、社会经济耗水量方程、生态耗水量方程。

3. 社会经济与生态环境的用水比例计算

详见第 5 章相关内容。

4.3.4.2　模拟过程设计

根据模型总体设计思路，水资源供求分析模拟过程采用循环嵌套方式。最外层循环以水资源分区为单元，从上至下进行水资源分区耗水平衡计算。在外层循环任意水资源分区中，计算单元水资源供需平衡分析采用优化方法。模拟过程详细设计如下。

1. 模拟过程主循环

在模型系统总体设计时，为了简化计算、使用方便，水资源分区之间的调入调出水量均给出预定值，可按照水资源分区的计算顺序，在完成一个水资源分区的水资源供需平衡长系列计算后，再进行下一个。要实现模拟过程主循环，须给出各个水资源分区的通用化计算次序。水资源分区之间的水传输关系是按照水系方向自上而下的，水资源分区的某种排序可以构成模拟过程主循环的计算次序。

水资源分区计算次序由一组编码确定，编码思路是根据河流水系组成原理。编码方法为：将流域或水资源一级区划分为一组由水资源三级区组成的独立水系，对每个独立水系上的水资源三级区按照设计规则与河流方向自上而下升序编码。水资源三级区计算次序编码如下。

（1）三级区计算次序编码由 9 位数字组成，分为 4 个字段，每个字段的数字位数分别为 2、2、3、2。第 1 字段表示水资源一级区，全国划分为 10 个；第 2 字段表示水系，表示所有由水资源三级区组成的独立水系；第 3 字段的前 2 位表示在干流上的水资源三级区，最后一位数字表示干流水资源三级区上游一级支流数目或第几条一级支流，0 表示无一级支流汇入；第 4 字段表示水资源三级区组成的一级支流。4 个字段共同构成了水资源三级区计算次序的编码。

（2）第 3 字段最后一位数字在干支流上的约定：0 表示无一级支流汇入，非 0 表示有一级支流汇入。以干流为例，第 1 个水资源三级区一定是在干流最上端，其第 3 个字段的最后一位数字为 0，后面的其他字段均为 0。在干流上，若有一级支流汇入，该水资源三级区编码的第 3 字段最后一位数字表示一级支流汇入的个数 n。紧随的水资源三级区是第一条一级支流最上端的水资源三级区，该水资源三级区编码的第 3 字段最后一位数字为 1。其后是第一条一级支流的所有水资源三级区，第 3 字段均相同。然后是第二条一级支流，第 3 字段最后一位数字为 2，第 3 字段也相同。其他一级支流以此类推。

（3）第 1 字段编码约定：松花江区 10、辽河区 11、海河区 12、黄河区 13、淮河区 14、长江区 15、东南诸河区 16、珠江区 17、西南诸河区 18、西部诸河区 19。

根据上述水资源三级区的计算次序编码可以建立水资源供求分析模拟过程的主循环，在完成三级区内嵌套循环后，即可得到水资源三级区供需平衡和耗水平衡结果。

2. 水资源分区内嵌套循环

在决定了水资源分区的计算次序后，可进行水资源分区内的嵌套循环。水资源分区内计算单元水资源供需平衡分析计算采用两时段优化方法，利用 GAMS 软件编程，在完成长系列水资源供需平衡计算后，再进行水资源分区耗水平衡计算。

3. 方案输入数据文件生成

方案输入数据文件的生成步骤如下：

（1）生成某方案的所有数据文件，在 input、output 目录下。

（2）生成目录 inputord，用于存放各个水资源分区的 input 文件。在该目录下按照水资源分区计算次序生成子目录，子目录里生成对应的各水资源分区的 input 文件。水资源分区子目录即可以识别其名称，又可以表示计算次序。

4.3.4.3 方案设置

各种需水预测方案、工程调蓄方案、地下水利用方案、污水处理回用方案的组合构成的方案集是方案设置的具体内容，水资源供求分析是针对方案集中的方案进行水资源供需平衡和耗水平衡分析计算。形成方案集需要依据研究区的具体情况和解决的问题，这里暂不介绍如何进行方案组合，详见有关文献和实例。下面具体设计子方案的形成。

1. 需水预测方案

需水预测方案可根据需水预测模块得到。水资源供求分析时，可根据其他方案的组合，在需水预测方案集中选择相应的需水方案。

2. 工程调蓄方案

水利工程概化在计算单元上，蓄水工程用兴利库容和供水能力表述，引提工程以供水能力反映，对应的工程调蓄方案也用这些指标组合。计算单元上的蓄水工程和引提工程的供水规模是所有相应工程规模的简单相加，在客观上造成了实际供水量总是小于设计供水规模。原因在于：一方面设计供水规模大多是依据单个工程或部分工程论证，从全流域角度看，工作深度不够，造成流域整体上供水能力偏大，当然也有管理上的问题；另一方面设计供水规模的简单相加也会加大供水能力，出现"空中调水"现象。水利工程在一定程度上使径流过程均匀化，河流合并会使来水过程均匀化，"虚建"了水利工程，造成供水能力增大。在使用蓄水工程兴利库容、现状供水能力、设计供水能力，以及引提工程现状供水能力、设计供水能力统计数据时，可根据实际供水量将这些统计数据乘以折减系数，修正其供水规模。对于规划水平年，依据规划新增的蓄水工程和引提工程规模，增大相应的指标。在查清现状供水量的基础上，再根据其他方案的组合，拟定相应的工程调蓄方案，在数据库表单中设置对应的方案名称。

3. 地下水利用方案

地下水供水假定在计算单元内使用。地下水利用的主要控制指标为地下水可开采量、现状实际开采量、超采量等。水资源供需分析时应扣除地下水超采量和深层承压水供水量。在查清现状地下水供水量的基础上，扣除超采量和深层承压水供水量，结合其他方案的组合，拟定不同的地下水开采量指标，形成地下水利用方案，在数据库表单中设置对应的方案名称。

4. 污水处理回用方案

污水处理回用水假定在计算单元内使用，仅考虑城镇生活和工业产生的废污水，主要指标为污水排放率、处理率、回用率，以及回用水供工业、农业、城镇生态的比例。在查清现状污水处理回用的基础上，结合其他方案的组合，拟定不同的污水处理回用指标，形成污水处理回用方案，在数据库表单中设置对应的方案名称。

4.3.4.4　输入数据设计

输入数据设计主要包括：网络连线、渠系参数、计算单元信息、湖泊湿地信息、水资源分区信息等。

1. 网络连线

网络连线主要包括当地地表水供水渠道、重大供水工程渠道、外调水供水渠道、排水渠道、河流传输系统、水资源分区传输系统。

（1）当地地表水供水渠道。当地地表水供水系统的水力逻辑连线，对于任意一个水资源分区，该连线仅在水资源分区内。主要字段包括地表水渠道名称、代码、标识符，上下游节点类型、名称等。

（2）重大供水工程渠道。流域内重大供水工程的水力逻辑连线，也包括水资源分区之间一般工程供水系统的水力逻辑连线，该连线通常是水资源分区之间的供水连线。主要字段包括重大供水工程渠道名称、代码、标识符，上下游节点类型、名称等。

（3）外调水供水渠道。研究区外的调水工程的水力逻辑连线，该连线通常跨水资源分区。主要字段包括外调水工程供水渠道名称、代码、标识符，上下游节点类型、名称等。

（4）排水渠道。计算单元排水渠道与计算单元下泄河流连线重合，不单独画出。主要字段包括排水渠道名称、代码、标识符，上下游节点类型、名称等。

（5）河流传输系统。主要包括计算单元间、水资源分区断面与计算单元、计算单元至水资源分区断面、水资源分区断面与引水节点、引水节点与计算单元的河流水力关系。主要字段包括下泄河流名称、代码、标识符，上下游节点类型、名称等。

（6）水资源分区传输系统。水资源分区之间的水力连线，主要字段包括水资源分区名称、上游水资源分区名称。

2. 渠系参数

渠系参数主要包括当地地表水供水渠道参数、重大供水工程渠道规模、调水水源节点规模、外调水渠道规模、排水渠道参数等表单。

（1）当地地表水供水渠道参数。指水资源分区内计算单元之间、引水节点的供水渠道，其参数为年供水规模上限和下限。渠道类型为：供水渠道上游是计算单元取0，是引水节点取1。主要字段包括供水渠道名称、规划水平年、渠道类型、供水渠道规模上限（万 m^3）和下限（万 m^3）等。

（2）重大供水工程渠道规模。水源来自计算单元的跨水资源分区的重大供水工程渠道输水规模，重大供水工程渠道名称来源于网络连线生成的重大供水工程渠道连线。主要字段包括重大供水工程渠道名称、规划水平年、平均供水规模（万 m^3）、蓄水所占比例等。

（3）调水水源节点规模。调水水源向研究区输入的总供水量，从水源节点向各计算单元供水的外调水渠道输水规模应等于水源的总供水量。主要字段包括调水水源节点名称、规划水平年、平均供水规模（万 m^3）等。

（4）外调水渠道规模。向各计算单元供水的外调水渠道输水规模表单，外调水渠道名称来源于网络连线生成的外调水供水渠道连线。主要字段包括外调水渠道名称、规划水平年、平均供水规模（万 m^3）、渠道类型、蓄水所占比例等。渠道类型：0 为直接进入河道，不考虑蓄水所占比例，1 为进入水库和引提工程，考虑蓄水所占比例。

（5）排水渠道参数。反映排水渠道输水有效利用系数的表单，排水渠道名称来源于网络连线生成的排水渠道连线。主要字段包括排水渠道名称、规划水平年、有效利用系数等。

（6）河流连线参数。反映河流输水有效利用系数的表单，河流连线名称来源于网络连线生成的河流连线。主要字段包括河流连线名称、规划水平年、有效利用系数等。河流连线类型取值为：上游节点是水资源分区断面取 0，是引水节点或湖泊取 1，是计算单元取 2。

3. 计算单元信息

计算单元信息主要包括概化到计算单元上的当地地表产水量、当地地表产水量可利用系数、降水过程、水利工程参数、灌溉水利用系数、地下水供水参数、污水处理参数等。

（1）当地地表产水量。存储各计算单元当地地表径流长系列年值。主要字段包括计算单元名称、规划水平年、年份、当地地表产水量（万 m^3）等。

（2）当地地表产水量可利用系数。可利用系数反映有多少地表径流可通过蓄水和引提工程调蓄以及最后进入主河道的水量。主要字段包括计算单元名称、规划水平年、可利用系数等。

（3）降水过程。计算单元降水过程长系列年值。主要字段包括计算单元名称、规划水平年、年份、降水量（mm）等。

（4）水利工程参数。水利工程参数分为蓄水工程、引提水工程、蓄水所占比例等。

1）蓄水工程。反映蓄水工程调蓄能力和供水能力的表单，数据来源于流域水资源综合规划等。主要字段包括方案、计算单元名称、规划水平年、工程规模、数量、总库容（万 m³）、兴利库容（万 m³）、现状供水能力（万 m³）、设计供水能力（万 m³）及相应的库容折减系数、现状折减系数、设计折减系数等。工程规模为大型、中型、小型、塘坝四类，表单上设置单选按钮，类型为大型、中型以上、小型以上、全部，根据单选按钮生成相应的数据。

2）引提水工程。引水工程和提水工程数据合并在一个表单中，反映引提水工程供水能力的表单，数据来源于流域水资源综合规划等。主要字段包括方案、计算单元名称、规划水平年、工程规模、数量、引提水规模（m³/s）、现状供水能力（万 m³）、设计供水能力（万 m³）及相应的折减系数等。工程规模为大型、中型、小型、塘坝四类，表单上设置单选按钮，类型为大型、中型以上、小型以上、全部，根据单选按钮生成相应的数据。

3）蓄水所占比例。蓄水和引提工程供水概化到同一计算单元上。实际供水中需要考虑两者的供水能力形成约束条件，但蓄水和引提工程各自调蓄多少水量需要事先给定一个比例。表中利用两者的供水能力给出了一个比例，考虑到可能与实际情况有差异，又给出了一个可手工调整的比例。主要字段包括方案、计算单元名称、规划水平年、蓄水所占比例、调整后蓄水所占比例等。蓄水所占比例根据蓄水与引提水两者最大供水能力值计算，调整后蓄水所占比例可根据计算值手工调整。

（5）灌溉水利用系数。农业耗水量计算的重要参数。主要字段包括方案、计算单元名称、规划水平年、灌溉水利用系数等。

（6）地下水供水参数。控制地下水供水的有关参数，地下水可开采量来源于流域水资源综合规划等成果，实际开采量可用最大开采上限来实现。主要字段包括方案、计算单元名称、规划水平年、地下水可开采量（万 m³）、最大开采上限（万 m³）、年开采上界系数等。

（7）污水处理参数。形成污水处理和回用方案的数据库表单。主要字段包括污水处理方案、计算单元名称、规划水平年、需水部门、污水排放率、污水处理率、污水回用率、供工业比例、供农业比例、供城镇生态比例等。

4. 湖泊湿地信息

湖泊湿地参数。存放湖泊湿地保护面积、年均耗水量等参数的表单。主要字段包括湖泊湿地名称、规划水平年、现状面积（km²）、保护面积（km²）、年均耗水量（万 m³）、年弹性需水系数、蓄水上限（万 m³）、蓄水下限（万 m³）等。

5. 水资源分区信息

（1）水资源总量。存放水资源总量等的表单。主要字段包括水资源分区名称、规划水平年、年份、水资源总量（万 m³）、地表水资源量（万 m³）、地下水资源量（万 m³）等。

（2）水资源可利用量。存放水资源可利用量的表单。主要字段包括水资源分区名称、规划水平年、水资源可利用量（万 m³）等。

（3）水资源分区有无各类渠道信息。主要字段包括水资源分区名称、是否有当地供水渠道、是否有重大供水工程渠道、是否有外调水渠道、是否有引水节点、是否有湖泊等。各类渠道取值：无取 0，有取 1。

（4）水资源分区断面生态流量。存放水资源分区出境断面目标生态流量的表单。主要字段包括水资源分区断面名称、规划水平年、最小生态基流（万 m³）等。

（5）目标函数权重。对每个水资源分区设定的目标函数的权重。主要字段包括水资源分区名称、规划水平年、各需水部门供水优先序权重、湖泊优先序权重、缺水深度权重等。

（6）水资源分区计算次序。水资源分区计算次序编码。主要字段包括水资源分区名称、水资源分区计算次序编码等。

4.3.4.5 输出结果设计

输出结果主要包括方案选择、水资源供需平衡统计、地下水供水统计、供水组成统计、水资源分区水平衡结果、水资源分区社会经济耗水计算结果、水资源分区社会经济生态用水比例计算结果等。

1. 方案选择

结果显示时需要选择已计算的水资源供需平衡方案。对于选定的方案，显示出规划水平年、系列年长度、方案说明等信息。

2. 水资源供需平衡统计

水资源供需平衡多年平均统计结果按照全流域、行政分区、水资源分区、计算单元等分类显示，每个分类显示的内容为：

（1）需水。需水包括需水总量，城镇生活、农村生活、工业、农业、城镇生态的需水量。

（2）供水。供水分为城镇生活、农村生活、工业、农业、城镇生态5类。每个分类显示的内容为供水总量，地表水、地下水、回用水、外调水的供水量。

（3）缺水。缺水包括缺水总量，城镇生活、农村生活、工业、农业、城镇生态的缺水量。

3. 地下水供水统计

地下水多年平均供水量结果按照全流域、行政分区、水资源分区、计算单元等分类显示，每个分类显示的内容为城镇生活、农村生活、工业、农业、城镇生态的供水量，总供水量，地下水可开采量等。

4. 供水组成统计

不同水源多年平均供水量结果按照全流域、行政分区、水资源分区、计算单元等分类显示，每个分类显示的内容为供水总量、地表水供水、地下水供水、回用水供水、外调水供水等。

5. 水资源分区多年平均水平衡结果

水资源分区多年平均水平衡结果显示的内容为当地产水量、入境水量、出境水量、调入水量、调出水量、生活耗水量、生产耗水量、农业耗水量、经济耗水量、生态耗水量、蓄水变量等。

6. 水资源分区社会经济耗水计算结果

水资源分区社会经济各业多年平均耗水计算结果按照生活、工业、农业、综合进行分类显示，每个分类显示的内容为用水量、耗水量、耗水率。

7. 水资源分区经济生态用水比例计算结果

水资源分区社会经济耗水比例、生态用水比例等计算结果，显示内容为入境水量比例、出境水量比例、调入调出水量之差比例、社会经济耗水比例、生态用水比例等。

4.3.4.6 模型参数率定

1. 模型参数率定基本思路

水资源分配方案随着规划水平年不同而变化，其动态性决定了需要以某个时间点为基准，进行未来（或水平年）的水资源供求分析。基准时间点一般选择现状年份，通常要参照近几年的用水和耗水水平来确定现状水平下社会经济和生态环境的用水水平。通过基准年水资源供需平衡和耗水平衡分析，可以评价、判断当前水资源配置格局的优劣，为未来水平年水资源优化配置提供相对基准点和合理配置的依据。一般来说，当前的发展趋势会持续一段时间，时间越近，当前因素影响越大，反之影响越弱。由于水资源需求的不确定性和影响因素众多，近期水资源供求分析的精度较高，远期主要侧重于趋势分析。

基准年水资源供需平衡分析和耗水平衡分析是大尺度水资源供求分析模型系统各类参数率定的基本依据，采用的最小水资源分区及其现状耗水平衡分析的精度决定了模型参数的精度。水资源调查评价、开发利用评价、历史耗水平衡分析、水文测站实测资料等成果是分析现状水资源分区供用耗排关系的基础资料，通过分析整理可以估计基准年社会经济和生态环境的耗水水平。在该耗水水平下进行基准年水资源供需平衡和耗水平衡分析，可初步拟定模型的各类参数。建立基准年与规划水平年的耗水关系，预估规划水平年水资源供用耗排关系。通过对基准年和规划水平年耗水平衡的分析和反复调整，综合确定模型的最终参数。

2. 方法与步骤

根据上述分析，基准年地表水与地下水供水量、地表水可利用量、水资源分区社会经济耗水系数、主要控制断面下泄流量、湖泊湿地耗水量、社会经济耗水与生态用水比例、水资源分区蓄水变量等是模型参数率定的主要控制环节。模型参数率定的方法与步骤如下：

（1）控制计算单元地表水与地下水供水量以及水资源分区的耗水量，水资源分区地表水耗水量不超过地表水可利用量，地下水供水量不超过地下水可开采量。

（2）调整基准年水资源分区农业耗水率和综合耗水率达到或接近目标值。根据水资源开发利用等成果确定各水资源分区农业耗水率和综合（社会经济）耗水率，再由初步给定的参数计算各水资源分区农业耗水量和综合耗水量，得到农业耗水率和综合耗水率。对比两者的结果，若不接近，则调整相关的参数，使农业和综合耗水率达到预定值。

（3）确定水资源分区断面河道下泄水量。以近 5～20 年水文站实测径流系列资料、天然径流系列资料、水资源综合规划成果中的水资源分区下泄水量等资料为主要依据，考虑断面上游水利工程和湖泊湿地的调蓄、下垫面变化等的影响，综合确定控制断面河道下泄水量。水资源分区断面的下泄水量综合反映了断面上游区域的耗水水平，特别是近 10 年的平均耗水量可作为基准年耗水水平的参考依据。理论上，水资源分区断面的天然水资源量减去实测水资源量等于总耗水量，评估和判断这些断面天然水资源量的还原精度是确定断面上游合理耗水水平的基础。当确定了社会经济耗水量、生态耗水量以及两者合理的比例，即可确定断面的下泄水量。

（4）综合确定湖泊湿地的耗水量。根据湖泊湿地历史调查统计数据、补水来源变化等，综合确定基准年的耗水量。

（5）综合分析和调整社会经济耗水与生态用水的比例。根据各水资源分区耗水平衡计算结果分析两者的比例是否合理。若不合理，则调整社会经济耗水、生态环境用水、河道下泄水量（或入海水量、河道尾闾湖泊湿地）三者的比例。

（6）控制水资源分区蓄水变量在一定的均衡差内。在多年平均情况下，水资源分区的蓄水变量趋于零。由于不确定因素和各种误差，应将蓄水变量控制在一定的均衡差内。若不满足，则进行调整。

4.4 水资源滚动规划

4.4.1 水资源滚动规划方法与特点

规划是指制订比较全面长远的发展计划，是对未来整体性、长期性、基本性问题的预测，并设计未来整套行动的方案。预测是在掌握现有信息的基础上，依照一定的方法和规律对未来的事情进行测算，以预先了解事情发展的过程与结果。可见预测其最大的特点就是动态性和不确定性，外界环境改变了，预测结果就会改变，原本对未来的思考和制订的方案也不再适用。在经济学中提出滚动预测的概念，又称永续预算或连续预算，它在预算的过程中自动延伸，使预算期永远保持一定期限。若预测期为 30 年，10 年之后，即根据这 10 年中发生的变化等信息，对剩下 20 年加以修订，并自动后续 10 年。假设一次预测已经做好，并作为下一次预测的指导。下一次预测则是对现状条件等方面的回顾与展望，以第一次预测为基础，只针对实际发生情况与预测有变化的部分进行调整，因此工作量会相对小很多。

同样，在水资源规划中提出滚动规划的概念，适用于以下两种情况：一是以固定周期滚动的长远计划，即同经济学中的滚动预测一样，保持固定的预测期，每一阶段依据实际发生的新变化对原规划成果进行调整和修订，并向前推动预测期，使整个预测处于滚动状态。通过长期系统的规划，时刻掌握水资源开发利用情况并对未来需水形势及开发利用起到连续性的指导作用和提供技术支撑；二是滚动周期不固定，对于一次规划，在几年甚至1 年期间，在工程规模等发生变化或出台相关文件影响未来水资源利用形势的时候，根据发生的变化，随时对原有规划进行修订，使规划成果更加合理贴切实际。而对滚动的周期及规划水平年的滚动没有严格要求。随着未来城镇化、工业化的深入发展和农业现代化的加快推进，社会经济发展对水资源的安全供给将提出更高的要求，增强供水安全保障程度的要求越来越迫切，调控水资源需求和强化水资源节约保护的工作越来越繁重。面临新形势、新挑战、新要求，滚动规划更有利于适应社会经济发展和水资源供求状况的新变化。

1. 固定滚动周期的水资源滚动规划

随着时间的推移和社会经济发展及相关政策的实施，现状条件发生了改变，根据具体的社会经济发展和节水活动的加强等变化，每经过一个固定的时间周期，就对原有规划成果进行修订，并补充下一个期间的规划成果，如此循环，把近、中、远期的规划成果结合起来的一种规划方法，称为固定滚动周期的水资源滚动规划。

滚动规划过程为：现有规划 A 是以 2000 年为基准年，2010 年为近期水平年，2020

年为中期水平年，2030年为远期水平年，取10年为滚动规划的固定期间，即10年之后，当时的近期水平年2010年滚动为基准年。根据补充的2000—2010年实际资料，对原规划预测结果进行调整修订。同样，当时的中期和远期水平年都滚动到近期和中期，根据2000—2010年的发展趋势分析，调整修订原有规划成果，这样就快速得到了满足现状条件和发展趋势的新规划B，同理以此类推。滚动规划基本思路如图4-2所示。

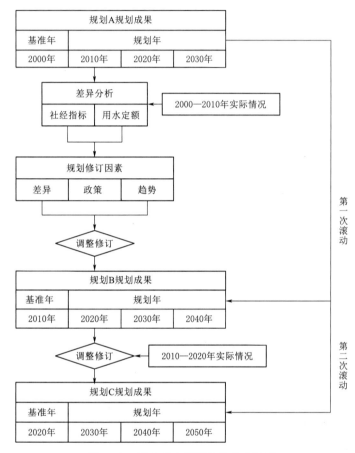

图4-2 滚动动态预测方法基本过程

水资源规划可以在流域水资源综合规划成果的基础上通过滚动规划方法经过一次滚动得到，并且未来可以每10年滚动编制一次水资源规划，为适应面对新形势、新挑战和新要求下的社会经济发展和水资源供求状况的新变化提供保障。

2. 滚动周期不固定的水资源滚动规划

一次水资源规划是对规划区未来近、中、远期规划水平年的供求形势及水资源开发利用方案进行分析，但几年甚至1年之后，由于工程规模、节水力度等现状条件发生改变，导致原有规划成果不再适应实际情况，需要进行调整修订，以达到对未来用水形势的合理预测及指导作用。对于这种并不存在固定的滚动周期，规划水平年也不一定要向前滚动的情况，可以采用同固定滚动周期的滚动规划一样的思路，通过补充滚动期间的资料进行差异分析及趋势预测，对基准年和规划水平年的分析成果进行调整修订。

3. 水资源滚动规划特点

(1) 随着时间的推移，规划时间可以不断延伸，内容不断补充，使整个规划处于滚动状态，对区域或者某地区始终有一个切合实际的长期计划做指导。

(2) 可以根据以往规划的执行结果，结合各种新的变化信息，不断调整和修订规划，从而使规划更加符合实际情况，有利于充分发挥规划的指导和控制作用。

(3) 更好地发挥远期预测对近期预测的指导和近期预测对远期预测的保证作用。

(4) 滚动期间灵活，既可以适应长远规划的需要，以十年或二十年为单位进行滚动，又可以适应临时的、短期的计划需要，一年、两年就对原有规划进行修订，进行一次滚动。

(5) 远期预测是趋势性预测，近期预测受现状影响大，预测结果比远期预测精准。因此，当远期滚动到近期时，通过现状资料的补充，对远期趋势性预测结果进行修正，使结果更精准，预测过程更快速。

4.4.2 水资源滚动规划的实现

水资源规划的各个阶段都要进行六项主要工作，即问题识别、方案拟订、方案计算、影响评价、方案比较选择和方案实施。具体包括水资源调查评价及其开发利用评价、需水预测、供水预测、水资源配置、方案比选与总体布局、规划实施效果评价等内容。规划思路示意图如图 4-3 所示。

对于前面提到的两种情况，滚动规划的前提是已经存在一个按照图 4-2 思路完成的水资源规划，定义为规划 A。在此基础上，充分利用规划 A 成果，利用滚动规划方法，快速得到修订后的规划 B。

1. 水资源调查评价及其开发利用评价

水资源规划是通过水资源情势分析与评价和水资源开发利用现状调查与评价，对规划对象进行问题诊断，为基准年及规划水平年需水预测提供基础。滚动规划是在规划 A 已有资料的基础上，补充规划 A 到规划 B 滚

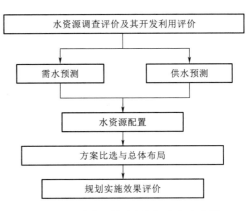

图 4-3 水资源规划基本思路示意图

动期间的水资源数量、质量及可利用量，社会经济发展指标，供水水源状况、供水总量、结构、分布及变化趋势，用水总量、结构、耗水量、耗水率以及用水效率等数据。数据来源主要参考《中国统计年鉴》和《水资源公报》等。水资源可利用量的大小与经济实力、技术进步、水污染状况、生态环境等因素有关，是动态的。因此，根据滚动期间水资源可利用量的实际情况及变化趋势，分析预测未来规划水平年水资源可利用量的情况，包括地表水资源可利用量和地下水资源可利用量。在水资源开发利用方面，根据补充相关资料，分析滚动期间综合用水指标和主要单项用水指标的变化趋势及增长速度，分析总用水量、农业用水和工业用水的弹性系数，评价水资源分区和行政区的用水水平和用水效率及其变化情况，找出存在的主要问题。因此水资源调查评价及其开发利用评价为滚动规划的需水

预测和供水预测提供依据和支撑。

2. 需水预测

需水预测一般采用定额法，通过用水定额充分考虑人民生活水平提高的速度和程度、工业发展的趋势和产业结构的调整、农业经济发展模式、各业节水水平及政策性调整。用水定额是水资源需求管理的基础，直接反映出水资源的利用效率。由于工业、农业、生活及生态等用水供需规律不同，需分别预测。需水预测中确定社会经济发展指标和用水定额是关键。动态预测中，根据水资源公报、统计年鉴等资料补充滚动期间的社会经济指标和供用水量数据，分析 GDP、农业增加值和工业增加值等的增长速度，再综合水资源调查评价及开发利用评价中的分析结果，确定基准年的需水量。

规划水平年需水预测要在基准年的基础上，充分结合滚动期间的实际情况，对历史的合理趋势外延。从社会经济指标和用水定额两个方面，对规划 A 的预测结果进行调整。中期、远期规划水平年需水预测，由于距离基准年时间较远，当前的发展趋势对其影响较弱，需求的不确定性和影响因素又很多，近期需水预测精度较高，远期则主要侧重于趋势预测。2020 年需水预测时，除了依据基准年和规划 A 的预测结果，还需参考相关规划成果，做适当趋势外延，分析原有预测结果是否合理，若不合理，做适当调整。远期水平年需水预测则根据基准年及近、中期水平年调整的方面进行微调，以满足地区未来远期发展趋势。

3. 供水预测

供水预测是指不同规划水平年新增水源工程后（包括原有工程）达到的供水能力可提供的供水量。对于滚动期间已经投入使用的新增水源工程，要在基准年供水预测中增加其供水能力。对于已经确定完工时间的新增水源工程或扩大、缩减供水能力的原有工程，在不同规划水平年供水预测中增加或减小相应供水能力。当预测需水量大于现有供水工程可供水量时，需要对规划水平年新增水源工程做出规划，首先考虑挖潜配套现有工程。

在规划 A 不同规划水平年供水预测的基础上，规划 B 不同规划水平年地表水可供水量预测要考虑基准年调整后的需水要求，以及滚动期间的水资源变化趋势。地下水可供水量预测要考虑滚动期间的实际开采量、地下水埋深的实际变化情况，地表水补给情况以及各水平年地下水井群兴建情况等。同样，地下水超采地区在规划水平年中地下水开采量不应大于基准年，在未超采地区可根据现有工程和新建工程的供水能力确定规划供水量。污水处理回用量根据规划 B 的不同规划水平年的各行业的需水预测结果，以及根据基准年情况对排放率、处理率和回用率的预测结果进行计算，最终确定不同规划水平年的总可供水量。

4. 水资源配置

水资源配置主要从水资源供需平衡和耗水平衡两方面分析，可以采用传统的水资源供需分析模型。进行修订后的基准年水资源供需平衡分析和耗水平衡分析，调整原有水资源配置方案的模型参数，建立基准年和规划水平年的关系，进行规划水平年水资源供需平衡分析和耗水平衡分析。

调整后的需水进行水资源供需平衡分析时，重点关注两个方面：一是需水调整后需水结构的变化。人口的增长、经济的快速发展以及科技的进步都会影响需水量，需水量是上述因素相互作用而产生的动态结果，也是历史与现状发展趋势的合理性外延。随着时间的推移，需水结构是发生变化的，一般变化特点是生产需水量所占比重最大，增长幅度也最剧烈。随着人们对生态环境保护的意识不断增强，生态需水量也呈现增长趋势。对比调整前后需水结构的变化，需要调整的主要参数有各行业供水有效利用系数以及污水处理回用率。二是工程方案变化。新增水利工程或水库清淤、增大原有供水能力等对水资源配置会有很大影响。对于新增水利工程，首先要在模型中补充供水连线及工程基本参数，比如水库死库容、兴利库容、水库蒸发渗漏损失系数等。对于供水能力的改变，要调整节点入流量和河道过流能力等参数。

在耗水平衡分析时，同样要关注两个方面：一是耗水结构变化。一般规律是农业耗水所占比重最大，而且随着时间的推移，各行业耗水系数是增加的。根据现状用水分析评价的调整后耗水系数，合理确定未来规划水平年的耗水关系，主要调整的参数：有关农业耗水率的灌溉水利用系数，渠系蒸发、渗漏和入河道比例系数，田间净水量补给地下水比例系数等，有关综合耗水率的城镇生活、工业污水排放率，相应的渠系输水蒸发等参数。二是主要控制断面的下泄水量。上游水利工程调蓄作用及耗水系数的变化，会影响到控制断面的河道下泄水量。因此在调整社会经济耗水量、生态环境耗水量以及两者合理的比例关系时，要关注控制断面的河道下泄水量。在调参的过程中，会发生"异参同效"的现象，尤其在耗水平衡分析中，因此要分析各个参数选取的合理性。

最后进行方案比选和规划实施效果评价，在原有规划成果的基础上快速并保证一定精度的完成一次滚动规划。水资源滚动规划方法过程示意如图4-4所示。

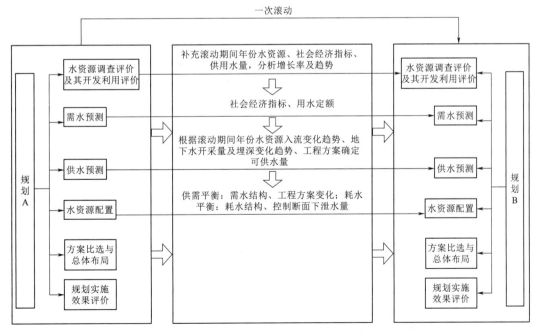

图4-4 水资源滚动规划方法过程示意图

4.5 实例：典型区域水资源供求态势分析

实例内容来源于 2014 年全国水中长期供求规划专题"我国非农业用水中长期供求形势宏观动态预测模型研制"项目成果。

4.5.1 松辽流域概况

1. 自然地理

松辽流域包括黑龙江省、吉林省、辽宁省和内蒙古自治区东部三市（赤峰市、通辽市和呼伦贝尔市）一盟（兴安盟）及河北省承德市部分地区，是我国农业生境和水土资源组合条件较好的地区之一，流域面积 124.9 万 km²。地貌的基本特征是西、北、东三面环山，南濒渤海和黄海，中、南部形成宽阔的辽河平原、松嫩平原，东北部为三江平原，东部为长白山系，西南部为七老图山和努鲁儿虎山，大、小兴安岭分布于西北部和东北部，中部为松花江和辽河分水岭的低丘岗地。山地、丘陵和平原的面积分别占流域总面积的43.6％、26.3％和32.1％。

松辽流域属温带大陆性季风气候区，冬季严寒，夏季温热，年平均气温−4～10℃，由西北部向东南部递增，大部分地区 2～6℃。年最高气温在 7 月份，南北相差不大，年最低气温在 1 月，南北相差较大。年降水量及其季节分配，主要由季风环流、水汽来源及地形等因素控制。多年平均降水量在 300～1000mm，在地区分布上差别较大，东部较多，西部较稀少，由东向西递减。辽东地区年降水量高达 1000mm 以上，属湿润地区，西北部的内蒙古草原则为 300mm，为干旱地带。降水年内分配不均，6—9 月降水量占全年的70％～85％。全流域水面蒸发量（E601 型蒸发皿）在 500～1200mm，由西南向东北呈递减状态。东部山区多为湿润区，丘陵多为半湿润区，平原多为半干旱区，西部为干旱区。

2. 河流水系

松辽流域主要河流有额尔古纳河、黑龙江、松花江、辽河、乌苏里江、绥芬河、图们江、鸭绿江以及独流入海河流等。本次范围主要是松花江和辽河流经地区。

松花江是我国七大江河之一，流经黑龙江、内蒙古、吉林、辽宁四省（自治区），流域面积 56.12 万 km²。松花江有南北两源：北源为嫩江，发源于大兴安岭伊勒呼里山，河道全长 1370km，流域面积 29.85 万 km²；南源为第二松花江，发源于长白山脉主峰白头山，河道全长 958 km，流域面积 7.34 万 km²。松花江干流长 939 km，流域面积 18.93 万 km²。

辽河是我国七大江河之一，发源于河北省承德地区七老图山脉的光头山，流经河北、内蒙古、吉林和辽宁四省（自治区），在辽宁省盘锦市注入渤海，全长 1345km，流域面积为 22.1 万 km²。辽河流域由两个独立的水系组成：其一为东、西辽河于福德店汇合后为辽河干流，经盘锦市由双台子河入海；其二为浑河、太子河水系，两河在三岔河附近合流后，经大辽河于营口入海。

3. 水资源

松花江流域多年平均水资源总量（1956—2000 年）为 960.9 亿 m³，水资源可利用总量为 426.5 亿 m³，占水资源总量的 44.4％。辽河流域多年平均水资源总量为 221.9 亿

m^3，水资源可利用总量为 115.0 亿 m^3，占水资源总量的 51.8%。流域水资源总体上不富裕，其中辽河流域水资源相对比较贫乏，而松花江流域水资源相对比较丰沛。

4. 水资源开发利用现状

据统计，2006 年松花江流域总人口 5341 万人，其中城镇人口 2562 万人，城镇化率为 48.0%，工业增加值 4848 亿元，占 GDP 的 52.8%。辽河流域总人口 3378 万人，其中城镇人口 1779 万人，城镇化率为 52.7%，工业增加值 3541 亿元，占 GDP 的 49.4%。

松花江流域总供水量 298.3 亿 m^3，其中地表水 189.2 亿 m^3，占总供水量的 63.4%，地下水 109.1 亿 m^3，占 36.6%。辽河流域总供水量 160.0 亿 m^3，其中地表水 62.3 亿 m^3，占总供水量的 38.9%，地下水 96.4 亿 m^3，占 60.2%，其他水源 1.4 亿 m^3，占总供水量的 0.9%。松花江流域总用水量 298.3 亿 m^3，其中生活用水 16.2 亿 m^3、生产用水 279.9 亿 m^3、生态环境用水 2.2 亿 m^3，分别占总用水量的 5.4%、93.8%、0.7%。辽河流域总用水量 160.0 亿 m^3，其中生活用水 11.8 亿 m^3、生产用水 146.3 亿 m^3、生态环境用水 1.9 亿 m^3，分别占总用水量的 7.4%、91.4%、1.2%。

5. 存在的主要问题

松花江和辽河水资源分布极不均匀，与人口、耕地、经济发展格局虽然总体上匹配较好，但局部区域仍存在匹配较差的情况。近年来，随着社会经济的快速发展以及振兴东北老工业基地战略的实施，各行业用水量增长迅速。伴随用水量的高速增长，水污染形势日益严峻，已呈现从城市向农村、从下游向上游、从区域向流域蔓延的趋势，不合理的水资源开发利用，也导致流域生态急剧恶化，1980—2000 年间，辽河水系断流河流多达 16条，沼泽湿地面积 50 年来累计减少 75%，水土流失面积占土地总面积的 22.6%，盐碱地扩大 3.8 倍，沙地扩大 2.2 倍。总之，松花江和辽河当前的水资源形势已不容乐观，主要存在以下几个方面的问题：①水资源时空分布与需求不协调，开发程度地区差异明显；②地下水开发利用率较高，局部地区超采严重；③整体用水效率偏低；④水污染严重；⑤生态环境问题突出；⑥用水管理水平有待提高。

4.5.2 系统网络图与模型数据

1. 系统网络图

计算单元采用水资源三级区套地市，共 18 个水资源三级区，95 个计算单元。水源、需水及水利工程供水均以计算单元为节点，即计算单元内的地表水供水系统、地下水供水系统以及污水处理回用系统均隐含在计算单元内。引水节点指主要干支流上的地表水供水节点，其上游有水资源三级区入境河流连线，下游有供水连线，属于下游水资源三级区。典型区概化有 3 个引水节点，分别是三岔河至哈尔滨引水节点、通河至佳木斯干流区间引水节点和柳河口以上引水节点。假定每个水资源三级区只有一个出境断面，因此共有 18个水资源分区断面节点。典型区以外的水源为调水水源节点，不属于任何水资源三级区，共有大伙房等 3 个调水水源。小型湖泊不作为节点单独列出，留有向海自然保护区、扎龙湿地和查干泡 3 个湖泊节点。概化节点共 120 个，其中计算单元 95 个，水汇节点 1 个。

计算单元水传输系统包括当地地表水供水系统、重大供水工程供水系统、外调水供水系统、地下水供水系统、污水处理回用系统、排水系统和河流传输系统等。其中地下水供水系统、污水处理回用系统和向自身计算单元供水的当地地表水供水系统均概化在计算单元内，不连线。河流传输系统按照实际水系分布建立计算单元之间的水力联系，排水连线与计算单元下游河流连线重合。

根据上述对典型区的概化，绘制松花江和辽河水资源系统网络图如图 4 - 5 所示。

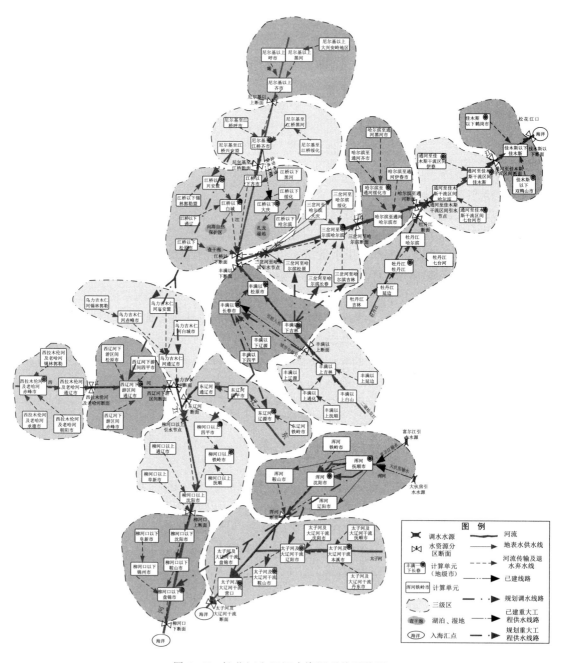

图 4 - 5　松花江和辽河水资源系统网络图

2. 模拟计算过程设定

模型模拟过程的主循环是给出各个水资源三级区的通用化计算次序。水资源三级区之间的水传输关系是按照水系方向自上而下的，水资源三级区的某种排序就构成了模拟过程主循环的计算次序。根据流域水资源系统网络图及水资源三级区之间的水传输关系，确定模拟过程主循环的计算次序如图4-6所示。

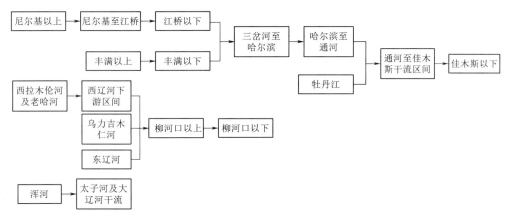

图4-6 松花江和辽河水资源三级区计算次序

按照水资源三级区计算次序编码方法，松花江和辽河水资源三级区计算次序编码见表4-1。

表4-1 松花江和辽河水资源三级区计算次序编码

水资源分区	水资源分区计算次序编码	水资源分区	水资源分区计算次序编码
尼尔基以上	101001000	西拉木伦河及老哈河	112001000
尼尔基至江桥	101002000	西辽河下游区间	112002000
江桥以下	101003000	柳河口以上	112003200
三岔河至哈尔滨	101004100	乌力吉木仁河	112003101
丰满以上	101004101	东辽河	112003201
丰满以下	101004102	柳河口以下	112004000
哈尔滨至通河	101005000	浑河	113001000
通河至佳木斯干流区间	101006100	太子河及大辽河干流	113002000
牡丹江	101006101		
佳木斯以下	101007000		

水资源三级区内进行优化模拟，计算单元水资源供需平衡分析计算采用两时段优化方法，利用GAMS演示版软件编程，在完成长系列供需平衡计算后，再进行三级区耗水平衡计算。外层利用规则模拟方法按照水资源三级区计算次序嵌套循环，进行全流域耗水平衡分析。

3. 模型主要输入数据

（1）水文系列。水文资料采用松辽流域水资源综合规划的成果，即1956—2000年45年系列。通过分析和对比，45年系列具有较好的丰、平、枯代表性。为了满足模型计算的要求，水文系列需要概化到节点、计算单元等，系列时段要与模型计算选定的时段相匹配，为年过程。地下水可开采量等相关数据采用 1956—2000 年的多年平均值。

（2）需水数据。河道外需水采用松辽流域水资源综合规划的成果，即经济高速发展适度节水方案和经济高速发展强化节水方案。河道内需水主要是基于生态最小流量（生态基流）的河道内生态需水方案。为了与模型计算选定的时段相匹配，河道外需水方案采用年过程。

4. 工程组合方案设置

重大供水工程渠道规模、调水水源节点规模和外调水渠道规模作为渠系参数，根据实际工程规模进行设置。外调水和大型供水工程组合方案详见有关文献。

4.5.3　水资源需求分析

基准年取 2010 年，规划水平年只讨论近期规划水平年 2020 年。选择松辽流域水资源综合规划为参考规划，其现状年为 2006 年，近期、中期、远期规划水平年分别为 2010 年、2020 年、2030 年，在此参考规划的基础上对松花江和辽河进行滚动预测及供求分析。

1. 基准年需水预测

结合松辽流域水资源综合规划中现状年社会经济发展和供用水分析评价成果，利用《松辽流域水资源公报》和《中国统计年鉴》等，补充 2007—2012 年松花江和辽河社会经济指标和供用水量数据，分析 GDP、工业增加值和农业增加值等的增长速度，对比松辽流域水资源综合规划中对 2010 年社会经济指标的预测结果，根据滚动规划方法中用水现状分析及基准年需水预测方法，确定基准年的需水。

由于未来的不确定性，需水预测要考虑社会经济发展状况、科学技术的进步及相关政策法规等因素，因此会有多种不同的组合方案。这里只介绍经济发展指标高增长、用水定额强化节水的推荐方案。

松花江和辽河 2010 年人均用水量为 525m³/人，万元 GDP 用水量为 289m³，农田灌溉亩均用水量为 487m³，城镇居民生活用水定额 118L/（人·d），农村居民生活用水定额 66L/（人·d）。2007—2012 年，人口年均增长率为 0.13%，GDP 年均增长率 14.85%，工业增加值年均增长率 15.51%，农业灌溉面积年均增长率为 4.22%。对比松辽流域水资源综合规划 2010 年预测结果，其中 GDP、工业增加值均在 2007—2012 年范围内，不做调整。但水资源二级区人口指标及嫩江流域农业灌溉面积预测结果明显偏大，其中 2007—2012 年间人口数依次为 8824.26 万人、8837.26 万人、8849.76 万人、8853.84 万人、8856.39 万人和 8851.46 万人，而水资源综合规划预测值为 9358 万人，明显偏大，取 2010 年人口代替。同理，调整嫩江流域农业灌溉面积为 8686.53 万亩。以此方法对每个计算单元的社会经济指标进行调整，最终确定研究区基准年社会经济指标。

指标调整后松花江和辽河总需水量为 530.91 亿 m³，其中松花江流域 351.71 亿 m³，辽河流域 179.20 亿 m³。调整后的需水在 2007—2012 年用水量的最大值和最小值之间，说明需水量合理，不需再调整，可作为基准年需水量。

2. 2020 年需水预测

规划水平年的需水预测同样要在水资源综合规划的需水预测结果基础上，将其中期规划水平年 2020 年滚动到近期。中、远期规划水平年的需水预测，由于距离基准年时间较远，当前的发展趋势对其影响较弱，因需求的不确定性和影响因素很多，因此近期需水预测的精度较高，而远期则主要侧重于趋势预测。作为中期规划水平年的 2020 年在滚动到近期时，要在水资源综合规划预测的基础上，补充"十二五"相关规划资料，计算经济发展指标增长速度，结合相关政策文件及节水计划，做适当趋势外延，分析原有预测结果是否合理，若不合理，做适当调整。

2020 年松花江和辽河总需水量为 591.39 亿 m³，其中松花江流域 405.75 亿 m³，辽河流域 185.64 亿 m³。

4.5.4 基准年水资源供需态势分析

基准年水资源供需平衡分析的主要目的是分析在地下水不超采（包括浅层地下水不超采和深层地下水不开采）情况下的缺水形势及分布，并确定模型的各类参数，为确定规划水平年各类参数提供参考。

1. 水资源供需平衡分析

以 2010 年为基准年，考虑河道内主要控制断面生态环境最小基流的约束下，利用所构建的大尺度水资源供求分析模型，对松花江和辽河 95 个计算单元进行 45 年（1956—2000 年）长系列逐年调节计算，得到基准年水资源供需平衡分析结果。松花江和辽河基准年多年平均总缺水量为 9.73 亿 m³，缺水率为 1.83%。其中松花江多年平均缺水量为 6.21 亿 m³，缺水率为 1.77%；主要表现为工程型缺水，局部区域存在资源型缺水、污染型缺水（如哈尔滨市）或者复合型缺水的态势。辽河多年平均缺水量为 3.52 亿 m³，缺水率为 1.96%；主要表现为资源型缺水（如沈阳市、鞍山市和通辽市等），局部区域存在工程型缺水（丹东市等）、污染型缺水（如四平市等）或者复合型缺水（鞍山市、营口市等）的态势。总之，松花江和辽河基准年缺水总体上不是很严重，但局部区域缺水较严峻。

2. 耗水平衡分析

经济耗水分析主要是针对社会经济耗水状况进行分析。进入社会经济循环的水量，在水源、输水、用水、排水等环节中形成了耗水。社会经济综合耗水率反映区域或地区社会经济的综合耗水水平，通过分析各用水部门的耗水率可以掌握不同区域内部的耗水结构特点，识别主要耗水部门和耗水方向，为未来社会经济发展过程中进行产业结构调整、减少消耗量、提高用水效率，控制社会经济耗水量在适度的范围之内，提供可靠的技术依据。松花江和辽河基准年社会经济耗水结果见表 4-2、图 4-7～图 4-9。

表 4-2 　　　　　　　　　　基准年社会经济耗水分析结果 　　　　　　　　%

一级区	二级区	耗水系数				耗水比例		
		生活	工业	农业	综合	生活	工业	农业
松花江流域	嫩江	0.53	0.53	0.61	0.59	5.08	23.39	71.53
	第二松花江	0.47	0.53	0.64	0.59	6.50	26.95	66.55
	松花江干流	0.43	0.52	0.57	0.55	4.85	19.63	75.52
	合计	0.49	0.53	0.60	0.57	5.66	22.50	71.84

续表

一级区	二级区	耗水系数				耗水比例		
		生活	工业	农业	综合	生活	工业	农业
辽河流域	西辽河	0.61	0.54	0.71	0.68	3.81	9.42	86.77
	东辽河	0.57	0.51	0.70	0.67	6.83	7.38	85.79
	辽河干流	0.58	0.51	0.72	0.68	5.86	11.25	82.89
	浑太河	0.35	0.57	0.70	0.62	7.40	37.90	54.70
	合计	0.46	0.55	0.71	0.66	5.44	18.07	76.49
松花江和辽河		0.48	0.54	0.66	0.62	5.58	20.81	73.61

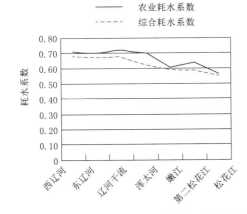

图4-7 松花江和辽河社会经济耗水系数折线图

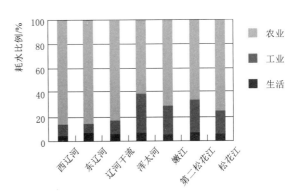

图4-8 基准年社会经济耗水结构

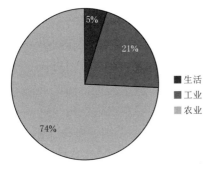

图4-9 基准年耗水结构

从表4-2可以看出,松花江流域社会经济综合耗水率小于0.6,辽河流域在0.6以上,全流域农业耗水所占比例超过70%,高于全国平均水平,农业是第一用水大户。浑太河工业和生活耗水所占比例最高,接近45%,区内有沈阳、鞍山、本溪、抚顺等辽宁省中部城市群,人口众多,城镇化率高,工业比较发达。第二松花江工业和生活耗水所占比例为33%,区内有长春、吉林等吉林省中部城市群,城镇化和工业化程度比较高。嫩江和松花江工业和生活耗水所占比例达到25%以上,区内有齐齐哈尔、大庆、哈尔滨等城市群,城镇化和工业化程度也比较高。城镇化和工业化程度比较高的地区,截污减排、改善生态环境等是今后应重点关注的问题。

4.5.5 规划水平年水资源供需态势分析

依据基准年水资源供需分析和耗水分析结果,确定模型参数,对2020年滚动预测需水结果进行水资源供求分析。

1. 水资源供需平衡分析

2020 年研究区需水量为 591.39 亿 m³，多年平均供水量为 571.24 亿 m³。其中地表水供水量为 371.13 亿 m³，地下水供水量为 181.25 亿 m³，其他水源供水量为 6.06 亿 m³，外调水供水量为 12.8 亿 m³。多年平均缺水量为 20.17 亿 m³，缺水率为 3.41%。

2. 耗水平衡分析

耗水水平的变化反映了当地社会经济发展的程度。随着社会经济发展、用水水平提高，耗水率逐步提高。松花江和辽河规划水平年综合耗水系数总体上呈升高趋势。基准年综合耗水系数为 0.62，辽河流域为 0.66，松花江流域为 0.57。到 2020 年，松花江和辽河综合耗水系数为 0.69，辽河流域为 0.72，松花江流域为 0.65。具体结果见表 4-3、图 4-10～图 4-12。

表 4-3　　　　　　　　　　**2020 水平年社会经济耗水分析结果**　　　　　　　　　　%

一级区	二级区	耗 水 系 数				耗 水 比 例		
		生活	工业	农业	综合	生活	工业	农业
松花江流域	嫩江	0.60	0.60	0.69	0.67	2.73	19.59	77.68
	第二松花江	0.53	0.59	0.72	0.66	5.43	31.49	63.08
	松花江干流	0.46	0.56	0.61	0.59	5.34	23.22	71.44
	平均	0.56	0.60	0.68	0.65	4.21	23.32	72.47
辽河流域	西辽河	0.65	0.58	0.76	0.73	3.72	9.56	86.72
	东辽河	0.61	0.55	0.75	0.72	6.26	8.11	85.63
	辽河干流	0.66	0.58	0.82	0.77	5.08	14.38	80.54
	浑太河	0.39	0.63	0.78	0.69	4.91	41.45	53.64
	平均	0.50	0.60	0.77	0.72	4.68	22.82	72.50
松花江和辽河平均		0.53	0.60	0.73	0.69	4.37	23.15	72.48

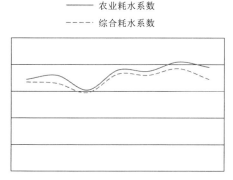

图 4-10　2020 年社会经济耗水系数折线图

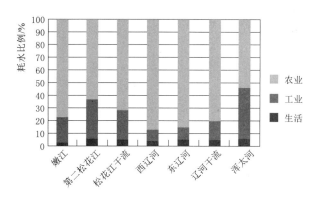

图 4-11　2020 年社会经济耗水结构

2020 年松花江和辽河用水结构发生变化，耗水结构也发生相应的变化，特别是随着节水水平的提高，在耗水率总体提高的情况下，耗水结构会出现工业耗水比例提高、农业耗水比例下降趋势。从表 4-3 可以看出，到 2020 年，松花江和辽河的生活耗水占比为 4.37%，工业耗水比例为 23.15%，农业耗水比例为 72.49%。从分区上看，浑太河流域工业耗水比例达到 41.45%，东辽河仅为 8.11%。总体松花江和辽河农业耗水比例呈逐年下降趋势，工业耗水比例呈逐年增加趋势，耗水逐渐从农业向工业转变。

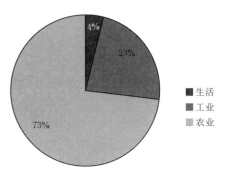

图 4-12　2020 年耗水结构

4.5.6　小结

　　本节根据松花江和辽河流域的实际情况，首先采用松辽流域水资源综合规划 2010 年需水预测数据，利用大尺度水资源供求分析模型进行调算，并通过将计算结果与水资源综合规划成果作对比分析，验证模型合理，计算结果可靠。其次利用基于滚动规划的大尺度水资源供求分析模型，基准年调整为 2010 年，2020 年为中期规划水平年，在松辽流域水资源综合规划的基础上，对松辽流域进行滚动预测，并进行供需平衡及耗水平衡分析。

第5章

水资源全要素优化配置模型

5.1 水资源全要素优化配置概念及方法

5.1.1 概念

1. 内涵

传统的水资源配置以水量调配为主，在用水水平比较低时，河流自净能力可以维持水体清洁，基本上满足社会经济和生态环境对水量和水质的要求。大量的事实和研究结果表明，社会经济用水挤占过多的生态环境用水是导致水危机和生态环境恶化的主要原因之一，水污染又使可利用的水资源量减少，进一步加剧了水危机和生态环境恶化的程度。

水资源全要素是指构成水资源所有因素的集合，对于水资源配置问题，主要包括水量、水质、水生态、水环境等因素。水资源全要素优化配置应综合考虑水资源的各种因素，在水资源可持续利用的前提下，控制取用水总量，限制排污量，提高用水效率，综合利用水资源，从水量和水质等方面调配有限的水资源。水资源全要素优化配置内涵主要包括三层含义：

（1）协调好社会经济和生态环境两者的用水关系。从流域或区域整体控制社会经济与生态环境的用水比例，维持水资源可持续利用。

（2）控制用水总量和排污总量，提高用水效率。在水资源开发利用时，社会经济取耗水实行严格的总量控制。根据水功能区的水质目标和纳污能力要求，对入河污染物实行严格的总量控制。大力发展节水型社会，加强居民的节水意识，严格控制工业用水定额，适度发展农业高效节水灌溉面积，提高水资源的利用效率。

（3）水资源综合利用。在保障供水的前提下兼顾水资源的综合利用，如发电、航运等。

2. 概念

中国水利水电科学研究院对水资源合理配置定义：在流域或特定的区域范围内，遵循高效、公平和可持续的原则，通过各种工程与非工程措施，考虑市场经济的规律和资源配置准则，通过合理抑制需求、有效增加供水、积极保护生态环境等手段和措施，对多种可利用的水源在区域间和各用水部门间进行的调配。

《全国水资源综合规划大纲》对水资源合理配置定义：在流域或特定的区域范围内，遵循有效性、公平性和可持续性的原则，利用各种工程与非工程措施，按照市场经济的规律和资源配置准则，通过合理抑制需求、保障有效供给、维护和改善生态环境质量等手段和措施，对多种可利用水源在区域间和各用水部门间进行的配置。

根据上述概念，水资源全要素优化配置定义：在流域或特定的区域范围内，遵循可持续、公平和高效的原则，利用各种工程与非工程措施，按照自然规律和市场经济规律，协调好社会经济与生态环境用水的大体比例，通过合理抑制需求、控制取耗水总量与污染物总量、提高用水效率、维护和改善生态环境质量等手段和措施，对多种可利用水源在区域间和各用水部门间进行全方位的配置。

5.1.2　主要调控指标

区域水资源全要素优化配置涉及社会经济、生态环境和水资源三大系统，为实现水资源全要素优化配置目标，需要在众多的指标中选择主导性指标，作为衡量水资源配置优劣的参数。水资源可持续利用调控指标应体现社会经济系统、生态环境系统和水资源系统的协调发展程度，社会、经济、生态、环境等调控指标应能描述和表征流域或区域水资源、社会经济、生态环境的发展状况和变化趋势。

1. 水资源可持续利用调控指标

在水资源可持续利用的前提下进行水量和水质调配，保持水资源分区合适的生态环境用水比例，控制社会经济耗水比例在一定的范围内，是水资源可持续利用的主要量化指标，可用生态环境用水比例的阈值或区间值表示。社会经济用水主要表现为取水量、耗水量，取水量与耗水量之差的部分水量可用于生态环境，本质上可以用耗水量表征。生态环境用水包括河道内与河道外两部分，从用水特点来看，生态环境用水由流动的水量和耗水量组成。

2. 生态调控指标

生态调控的主要指标包括规划水平年生态用水比例应保持在水资源可持续利用确定的范围内，优先满足河道最小生态基流和重要的湖泊湿地用水，生态脆弱地区整体生态状况不低于现状水平或略有改善，多年平均入海水量满足河口盐度要求等。

3. 社会调控指标

社会调控的主要指标包括满足人畜饮水安全的需求，区域之间人均用水量大体接近，区域内的缺水程度大体接近，谁污染谁治理，入河污染物负荷实行总量控制。

4. 经济调控指标

经济调控指标体现在水资源利用和水污染治理的高效性。水资源利用调控指标主要通过目标函数来实现，如净效益最大调度原则、损失水量最小调度原则、供水水源优先序等。水污染治理调控是在公平性原则的基础上，经济发达地区应承担较多的水污染治理责任。

5. 环境调控指标

环境调控指标体现在入河污染物总量控制及水质型缺水的污染损失。环境调控的主要指标包括城镇废污水的排放率和处理率，水功能区水质达标率等。

5.1.3　方法

区域水资源全要素优化配置基于宏观分析方法并结合微观分析，通过抑制用水需求、控制取耗水总量、限制污染物排放、提高用水效率，维持水资源可持续利用。具体来说，在保持社会经济与生态环境合适的用水比例前提下，通过水利工程将天然来水过程调节到满足或接近社会经济和生态的需水过程，基本达到水资源供需平衡，并按照水功能区的水质目标和纳污能力，控制污染物排放总量。

1. 多目标决策分析与优化模拟方法

区域水资源全要素优化配置遵循可持续性、公平性、高效性、总量控制、系统性等原则，调控指标涉及水资源可持续利用、生态、社会、经济、环境等方面的内容，是多目标决策问题，这些决策问题既相互关联又相互矛盾，水资源配置成果是各个目标相互博弈妥协的结果。水资源配置多采用宏观分析与微观分析相结合的方法，即所谓的"自上而下"和"自下而上"分析方法的结合。目前水资源配置常采用模拟方法，即所谓的规则模型和优化模型。规则模型和优化模型本质上是相同的，只是计算方法不同，本书采用优化模拟模型。

2. 水资源全要素优化配置"三次平衡"

区域水资源全要素优化配置"三次平衡"分析包括三个方面：

（1）立足于现状水资源开发利用模式、废污水排放与处理水平下的水资源供需平衡分析、耗水平衡分析和水质模拟分析，即"一次平衡"。主要回答未来不同时间断面的供水能力和可供水量、水资源需求自然增长量以及水资源供需缺口、水质型缺水等，为确定节水、治污和挖潜等措施提供依据，如图 5-1 所示。

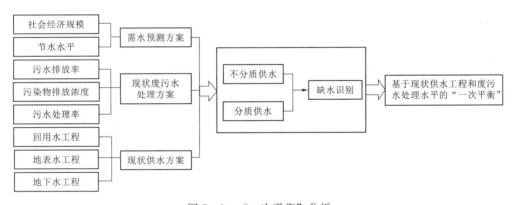

图 5-1 "一次平衡"分析

（2）立足于当地水资源和现有调水规模不变的前提下，充分考虑节水、治污、挖潜、产业结构调整和水功能区水质达标等条件下的水资源供需平衡分析、耗水平衡分析和水质模拟分析，即"二次平衡"。主要回答在充分发挥当地水资源承载能力和水功能区水质达标等条件下仍不能解决水资源供需缺口，只能依靠外调水解决缺水的问题，为确定调水工程规模提供依据，如图 5-2 所示。

（3）考虑实施跨流域调水、水功能区水质达标后的水资源供需平衡分析、耗水平衡分析和水质模拟分析，即"三次平衡"。主要回答外调水量及其合理分配问题，为制定调水工程规划方案提供依据，如图 5-3 所示。

3. 水资源全要素优化配置方案评价方法

水资源全要素优化配置方案评价是指针对流域或特定区域，以社会经济系统、生态环

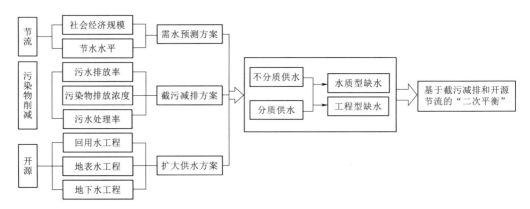

图 5-2 "二次平衡"分析

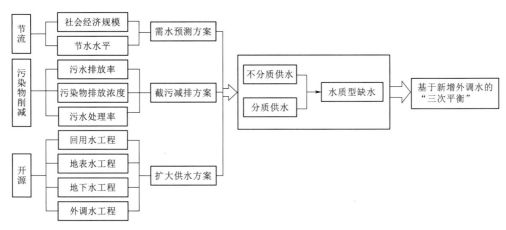

图 5-3 "三次平衡"分析

境系统和水资源系统的协调发展为基础，运用水量与水质联合配置模型分析和计算，生成一系列水资源配置方案集（非劣解），然后由决策者通过评价模型确定最佳推荐方案。它是一个多层次、多准则、多指标的分析方法，通过对水资源配置方案集的对比和评价，选择总体效果最好的推荐方案。方案评价流程包括：

（1）确定评价目标和评价对象系统，即生成水资源全要素优化配置方案集。

（2）建立评价指标体系。水资源全要素优化配置涉及社会、经济、生态、环境等诸多方面内容，建立评价指标体系时需要构建评价指标的层次结构模型。

（3）评价指标的定量化。

（4）评价指标的无量纲化（标准化）。

（5）建立评价模型（评价函数），将一个多指标问题综合成一个单指标的形式，包括确定各评价指标的权重和各无量纲化评价指标及其权重的组合形式。

（6）将评价对象的评价指标值代入评价模型，得到各评价对象的综合评价指标值，据此对各评价对象在总体上进行分类排序。

（7）反馈与控制。根据评价结果，有时需要对以上有关步骤进行相应的调整、修正和多次迭代过程。

水资源全要素优化配置方案评价方法详见有关文献。

5.2　水资源全要素优化配置模型系统设计

5.2.1　系统概化

1. 配置分区划分

水资源全要素优化配置以水量和水质联合配置为主，研究流域或区域水资源的总体配置格局。我国目前对水质的达标控制以水功能区为基础，水功能区水体纳污能力是截污减排的重要依据，是保护水质不受破坏的基本条件。因此，配置分区划分需要考虑流域水资源分区、行政、水功能区及其它们之间的相互关系等。

水资源全要素优化配置分区划分原则是在水资源配置分区的基础上，增加了"与水功能区划分相协调"的原则。该原则是根据水资源配置目标和研究问题的层次划分合适的计算单元，必要时对水功能区进行调整或简化。水功能区调整或简化的原则与方法为：

（1）遵循水功能区划水质目标。水功能区划是水资源开发、利用和保护的依据，其内容应包括水功能区名称、范围、现状水质、功能及保护目标等。因此，水功能区调整应严格遵守其水质保护目标。

（2）水功能区一级区原则上不合并。水功能区一级区分为保护区、缓冲区、开发利用区和保留区4类，原则上不合并。

（3）水功能区二级区合并采取"就高"原则。水功能二级区在水功能一级区划定的开发利用区中划分，分为饮用水水源、工业用水区、农业用水区、渔业用水区、景观娱乐用水区、过渡区和排污控制区7类。当系统概化无法按照水功能区的功能进行污染物负荷控制时，可综合考虑各用水户对水量与水质的要求进行合并，并执行最高标准水功能区二级区的水质目标。

（4）水功能区调整与水资源配置分区相适应。水资源配置层次不同，配置分区划分、河流系统简化等差别会很大，导致水功能区划与概化的河流系统大多不相匹配，应根据具体情况分解计算单元或合并水功能区。

（5）系统网络图控制节点与水功能区断面相结合。系统概化常出现不满足水功能区断面设置要求，在系统网络图中应增加必要的水功能区断面（或称河道水质断面），这些断面应尽量与网络图中节点和控制断面相结合。

2. 系统网络图

系统网络图要体现水资源天然和人工侧支循环演化二元模式，能进行水资源供需平衡分析、耗水平衡分析和河流水质模拟分析计算等，它们是构建水资源全要素优化配置模型系统的基础。简单来说，是以水利工程为纽带，将各种水源通过其天然和人工的水传输系统分质分级供给社会经济和生态环境，因此，节点和水传输系统是其构成的主要元素。

计算单元、用水户、湖泊、湿地等简化和抽象为需（用）水节点；水库、引水枢纽、提水泵站、地下水管井、计算单元等构成供水（或水源）节点；河流、渠系的交叉点，河道水质断面、行政区间断面、水资源分区（或称流域单元）间断面等构成输水节点。水资源分区间断面将水资源分区连接起来，构成了水资源分区水传输系统，它是流域耗水平衡分析的基础。计算单元的地表水供水系统、地下水供水系统、排水系统、回用水系统等，以及河流系统组成计算单元水传输系统，它们按照系统网络的内在逻辑关系与各类节点连接起来，构成了以计算单元为基础的水资源供需平衡分析系统。河流上的供水节点和输水节点构成了水功能区，计算单元、河流系统、排水系统构成了水质模拟系统，它与计算单元水传输系统大多数重合。这样，节点、计算单元水传输系统、水资源分区水传输系统共同构成了水资源全要素优化配置系统网络图。系统网络图遵循水量平衡原理，水传输系统从流域或区域上游到下游不能间断，终点为水汇，反映了社会经济、生态环境和水资源三大系统间内在的逻辑关系以及水资源天然循环和人工侧支循环的供用耗排关系。

以节点、计算单元水传输系统、水资源分区水传输系统描述社会经济、生态环境和水资源三大系统，以水量平衡原理、二元水循环模式作为制图依据，各节点通过若干条有向连线表示的水传输关系构成的网状图形，称为水资源全要素优化配置系统网络图。

5.2.2 模型系统总体设计

1. 模型系统构建

区域水资源全要素优化配置模型系统采用系统分析方法，从面向水量、水质、水生态、水环境等全要素水资源关系入手，将水资源系统、社会经济系统和生态环境系统作为有机整体，通过合理调配区域社会经济与生态环境的用水比例，协调和缓解社会经济用水与生态环境用水的竞争关系。在保持区域水资源可持续利用的基础上，以水利工程为纽带将有限的水资源公平、高效地分质分级分配到各用水户，促进区域社会经济和生态环境健康发展。

模型系统构建以基于宏观经济的水资源优化配置、水资源天然和人工侧支循环演化二元动态模式、面向生态的水资源优化配置等成果为基础，将水资源系统分解为天然和人工侧支循环两大系统。以流域水资源分区为核心构成水资源耗水平衡分析系统，以计算单元为核心构成水资源供需平衡分析系统，以河流系统为核心构成基于水资源优化配置水质模拟系统，以平原区浅层地下水为核心构成地下水数值模拟系统。水资源耗水平衡分析系统是控制和调配流域水资源分区社会经济用水与生态环境用水比例的科学基础，也是水资源优化配置模型参数率定的基本控制单元，或者说，模型参数率定是以选定的最小水资源分区作为参数的控制精度。水资源供需平衡分析系统与基于水资源优化配置水质模拟模型系统通过相互迭代确定各控制节点的水质类型，水资源供需平衡分析系统根据节点水质类型向用水户分质分级供水，基于水资源优化配置水质模拟模型系统分析估算河段水功能区的水质状况，地下水数值模拟系统为水资源供需平衡分析系统提供平原区地下水可开采量上限和水质状况。若在水资源优化配置结果中，水质型缺水严重、河道水功能区未达到规划的水质目标，则根据水质模拟结果提出计算单元点源和非点源污染物削减方案和截污减排措施，通过反复迭代、调整，最终满足社会经济用水和水功能区的水质目标。对于拟定的水资源优化配置方案集和计算结果，利用水资源全要素优化配置方案评价方法进行综合评价，推荐可行的水资源优化配置方案。

　　模型系统提供了月、旬计算时段，便于灵活处理各类实际问题。对于水源类型，仅限于狭义水资源，如河川径流、浅层地下水、回用水等，进行多水源联合调配。对于水利工程，以运筹学为基础进行水库群优化调度。

　　区域水资源全要素优化配置模型系统由水资源优化配置模型、基于水资源优化配置水质模拟模型、地下水数值模拟模型和水资源全要素优化配置方案评价模型等组成，模型系统基本框架示意图如图5-4所示。

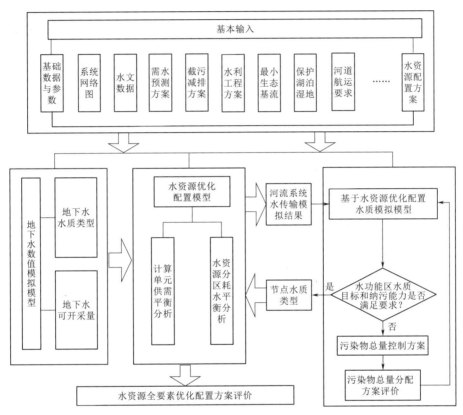

图5-4　水资源全要素优化配置模型系统基本框架示意图

2. 水资源优化配置模拟模型

　　水资源优化配置模型系统以水资源天然和人工侧支循环演化二元模式为基础，由水资源供需平衡系统和耗水平衡系统组成，核心内容是合理控制和调配社会经济用水与生态环境用水的比例，以水利工程为纽带将水资源公平、高效地分配到各用水户，协调和缓解社会经济用水与生态环境用水的竞争关系。水资源调查评价、水资源开发利用评价、需水预测、节约用水、水资源保护、供水预测等是水资源优化配置的基础，水资源供需平衡分析计算基于计算单元及相应的节点、水传输系统，耗水平衡分析计算基于流域水资源分区及其水传输系统。

　　水资源优化配置涉及水资源系统、社会经济系统和生态环境系统，而水资源配置系统网络图是对三大系统的简化和抽象，以节点、水传输系统构成的网状图形反映三大系统间内在的逻辑关系，是构建水资源优化配置模型的基础。水资源优化配置模型采用线性规划为基础的系统分析方法，根据水量平衡原理建立水资源配置系统网络图中各个控制节点、水库、计算单元等的平衡方程和约束方程，在目标函数最大（或最小）情况下，通过反复迭代求解决策向量的最优值，以此作为社会经济系统和生态环境系统对水资源需求的参考结果。水资源优化配置必须严格控制流域水资源分区内的河道外生活和生产耗水量不超过水资源可利用量。在水资源供需平衡分析计算时，要利用水质模拟模型和地下水数值模拟模型传递的河流控制节点的水质类型、地下水水质类型、地下水可开采量上限等信息，进行分质分级供水，并限制地下水超采。基准年水资源供需平衡分析和耗水平衡分析是模型参数率定的基础，通过建立基准年与规划水平年之间的耗水关系，进行规划水平年的水资源供需平衡分析和耗水平衡分析。本章水资源优化配置模型在第2章的基础上增加了计算单元分质供水约束方程等。水资源优化配置模型系统的基本框架示意图如图5-5所示。

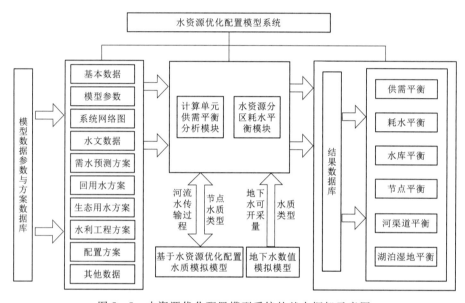

图5-5 水资源优化配置模型系统的基本框架示意图

3. 地下水数值模拟模型

地下水数值模拟计算采用美国 Brigham Young 大学环境模型研究实验室和美国陆军工程师兵团排水工程试验工作站开发的三维地下水流数值模拟系统 GMS（Groundwater Modeling System）软件。该软件是迄今为止功能最齐全的地下水模拟软件包之一，具有良好的使用界面、强大的前处理、后处理功能及优良的三维可视效果。GMS 三维地下水模拟系统的构成如图5-6所示。

4. 基于水资源优化配置水质模拟模型

基于水资源优化配置水质模拟模型系统以水资源优化配置模型模拟计算的河流水传输长系列结果作为水质模拟分析计算的已知水量过程，计算单元排水连线及其水量过程是污染物负荷排放通道和产生的污水过程。根据"三生"实际用水产生的污染物负荷和入河量，以及降水产生的污染物负荷和入河量，以计算单元为污染物负荷源、排水连线为污染物排放通道，按照各河段已知水量过程对污染物负荷进行水质模拟计算。水质模拟计算结果包括各控制断面不同污染物负荷总量、浓度、水质类型以及水功能区水质目标是否达标等。

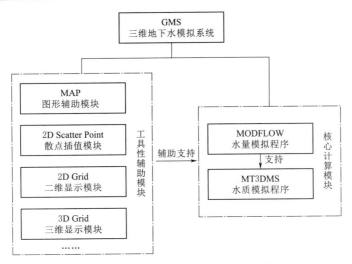

图 5-6　GMS 三维地下水模拟系统的构成

　　基于水资源优化配置水质模拟模型需要与水资源优化配置模型配合使用。首先，根据各节点实际水质状况拟定初始水质类型，水资源优化配置模型计算河流和排水连线的水量过程，再由水质模拟模型计算各节点的水质类型；然后，比较计算的节点水质类型与初始拟定的节点水质类型的差异，若相同，计算完毕，不相同，将本次计算的节点水质类型代替初始的节点水质类型重新计算，直到前后两次节点水质类型相同。

　　水质模拟模型确定的各节点水质类型应与水功能区划相符，若某些节点不相符，一方面原因是水质模型的输入参数有问题；另一方面原因是排污量较大，应调整污水处理规划，减少排污量或提高污水处理标准。总之，水质模拟模型、水功能区划的成果、水资源供需平衡与耗水平衡模型之间要经过多次信息反馈，才能最终确定各节点的水质类型，实现分质分级供水。基于水资源优化配置水质模拟模型系统基本框架示意图如图 5-7 所示。

5.2.3　基于水资源优化配置水质模拟模型

5.2.3.1　模型构建

1. 模型原理

　　水质模拟模型建立在水资源全要素优化配置系统网络图的基础上，控制节点、河流系统组成的水功能区、排水系统、计算单元内点源和非点源污染物排放等构成了水质模拟系统。水质模拟模型以水资源优化配置模拟结果作为计算依据，即河流控制节点水传输长系列输出结果是河流水质模拟分析计算的已知水量过程，计算单元排水连线及其排水过程是污染物负荷排放通道和污水排放过程。水质模拟计算过程为：以"三生"用水和降水估算计算单元各时段点源和非点源污染物负荷产生总量、入河量；以计算单元为污染物负荷源、排水连线与简化的入河排污口位置为污染物排放通道、用水户排水过程为废污水过程，进入河段或控制节点；根据拟定的控制节点计算次序和已知的各河段水量过程，利用河流和湖库水质模型、污染物混合模型、水体水质评价模型等，可得到水功能区各控制断面不同污染物负荷总量、浓度、水质类型等长系列模拟计算结果；模拟计算结果与水功能

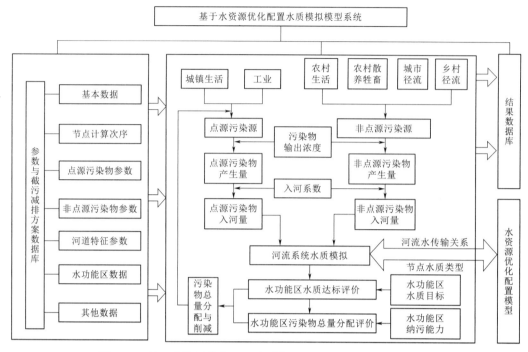

图5-7 基于水资源优化配置水质模拟模型系统基本框架示意图

区水质目标进行比较，判断是否达标，以此作为制定截污减排措施的依据。

2. 模型组成

模型系统由数据输入、模型参数、模拟计算过程设计、河流与湖库水质模拟、污染物排放总量控制与入河量计算、水功能区水质达标评价、结果输出等部分组成。

（1）数据输入。基本元素主要包括行政分区、水资源分区、水功能区、水库、节点、湖泊等。水功能区信息包括水功能区划分及其基本信息，河流与湖库水质标准，河流节点水质目标浓度与纳污能力，湖库水质目标浓度与纳污能力，河段排污口位置等；边界污染物浓度包括水库区间入流，节点区间入流，计算单元未控径流，水库、湖泊、提水水库、提水节点等的污染物初始浓度；点源污染信息包括污水排放方案，污水处理厂出厂水质标准，污水直排最高限制浓度等。

（2）模型参数。主要有河段特征参数、河段与湖库污染物综合衰减系数、城镇生活与工业污水排放参数、农村生活与农村散养牲畜废污水排放参数、乡村径流系数、城市径流系数，以及各种污染物入河系数等。

（3）模拟计算过程设计、河流与湖库水质模拟、污染物排放总量控制与入河量计算、水功能区水质达标评价等见下面小节。

（4）结果输出。主要包括河渠道、节点、水库、湖泊的污染物计算和水质计算长系列结果，点源、非点源废污水和污染物排放长系列结果，排水连线计算结果，水功能区水质达标统计等。

3. 模拟计算框架

水质模拟是按照河流方向自上而下计算，河流上各控制节点的某种排序则构成了水质模拟的节点计算次序。

（1）节点计算次序。节点计算次序由一组编码组成。根据河流水系构成原理，编码由一组数字表示。编码方法：将流域或区域划分为一组独立的水系，对每个独立水系上的控制节点按照设计规则与河流方向自上而下升序编码，供水渠道上的节点按照河流处理。节点计算次序编码如下：

1）编码由 18 位数字组成，分为 6 个字段，每个字段的数字位数分别为 2、4、3、3、3、3。第 1 个字段表示水系，表示所有的独立水系，随后的 5 个字段分别表示干流、一级支流、二级支流、三级支流、四级支流，6 个字段共同构成了节点计算次序编码。第 2 字段的前 3 位和第 3 至第 6 字段的前 2 位数字表示节点所在的干支流，最后一位数字表示节点的上游支流数目或第几条支流，0 表示节点在该级河流上无支流汇入。

2）第 2 至第 6 字段最后一位数字在各级支流上的约定：0 表示无支流汇入，非 0 表示有支流汇入。以干流为例，第 1 个节点一定是干流最上端的节点，其第 2 个字段的最后一位数字为 0，后面的其他字段均为 0。在干流上，若有支流汇入，该节点编码的第 2 字段最后一位数字表示一级支流汇入的个数 n。紧随的节点是第一条一级支流最上端的节点，该节点编码的第 2 字段最后一位数字为 1，第 3 字段最后一位数字为 0。其后是第一条一级支流的所有节点，第 2 字段相同。然后是第二条一级支流，第 2 字段最后一位数字为 2，该支流第一个节点的第 2 字段最后一位数字为 0，第 2 字段相同，其他一级支流以此类推。对于二级、三级、四级支流，按照上述约定以此类推。

3）旁侧水库、环形闭合河道按支流处理，它们最上端与干支流相连的节点按断开处理。与计算单元直接相连而未与河道相连的供水渠道节点不予编码。与河道相连的供水渠道按照河道支流编码。

（2）水质模拟计算过程设计。节点计算次序确定后，按照节点次序编码对水系、干流和各级支流上的节点进行水质模拟循环计算。在循环过程中，按照系统网络图的逻辑关系，进行污染物总量与入河量计算、确定污染物进入的河段与排污口位置、河流与湖库水质模拟和评价、水功能区水质达标判别、节点各支流污染物混合计算等。

5.2.3.2 水质模拟计算方法

水质模拟计算主要包括污染物产生总量与入河量计算、污染物进入的河段与排污口位置确定、河流与湖库水质模拟和评价、节点各支流污染物混合计算等，污染物总量控制和水功能区水质达标判别在下节讨论。

1. 污染源及其总量控制因子

模型系统将计算单元作为污染物负荷产生源，排水连线作为污染物入河通道。污染物入河总量包括点源污染物入河和非点源污染物入河两大部分。点源污染物主要为城镇生活、工业和三产的废污水所带来的污染物。非点源污染物主要为农村生活、农村散养牲畜、乡村径流、城市径流等产生的污染物。

我国各流域以有机污染为主，化学需氧量（COD）、生化需氧量（BOD）、高锰酸盐指数（COD_{Mn}）、氨氮（NH_3-N）、总氮（TN）、总磷（TP）、石油类等指标是主要超标因子。根据全国水资源综合规划，河流污染物总量控制因子采用 COD 和 NH_3-N，湖库主要是富营养化问题，增加了 TP 和 TN 两个控制因子。

2. 排污量和入河量估算

污染物排放总量和入河量包括点源和非点源污染物排放计算。河流系统大多概化到干流和较大的支流，入河排污口位置简化到排污口比较集中的地方，位于较小支流上的排污口概化到干流或较大的支流上，这样会带来一定的误差。因此，概化的污染物排放河段、入河排污口位置、污染物入河系数等是水质模拟计算和污染物总量控制的关键环节。

3. 污染物浓度计算

分为河道和水库的污染物浓度计算。

（1）河道。假定河流为宽浅的矩形河段，污染物在较短时间内混合均匀，污染物浓度在断面横向方向变化不大，横向和垂向污染物浓度梯度可以忽略，因此，河流水质模拟简化为一维模型计算入河污染物浓度变化。污染物一般沿河岸多处排放，某一河段内可能有多个入河排污口。针对污染物排放出口在河道两岸排列方式，将点源污染物入河位置概化为河段顶端、中间、均匀排放3种情况进行河流污染物浓度的降解计算，然后利用河道稀释混合模型计算各支流、计算单元排水、节点入流等污染物混合后的浓度。

（2）水库。为简化计算，采用均匀混合模型（零维模型）计算湖库的污染物浓度。

4. 水体水质评价

在水体水质模拟和污染物负荷已知的基础上，根据有关的水环境质量标准可以评价水体水质类型。水体水质评价的任务是在单因子或多因子条件下如何识别水体质量的级别，目前采用的方法有单因子评价法、积分值（M 值）法、W 值法和模糊聚类法等。

5.2.3.3　污染物负荷总量控制方法

环保部门在"十五"科技攻关中将水污染物总量分配分为流域总量分配和污染源总量分配两种类型。流域总量分配是指将污染物排放总量分配到行政区或水系、支流、排污口等，这一类分配对象没有直接的排污行为，需要通过行政手段约束其内部的排污单位达到总量控制目的。污染源总量分配是指将污染物排放总量分配到各污染源（以工业企业为主），污染物有排污属性，要通过规范自身的排污行为进行总量控制。本节侧重于污染源总量控制，污染物排放总量需满足水功能区水质目标和水域纳污能力要求，是模型系统污染物总量控制的目标。

1. 污染物总量控制准则

污染物排放权分配涉及河流水体环境因素，与地区社会经济发展水平有关，反映了人与自然的和谐程度。排污权分配总体上是在排污主体和纳污主体之间的协调。

（1）纳污总量控制原则。各排污单位在特定的时间段内向河流水体排放的污染物总量不能超过河流的纳污能力，应保持河流生态环境系统功能的正常发挥。

（2）排污权分配要强调过程性。排污权的分配是以时间为参数的过程分配，是在一定的时间内和一定的水量条件下，确定的允许污染物排放量。排污量不能超过特定时间内允许排放量的上限。

（3）排污权分配既要讲究效率又要不失公平。污染物分配既要发挥发达地区的治污水平，体现效率原则，又要照顾欠发达地区的实际困难，适当体现公平性原则。

（4）既要遵循历史也要立足于现状。发达地区应承担河流本底浓度较高减少的纳污量而进行的污染物削减量。发达地区现状已经形成了一定的排污规模，短时期内又无法实现污染物削减，故排污权分配既要遵循历史又要立足于现实。

2. 污染物总量控制分配框架

污染物总量控制的关键是排污权分配。对于排污权分配，基于不同的分配主线，形成不同的分配方法，总体上呈现二次分配原则。根据公平性原则，利用一定的方法进行初始排污权分配，在分析分配对象经济技术可行性的基础上，对初始分配结果进行调整、再分配，形成二次分配，通过对二次分配形成的方案进行水质模拟分析计算，形成最终污染物总量分配方案。污染物总量分配框架流程图如图 5-8 所示。

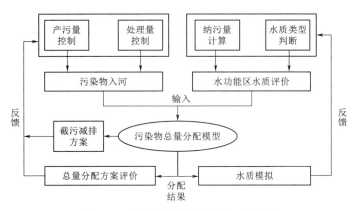

图 5-8 污染物总量分配框架流程图

污染物总量分配，首先进行基准年污染物总量初始分配。根据基准年污染物产生和水功能区纳污情况进行分配，确定基准年各排污单位削减目标和整改措施，并且排污量一旦分配形成，则在一定的时间限度内不再进行分配。然后，根据不同地区的初始分配方案及其当前产污、排污情况以及水功能区情况进行规划水平年排污总量再分配。

3. 污染物总量分配方法

污染物总量分配主要以河流干支流水功能区的纳污能力进行分配，水功能区的纳污量作为分配主体。同一水功能区要对不同污染源的污染物总量进行分配，然后从上至下，根据水功能区纳污能力逐个进行分配，直至河流入海口或尾闾，完成流域污染物总量分配。在分配的时间尺度上，可以对年污染物总量进行分配，也可以分汛期和非汛期排污总量分配，或者选择逐月或逐旬进行分配。时间尺度的选择，可以根据污染物总量分配管理的尺度要求确定。具体的分配方法有等比例分配法、定额达标分配法、层次分析法、排污权交易法、排放绩效法、投标博弈法、分区加权法、容量分配法、投入产出法等。

4. 水功能区水质达标评价

结合规划水平年水功能区水质类型判定结果，通过与水质类别控制目标进行比较，判断水功能区水质达标情况。常见的水质达标评价方法有：长系列年法、典型年法、典型流量法、分期水功能区统计法、逐月长系列法、水功能区水质达标评价等。示范区选择长系列年达标计算方法进行水功能区水质达标率计算。该方法既能反映年际间的丰平枯情况，也能反映年内汛期和非汛期对污染物的稀释和降解作用。

5.2.3.4 模型参数识别

1. 参数率定方法

以水资源优化配置模型计算结果为基础,依据污染物产生、入河和降解等信息,分析确定模型的各类参数。参数率定以区域污染物排放量和河流断面污染物浓度调查为基础,根据基准年计算单元点源、非点源产污排污及断面水质监测浓度初步确定各类水质参数。在分析基准年和规划水平年的用水排水、产污排污关系的基础上,反复调整,综合确定水质模拟模型的参数。水质模拟模型参数调试逻辑框架如图5-9所示。

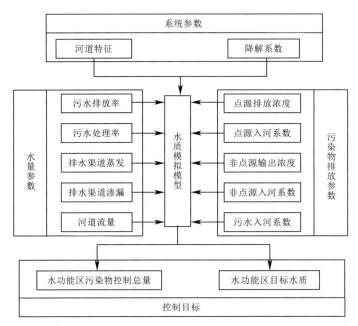

图5-9 水质模拟模型参数调试逻辑框架

2. 考虑的主要因素

参数率定考虑的主要因素包括:废污水排放量、点源污染物和非点源污染物的产生量和入河量,节点(控制断面)、水库、湖泊污染物浓度等。在参数调试过程中还要考虑点源和非点源产污量、削减量和入河量之间的关系以及河段特征参数等。

3. 参数调试方法

参数调试主要针对模型运行过程中污染物的入河系数、河湖库污染物的综合降解系数等。给定初始参数和输入数据进行水质模拟,将模拟结果与断面实测污染物浓度和水质类型进行对比分析,反馈和调整初始参数。再进行模拟、对比分析、反馈等多次调整与模拟迭代,实现模拟与实测结果相吻合,完成参数调试。确定入河系数和综合降解系数后,针对基准年水功能区水质目标和污染物排放总量控制要求,提出基准年污染物削减方案,以及理想情况下的污水处理率和处理程度,从源头上控制污染物,最终完成参数调试过程。模型参数率定基本步骤为:

(1)确定河道特征参数。河水流速是影响污染物降解的重要因素之一,河段上下游节点高程、河段长度、平均河宽和糙率直接影响着流速。河段长度和上下游节点高程可直接确定，平均河宽和糙率需要试算综合确定。

（2）识别水体本底浓度。分别选择 3～4 个人类尚未大规模开发利用的计算单元，假定这些区域受人为干扰的因素可以忽略不计，通过断面监测资料与实际模拟结果的对比分析，对河流、水库、湖泊内的污染物本底浓度进行率定，得到天然状态下各个水体的本底浓度。

（3）确定污染物产生量。点源污染物产生量的主要控制因子为污水排放率和排放浓度，由实际调查获得。以基准年水资源供需平衡分析为基础，计算废污水、污染物产生量，再运用单位 GDP 污染物产生量和人均污染物产生量等方法进行校核，综合确定点源污染物的排放浓度。农村生活污染物产生量用人均定额法确定。农村散养牲畜污染物产生量根据全国平均猪当量定额确定，有资料的地区按统计数据确定猪当量，没有资料的地区根据农村人口数乘以折算系数确定。城市径流和乡村径流污染物产生量主要依据环保部门的资料，以典型城市或区域确定基本参数，进行模拟计算。

（4）确定非点源污染物入河系数。选择点源污染物较小的水资源分区进行非点源污染物参数调试。计算选定的分区非点源污染物产生量和分区出口断面的污染物总量，作为非点源污染物入河量。计算污染物产生量与入河量的比值，作为非点源污染物入河系数，并校核初始给定的非点源污染物入河系数。通过相似地区等同类比原则，经过适度的缩放，得到其他水资源分区的非点源污染物入河系数。

（5）确定点源污染物入河系数。在非点源污染物入河系数初步确定的基础上，确定点源污染物入河系数。计算进入河段的污染物总量作为点源和非点源入河污染物总量，扣除非点源污染物总量，其余为点源污染物入河总量。计算点源入河量和点源污染物产生量的比值，得到点源入河系数，对初始给定的入河系数进行校核。

（6）计算不同地区的点源、非点源污染物输出比例和入河比例。

（7）确定污染物综合降解系数。给定初始值模拟各断面的水质浓度和污染物排放，利用实际监测断面污染物浓度进行校核，通过不断调整参数和多次模拟迭代确定综合降解系数。

（8）调查校正典型区域。调查计算典型区域的点源和非点源污染物产生比例和入河比例，对比分析模拟计算结果的点源和非点源污染物入河比例，进一步校核参数。

（9）确定污染物削减总量。根据污染物总量分配方案和水功能区污染物纳污总量，确定各地区需要削减的污染物总量，提出截污减排措施。

（10）确定点源污染物削减总量和截污减排能力。在非点源污染物入河量无法定量控制的情况下，污染物削减量的实际控制对象为点源污染物。根据地区污染物削减总量、点源和非点源污染物入河比例，确定点源污染物入河削减量。根据地区污水排放率和排污浓度，确定污水处理规模和处理程度。

5.2.4 模拟计算流程

水资源全要素优化配置模型系统分为 4 个部分。水资源优化配置模型是该模型系统的核心部分，水质模拟模型确定节点的地表水水质类型和污染物总量控制，地下水数值模拟模型确定地下水可开采量和水质类型，水资源优化配置模型根据它们确定的地表水和地下水水质类型合理配置有限的水资源。对于拟订的方案集和计算结果，利用水资源全要素优化配置方案评价方法进行综合评判，选定推荐方案。模型系统模拟计算流程如图 5-10 所示。

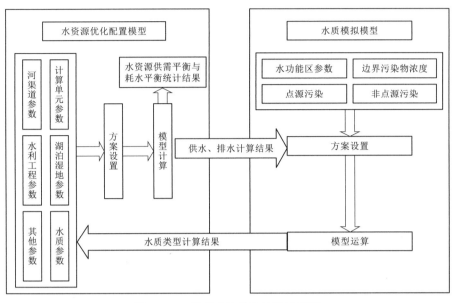

图 5-10　模型系统模拟计算流程图

5.3　实例：典型示范区研究

实例内容来源于"十一五"国家科技支撑计划项目"流域/区域水资源全要素优化配置关键技术研究"的成果。

5.3.1　浑太河流域概况

浑太河流域位于辽河流域东南侧，总面积 2.73 万 km^2，其中平原区占 31%。流域包括沈阳、抚顺等六市，是辽宁省乃至东北地区重要的经济中心。2006 年总人口 1483.75 万人，约占辽宁省总人口的 40%，城镇化率 78.7%。工农业生产总值 4036.04 亿元，其中工业 3829.19 亿元，农业 206.85 亿元。灌溉面积 571.43 万亩。

浑太河流域由浑河、太子河两个主要水系构成，浑河和太子河在三岔河附近汇合之后成为大辽河，大辽河流经平原地区，最终在营口附近注入渤海。多年平均蒸发量 800~1000mm，降水量 748mm，径流深 226mm。多年平均地表水资源量 58.94 亿 m^3，水资源总量 69.01 亿 m^3。水资源可利用量为 38.37 亿 m^3，可利用率 55.6%。2006 年总供水量为 65.64 亿 m^3，其中地表水供水量 37.07 亿 m^3，地下水供水量 27.28 亿 m^3，其他水源供水量 1.29 亿 m^3。总用水量为 65.64 亿 m^3，其中生活用水量 6.99 亿 m^3，农业用水量 35.98 亿 m^3，工业用水量 17.49 亿 m^3。地表水开发利用率为 55.9%，地下水开发利用率为 110.9%，水资源综合开发利用程度为 89.5%。

浑河、太子河现状年 NH_3-N 超标严重，属重度污染，丰水期和平水期两条河流干流全程 COD 符合 V 类水质标准。大辽河主要监测断面汛期和非汛期均为劣 V 类水质。大伙房、观音阁、汤河 3 座大型水库水质符合Ⅲ类标准，TN 超过国家地表水环境质量Ⅲ类标准的 0.1～4.7 倍。

存在的主要问题为：产业结构不合理、用水方式粗放、地下水开发利用率很高、水功能区水质不达标、用水效率较低、水资源管理水平有待进一步提高、污水处理和回用水平较低。

5.3.2 系统网络图与模型数据

1. 系统网络图

浑太河流域水资源全要素优化配置系统网络如图 5-11 所示。水资源四级区 4 个，计算单元 15 个，水库 4 座，节点或控制断面 18 个。水功能区一级区 12 个，二级区 15 个。

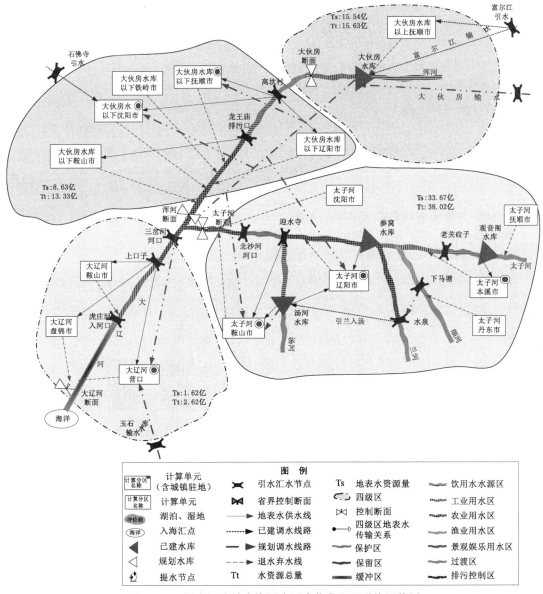

图 5-11 浑太河流域水资源全要素优化配置系统网络图

2. 模型主要输入数据

水文资料采用松辽流域水资源综合规划成果（1956—2000 年系列），地下水可开采量等相关数据采用 1956—2000 年的多年平均值。河道外需水采用松辽流域水资源综合规划成果，即经济高速发展适度节水方案和经济高速发展强化节水方案。河道内需水主要是基于生态最小流量（生态基流）的河道内生态需水方案。水质方案输入数据主要包括污染物输出浓度、污水排放率、污水处理率等。污染物输出浓度主要包括点源污染物和非点源污染物。污水排放率和污水处理率则主要反映点源情况。

5.3.3 基准年水资源配置方案分析

基准年水资源全要素优化配置用于分析和评价现状水资源配置格局、社会经济与生态环境之间用水竞争程度、水资源开发利用程度、需水水平、水利工程布局、水资源供用耗排关系、水功能区水质状况、污染物排放和入河量等，是拟定规划水平年水资源全要素优化配置方案集的依据，也是模型系统参数率定的基础。主要内容包括水资源供需平衡分析，社会经济耗水与生态用水比例分析，典型断面流量分析；水质达标评价；污染物产生量、入河量、总分配量等。

1. 水资源供需平衡分析

基准年流域需水量为 67.0 亿 m³，水资源供需平衡分析时扣除了不合理的供水量，如地下水超采量、挤占河道内生态环境用水量等。在没有水质约束条件下供水量为 57.86 亿 m³，缺水率 13.6%。在分质供水情况下供水量为 51.52 亿 m³，缺水率 23.1%，流域缺水变得更加严重，说明本区存在水质型缺水，水功能区污染物超标，水体污染严重。

2. 社会经济耗水与生态用水比例分析

基准年生活、工业、农业的耗水水平、耗水结构以及在区域上的差异，反映了流域社会经济的发展特点，模拟计算结果见图 5-12、图 5-13 和表 5-1。

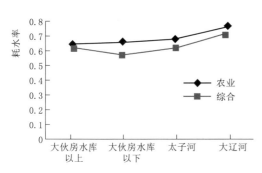

图 5-12 四级区耗水率（非分质供水）

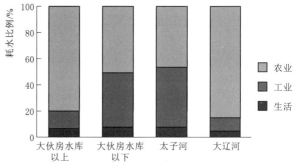

图 5-13 四级区社会经济耗水结构（非分质供水）

表 5-1 　　　　　　基准年浑太河流域社会经济耗水比例和生态用水比例　　　　　　%

供水模式	水资源分区	入境水量比例	出境水量比例	调入调出水量之差比例	社会经济耗水比例	生态用水比例
非分质供水	大伙房水库以上	0.0	92.9	0.0	7.6	92.4
	大伙房水库以下	52.2	57.8	0.7	49.0	51.0
	太子河	0.0	51.0	0.0	33.7	66.3
	大辽河	93.1	65.2	0.0	20.6	79.4

大伙房水库以下和太子河工业发达，工业耗水所占的比例较高，但耗水率偏低，生态用水比例也偏低，不利于社会经济和生态环境的健康发展，规划水平年应重点关注截污减排、改善生态环境，协调好社会经济耗水比例与生态用水比例的关系。大伙房水库以上和大辽河以农业为主，未来农业有一定的节水潜力。

3. 典型断面流量分析

在分质供水和非分质供水情况下，主要断面流量变化过程如图 5-14～图 5-17 所示。结果表明，大辽河断面和浑河断面受分质供水的影响较大，其上游水质比较差，水资源供需平衡分析结果也证明了这个结论。

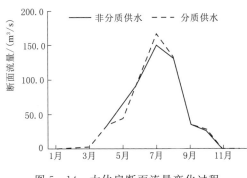

图 5-14 大伙房断面流量变化过程

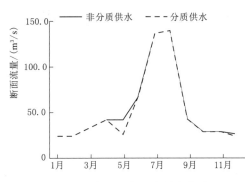

图 5-15 太子河断面流量变化过程

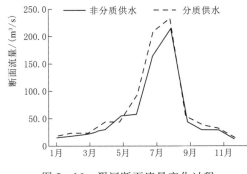

图 5-16 浑河断面流量变化过程

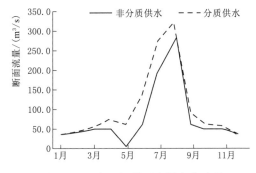

图 5-17 大辽河断面流量变化过程

4. 水质达标评价

选择水资源四级区断面作为水质达标评价断面，采用逐时段长系列方法进行评价，对汛期和非汛期水质达标结果进行分类统计，结果见表 5-2。可以看出，断面水质达标率较低、水质较差，除大伙房水库以上断面之外，其余断面汛期水质达标率在 50% 以下，非汛期达标率更低，对流域水环境进行综合治理和修复刻不容缓。

5. 污染物产生量、入河量、总量分配

（1）污染物产生量。通过模拟计算，污染物主要来源于太子河和大伙房水库以下地区，存在上游污染物明显向下游转移的现象。社会经济越发达，点源污染物产生量越多，经济落后地区产生的点源污染物相对较少，以非点源污染为主。流域非分质供水污染物地区分布比例示意如图 5-18 所示。

表 5-2　　　　　　　　　断面非分质供水年平均水质达标评价结果　　　　　　　　　　%

四级区断面	汛期达标率	非汛期达标率	年平均达标率	目标水质
大伙房水库以上	100	100	100	Ⅱ类
大伙房水库以下	50	25	33	Ⅴ类
太子河	25	13	17	Ⅴ类
大辽河	50	13	25	Ⅳ类

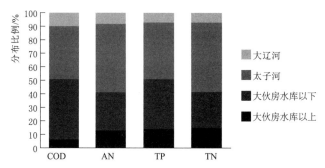

图 5-18　浑太河流域非分质供水污染物地区分布比例示意图

（2）污染物入河量。通过分析污染物入河系数、入河特征以及入河效率，可以较合理地估算污染物入河量。浑太河流域基准年非分质供水不同污染物入河比例见表 5-3。

表 5-3　　　　　　　　浑太河流域基准年非分质供水不同污染物入河比例　　　　　　　　%

四级区	点源				非点源			
	COD	NH_3-N	TP	TN	COD	NH_3-N	TP	TN
大伙房水库以上	29.5	12.5	8.7	6.9	70.5	87.5	91.3	93.1
大伙房水库以下	84.5	72.9	62.2	55.3	15.5	27.1	37.9	44.7
太子河	68.3	60.6	37.7	40.8	31.7	39.4	62.3	59.2
大辽河	79.5	62.8	36.9	44.4	20.5	37.2	63.1	55.6
平均	75.5	61.8	43.8	42.4	24.5	38.3	56.2	57.6

（3）污染物总量分配。污染物总量分配主要以河流干支流水功能区的纳污能力进行分配，水功能区的纳污量作为分配主体，实现污染物总量削减。在削减过程中，由于各地区污染物产生量、处理水平以及入河量等不同，需要对污染物削减总量进行分配。污染物总量初始分配见表 5-4、表 5-5。

表 5-4　　　　　　　　浑太河流域非分质供水污染物总量分配方案（COD）

三级区	纳污能力/万 t	入河量/万 t	削减量/万 t	削减率/%	四级区	纳污能力/万 t	入河量/万 t	削减量/万 t
浑太河	16.25	18.87	2.62	13.9	大伙房水库以上	0.43	0.50	0.07
					大伙房水库以下	7.24	8.43	1.19
					太子河	7.33	8.48	1.15
					大辽河	1.25	1.46	0.21

表 5-5　　　　浑太河流域非分质供水污染物总量分配方案（NH₃-N）

三级区	纳污能力/万 t	入河量/万 t	削减量/万 t	削减率/%	四级区	纳污能力/万 t	入河量/万 t	削减量/万 t
浑太河	0.74	1.19	0.45	37.8	大伙房水库以上	0.04	0.07	0.03
					大伙房水库以下	0.20	0.32	0.12
					太子河	0.46	0.73	0.27
					大辽河	0.04	0.07	0.03

5.3.4　规划水平年水资源配置方案分析

规划水平年水资源配置方案分析是在基准年配置方案的基础上通过设定不同的水资源开发利用方案和污染物治理方案进行的水资源配置。

1. 方案设置

为了简化方案数目，突出示范应用重点，需水方案分为基本方案和推荐方案，水质方案主要考虑污染物排放量问题，水质方案组合见表 5-6。

对以上需水方案和水质方案进行组合，作为水资源全要素优化配置的计算方案。以下仅给出推荐方案的结果。

2. 供需平衡分析

规划水平年实施了大伙房输水工程和截污减排方案后，减少了水质型缺水，增大了供水量。在分质供水情况下，2030 年供水

表 5-6　　　水 质 方 案 组 合

污水排放率	污水处理率	
	高	中
低	方案 A	方案 C
中	方案 D	方案 B

量 70.38 亿 m³，缺水率 5.3%，流域缺水问题基本得到解决，水质型缺水基本消失。

3. 社会经济耗水与生态用水比例分析

模拟计算结果表明，随着经济发展、用水水平提高，耗水率逐步提高。工业和农业耗水水平从基准年到 2030 年呈现增高的趋势，工业耗水率增幅大于农业耗水率，说明工业用水效率和效益提高很快，反映了地区经济结构逐步呈现工业化趋势。流域水资源分区耗水结构变化如图 5-19～图 5-22 所示。

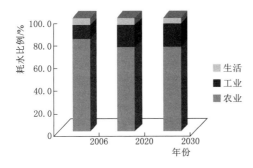

图 5-19　大伙房水库以上耗水结构变化

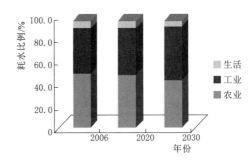

图 5-20　大伙房水库以下耗水结构变化

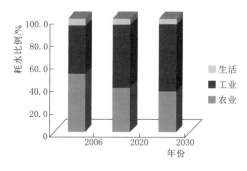

图5-21 太子河耗水结构变化

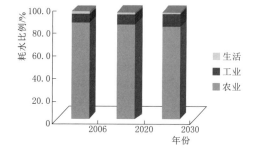

图5-22 大辽河耗水结构变化

表5-7为推荐方案浑太河流域经济生态用水比例计算结果。可以看出，规划水平年社会经济耗水比例逐渐增大，生态用水比例逐渐减小，特别是2030年大伙房水库以下生态用水比例仅为37.1%。

表5-7　　　　　浑太河流域经济生态用水比例计算结果（2030年）　　　　　　　%

方案	水资源分区	入境水量比例	出境水量比例	调入调出水量之差比例	社会经济耗水比例	生态用水比例
30AA	大伙房水库以上	0	97.6	1.8	14.1	85.9
	大伙房水库以下	42.1	42.2	22.2	62.9	37.1
	太子河	0	52.9	9.4	46.5	53.5
	大辽河	88.9	67.4	4.9	19.4	80.6

4. 典型断面流量分析

典型断面流量变化如图5-23～图5-26所示。可以看出，规划水平年各断面流量均有所上升。到2030年，随着断面流量的增加，挤占生态用水问题得到一定的缓解，基本满足最小生态流量要求。

5. 水质达标评价

总体上看，汛期、非汛期和多年平均结果，2006—2030年水质达标率稳步提高，如图5-27所示，流域水功能区水质达标率基本满足规划要求。

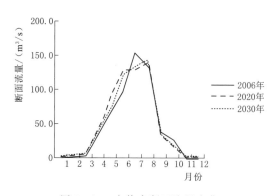

图5-23 大伙房断面流量变化

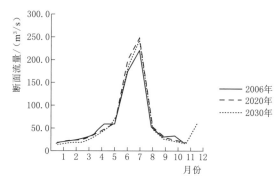

图5-24 浑河断面流量变化

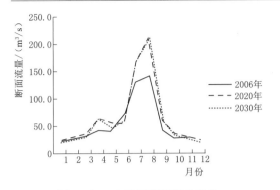

图 5-25 太子河断面流量变化

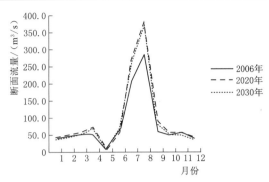

图 5-26 大辽河断面流量变化

6. 水功能区纳污能力评价

水功能区纳污能力评价是在基准年污染物总量分配的基础上，通过多方案不同情境下的污染物削减与模拟，得到不同产污单元最终进入水功能区的污染物总量。根据规划水平年水功能区纳污能力和模拟污染物入河量对比分析，确定污染物排放是否超限。到2030年，绝大多数单元污染物排放总量基本控制在允许范围内，污染物削减量初始分配相对合理。

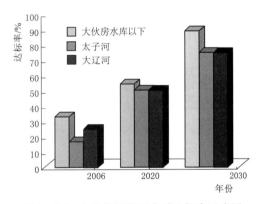

图 5-27 典型控制断面水质达标率示意图

7. 污水处理规模

根据基准年污染物排放总量和各地区分配的削减总量，设定规划水平年不同地区的污水处理水平，由城镇供水量、污水排放率、污染物排放浓度、污染物削减量等确定污水处理规模。推荐方案2030年流域污水处理规模达到346.4万 t/d。

8. 方案评价

根据建立的层次分析模型，汇总浑太河流域不同方案的指标值，其结果见表5-8。对于不同类型指标根据归一化和标准化公式进行处理，最后给出不同方案综合评判结果，详见表5-9。从表5-9可以看出，方案30AA综合评分最高，它是由推荐需水方案与截污减排方案的高处理率和低排放率的组合。经综合分析，选择该方案作为浑太河流域水资源全要素优化配置的推荐方案。

表 5-8 水资源配置方案指标值汇总表

水平年	方案	缺水率/%	开发利用程度/%	万元GDP耗水量/m³	新增水利工程投资/亿元	生态用水比例/%	人均水资源量/m³	纳污超限率/%
2030	30AA	5.3	105.8	22	64.9	47.2	441.4	88.5
	30BB	1.8	105.7	20	68.0	51.9	441.4	105.6
	30CC	1.9	105.6	22	64.7	47.4	441.4	95.6

续表

水平年	方案	缺水率 /%	开发利用程度 /%	万元GDP 耗水量 /m³	新增水利 工程投资 /亿元	生态用 水比例 /%	人均水 资源量 /m³	纳污 超限率 /%
2030	30DD	2.9	104.6	20	68.2	52.6	441.4	96.5
	30EE	4.0	115.2	24	51.9	43.0	441.4	88.5
	30FF	7.5	111.1	20	69.1	52.4	441.4	105.6
	30GG	3.9	115.4	22	28.1	47.9	441.4	95.6
	30HH	4.6	114.5	24	98.1	43.1	441.4	96.5

表 5-9　　　　　　　　水资源全要素优化配置方案指标权重及综合评分

水平年	方案	缺水率	开发利用程度	万元GDP 耗水量	新增水利 工程投资	生态用 水比例	人均水 资源量	纳污 超限率	综合 得分
2030	30AA	0.55	0.89	0.50	0.47	0.44	1.00	1.00	0.76
	30BB	1.00	0.90	1.00	0.43	0.93	1.00	0.00	0.54
	30CC	0.98	0.91	0.50	0.48	0.46	1.00	0.58	0.66
	30DD	0.81	1.00	1.00	0.43	1.00	1.00	0.53	0.74
	30EE	0.61	0.02	0.00	0.66	0.00	1.00	1.00	0.61
	30FF	0.00	0.40	1.00	0.41	0.98	1.00	0.58	0.37
	30GG	0.63	0.00	0.50	1.00	0.51	1.00	0.58	0.59
	30HH	0.51	0.08	0.00	0.00	0.01	1.00	0.53	0.37

5.3.5 小结

浑太河流域水资源全要素优化配置取得的主要成果为：①识别了基准年地下水超采量、水质型缺水量、资源型缺水量以及挤占的河道内生态用水量，评价了基准年水资源供需平衡状况、耗水平衡状况以及污染物的产生量、入河量以及削减能力，对水功能区水质达标和纳污状况进行了全面评价；②通过设定不同的需水方案、截污减排方案和工程组合方案，对规划水平年浑太河流域不同发展情景进行了水资源供需平衡分析、耗水平衡分析以及水功能区纳污能力分析；③通过多方案优选与评价，提出了适合于浑太河流域社会经济发展、供用水以及污染物削减方案，为实现水功能区纳污总量控制与污染物削减提供了技术支撑，对区域水资源开发利用和保护具有重要意义；④提出了浑太河流域水资源全要素优化配置的推荐方案。

第6章
基于水库群调度的水资源配置模型

6.1 水库群调度与水资源配置

6.1.1 水库群调度方法

1. 水库群的内涵及概念

（1）水库群的内涵。在水利工程中，水库具有调节天然径流的作用，汛期拦蓄洪水、削减洪峰，枯水期供水、发电等。水资源配置的核心是通过水利工程将来水过程线调节到与需水过程线基本相匹配，水库调度在水资源短缺地区起到了决定性作用，特别是多个水库的补偿调节、共同发挥效益，提高了供水保证率，保障了区域社会经济可持续发展的供水安全。

根据水资源配置系统网络图，供水对象或计算单元的供水工程可以是一个或多个水库、引水枢纽，或仅使用当地未控径流、地下水等的中小型水利工程。这些供水工程通过水文和水利联系构成了众多的水库群，这些水库群组成的供水网络有效地保障了区域水资源供给。这里的水库群由水库和引水枢纽组成，引水枢纽可以看作是库容为零的水库。单个水库或引水枢纽可以看作是供水工程数目为1的水库群。将多个水库或引水枢纽作为一个水库群调度有一定的条件。例如，计算单元均匀性假设会使水库或引水枢纽的供水范围扩大，计算单元的增大会出现多个水库或引水枢纽向一个或多个计算单元供水。为保障日益增大的用水需求，多个水库或引水枢纽联合调配，也会出现多个水库或引水枢纽向一个或多个计算单元供水，这些是显性的水库群。还有一类水库群是隐性的水库群，这些水库或引水枢纽在形式上没有出现向一个或多个计算单元供水，但通过控制上游水库的河道下泄流量，满足下游引水枢纽的供水任务，通常上游水库的库容比较大。

上述分析表明，水库群内涵包括三层含义：①水库群由水库和引水枢纽组成，引水枢纽可以看作是库容为零的水库。②水库群可以是显性的，即多个水库或引水枢纽向一个或多个计算单元供水。③水库群可以是隐性的，即水库或引水枢纽在形式上没有出现向一个或多个计算单元供水，但通过控制上游水库的河道下泄流量，满足下游引水枢纽的供水。

（2）水库群的概念。

水库群定义：在一条河的干、支流上如建设好几个水库，共同发挥效益，这样的一些水库称为水库群。

百度百科水库群定义：在河流的干支流上布置一系列的水库，形成一定程度上能互相协作，共同调节径流的一群共同工作的水库整体即为水库群。

根据上述概念，将水库群定义为：在河流的干支流上布置一系列的水库或引水枢纽向一个或多个计算单元供水。

本节讨论水资源配置系统网络图中供水对象涉及多个水库或引水枢纽的水量平衡计算，并将之简称为水库群。

2. 水库生态调度的内涵及概念

国内外学术界尚未对"生态调度"给出明确的定义，国外学者的理解更接近于"生态修复"，国内学者也有各自不同阐述。各方认识虽不一致，但其核心是在水库运行和管理过程中考虑生态因素，通过调整水库现有的调度与运行方式最大限度地满足河流生态环境需水。

生态调度可细分为生态调度和环境调度。生态调度主要以改善水生态状况和生物多样性为目标，环境调度以改善水环境质量为主要目标，两者既各有侧重又相互联系，因此，将两者统称为生态调度。以改善水生态状况和生物多样性为重点的水库调度是指针对水库工程对水陆生态系统、生物群落等的不利影响，根据河流及湖泊水文特征变化的生物学作用，通过对河流水文过程频率与时间的调整来减轻水库对生态系统的胁迫，从而改善河流生态系统状况，确保生物多样性；以改善水环境质量为重点的工程调度是指水库在确保工程和防洪安全的前提下多蓄水，增加流域水资源供给量，保证河流生态环境需水量，通过湖库联合调度，为污染物稀释、自净，创造有利的水文、水力条件，从而改善河流的水环境质量。从上述分析，可知生态调度包括两层含义：一是利用水库适时适量地调节下泄流量，应对径流在时间上分布的不均匀性，满足流域生物种群（不仅仅是鱼类）生存发展动态平衡的要求，最大限度地降低或消除水库对流域生态的负面影响；二是利用水库调节流量，改善水库内及下游水流水质，维持河流连续、完整的健康系统，保障下游地表水、地下水的补给，最大限度消除水库对流域环境的负面影响。

总之，水库生态调度是以"人水和谐"理念和可持续发展理论为指导，以河流健康为终极目标，促进人与自然和谐相处，实现人类可持续发展。水库生态调度的基本目标在于利用水库的调蓄能力，完善水库调度方式，合理蓄水、泄水，减小或消除建坝对河流健康的负面影响，维持河流生态环境的基本用水，服务目标多元化。

3. 水库群调度方法

水库群调度一般分为常规方法和系统分析方法。国外20世纪40年代提出了常规方法，50年代中期在水库群优化调度中广泛应用了系统分析方法，而我国系统分析方法则始于20世纪80年代初。

常规方法是以经验寻优调度，方法简单直观，但没有充分发挥水库的调控作用，难以处理多目标、多约束和复杂水利系统的调度问题。针对这一问题，人们在水库调度实践中，对一些常规调度方法进行了改进，提出了如利用判别系数和调度图相结合的方法进行水电站群的径流补偿调节等。

系统分析方法依据建立的水库群系统分析调度的目标函数和相应的约束条件，使用优化方法求目标函数的极值，得到水库群控制运用的最佳运行方式。近几十年来，系统分析方法在水库群联合调度的研究和实践中得到了广泛应用，大致可以划分为线性规划（LP）、非线性规划（NLP）、动态规划（DP）、模拟技术、神经网络方法（ANN）、遗传算法、大系统理论与方法、多目标决策技术、随机优化方法和模糊优化方法，以及衍生的模型方法等。

水库（群）调度是流域或区域水资源供需平衡分析计算的重要组成部分，也是水资源调配的主要工程手段之一。水库调度计算在大中型流域规划的水资源配置中都进行了大量的简化。由于水库运行没有明确的生态调度任务，几乎没有水库设定生态调度控制线。对于多个水库的联合调度，在生产实践中并未按照水库之间存在的水文或水利上的联系作为一个整体进行调度。

目前水资源规划常采用优化技术和按照预先制定的"规则"进行水资源配置。基于优化技术的水资源配置模型是将所有水库作为一个整体，通过目标函数中水库时段末库容的权重控制水库的蓄水量，常用水库正常蓄水位和死水位作为水量调配的控制线，较少按照水库调度线进行水资源供需平衡分析计算。基于规则的水资源配置模型是按照水库调度线进行水资源供需平衡计算，水库设置四条调度线、三个供水区，按照调度线及各供水区主要供水对象分别对城镇生活、工业和农业分配水源，水库联合调度比较薄弱。这两类水资源配置模型各有优缺点，前者突出了水库群调度，目标函数也影响了无水文或水利上联系的水库调度，各行业调度线的使用显得薄弱；后者则重于单库按照各行业调度线进行供水，没有突出水库群调度的理念。如何集合两类模型的优点，构建一套新的模型系统，是本章研究的重点。

6.1.2　水库群调度在水资源配置中的作用

1. 水库群调度在水资源配置中的作用

简单来说，水资源配置是按照一定的规则，在保证河流生态环境健康的条件下，利用水利工程将不同水源的来水过程调节到与社会经济需水过程相近的状态。水库群调度在水资源配置中的作用主要体现在如下几方面：

（1）赋予水库生态调度功能。生态用水是河流固有的权利，在河道上修建的水库理应继承河流固有的权利，具有生态调度功能。水资源配置应赋予水库生态调度功能，特别是通过立法予以保障。这样才能保证河道内的生态用水，维持河流的生境和健康。

（2）改变地表径流的时空分布。一般来说，河流天然来水过程与社会经济需水过程的匹配程度有一定的差距，从而造成流域或区域存在不同程度的水资源供需矛盾。水资源配置就是利用水库的调蓄能力，通过水库调度改变地表径流的时空分布，满足社会经济用水和生态环境用水。

（3）发挥水库群的补偿调节作用。对于存在一定的水文或水利上联系的水库群，水资源配置应将其视为一个整体的供水系统，并根据水库群的类型和特点，采用不同的调度运行方式，充分发挥水库群的补偿调节作用，协调好社会经济和生态环境的用水需求。

（4）进行多水源联合调配。随着工业化快速发展、人口剧增和城镇化速度加快，特别是超大规模城市或城市群的涌现，城市供水保证率不断提高。为了解决或缓解新形势下的水资源供需矛盾，流域或区域水资源配置涉及地表水、地下水、再生水、海水淡化等供水水源。在充分研究各种水源时空分布的基础上，利用水库、引水枢纽、地下水管井等水利工程进行联合调配，满足社会经济和生态环境的用水需求。

（5）降低水利工程体系的建设规模。流域或区域水资源配置以水利工程体系为硬件，水库（群）的调度方式是支撑该体系的软件系统。水资源配置方案不同，采用的工程体系也不同。在多水源联合调配中，先进、有效的水库调度方式会在不同程度上影响规划水平年水利工程的建设规模，从而降低工程建设规模和成本，减小人类活动对河流的干扰程度。

2. 水库群调度在水资源配置中存在的不足

下面从两种模拟方式说明水库群调度在水资源配置中存在的不足。

（1）常规模拟。这种模拟方式是依靠专家经验通过一定的约束条件控制水库的调度运行，灵活方便，但通用性较差。对于存在着一定的水文或水利联系的水库群调度，目前在水资源配置中的应用还不普遍，大多是根据专家和操作者的经验在一定程度上考虑几个水库的补偿调节作用，在模型系统中水库群的组成并不明显，缺乏水库群的分类及相应的调度运行方式。

（2）优化模拟。这种模拟方式是将所有的水库、引水枢纽、地下水管井等水利工程作为一个整体，利用数学优化方法进行各种水源的联合调配，是一种理想化的调度运行方式。目前水资源优化配置多采用线性规划方法，在模型系统中将所有的水库作为一个水库群，水库调度常用其上下限水位进行控制，采用相同的目标函数。优化模拟同样是缺乏水库群的分类及相应的调度运行方式，水库调度方式也过于简化。

6.1.3　采用不同水库群调度方式的水资源配置模型

鉴于上述水库群调度在水资源配置中存在的不足，本章拟设计开发基于水库群调度的水资源配置模型。主要设计特点为：

（1）模型系统立足于各种水资源调配规则和预先拟定用水需求的供水组成。

（2）引入水库群概念，将存在着一定的水文或水利联系的水库、引水枢纽等水利工程概化为一组"水库群"，水库群内可以嵌套水库群，其中引水节点、各种断面等视为库容为零的水库。

（3）对水库群分类并拟定相应的调度方式，运用生产实践中各类水库群调度积累的经验和研究成果，在水库群调度计算中采用不同的调度规则。

（4）引入水库生态调度概念，通过增加水库生态调度控制线发挥水库固有的生态功能，协调社会经济与生态环境的用水关系。

（5）控制水资源分区的耗水平衡，协调流域社会经济耗水与生态环境用水的比例关系，提高模型参数识别的精度。

（6）开放式的水库群组成及其相应调度方式，可以不断地改进和完善。

6.2　系统网络图及水库群调度规则

6.2.1　水资源配置系统网络图

1. 水资源配置系统概化

水资源配置的首要工作是系统概化，绘制水资源配置系统网络图（以下简称系统网络图）。水资源配置系统概化是对复杂的水资源、社会经济和生态环境三大系统进行简化和抽象，以节点和水传输系统构成网状图形反映三大系统间内在的逻辑关系，便于利用数学工具对水资源进行调配，其表现形式为水资源配置系统网络图。绘制系统网络图通常要对具体的用水对象、水源、水利工程等进行一系列简化和抽象，研究目标的层次不同，概化的系统网络图也不同。

（1）用水对象。按照全国水资源综合规划新口径，用水行业包括：城镇生活、农村生活、工业及三产、农业、城镇生态和农村生态，即所谓的生活、生产、生态"三生"用水，通常概化到计算单元或计算分区上。计算单元是水资源配置分析计算的最小计算单位，隐含了均匀性假定，一般采用水资源分区套行政区，也可根据实际情况和研究问题的深度，选用一定级别的水资源分区套城市建成区、灌区、水库或引水枢纽的上游和下游、河流的左岸和右岸、较低级别的行政区等。一个或多个计算单元既要组成完整的行政区和水资源分区，同时又便于社会经济发展指标预测和需水预测。计算单元的划分与水资源配置目标、获取的实际资料密切相关，越宏观的水资源配置，计算单元划分越大；反之，计算单元划分越小。并非采用较小的水资源分区套行政区划分的计算单元越小，计算精度就越高，有时计算精度反而越差，它取决于获取资料的精度。

（2）水源。水源一般分为地表水、地下水、非常规水源等。

地表水简化主要是针对河流。河流系统比较复杂，并非所有的水资源配置都需要单独区分干支流，通常是根据研究问题的目标、范围、层次等，将干流、重要的支流单独区分，其余的支流作为当地未控径流概化到计算单元上。概化河流上的水库、引水枢纽等节点的入流为区间入流，由水文计算得到。水资源分区的当地产水量应等于分区内河流上的水库、引水枢纽等的区间入流与计算单元的当地未控径流之和。

地下水概化到计算单元上，将其简化为一个地下水库，假设水文地质单元与计算单元闭合，不考虑地下水库间的水力联系。地下水库的供水对象限定于所在的计算单元，对于向其他计算单元供水的地下水水源地，可通过设定地下水供水系统实现。

非常规水源主要考虑再生水（或回用水），概化到计算单元上。污水排放主要是城镇生活和工业产生的废污水，产生的污水有两个通道：一是直接进入河道；二是进入污水处理厂。处理后的污水，即再生水，一部分供本计算单元使用，一部分进入河道。

（3）水利工程。水利工程概化主要包括水库、引水枢纽、地下水管井以及输水渠道等。

新中国成立以来，我国建设了大量各种规模的水库和引水枢纽，在大型流域或区域水资源配置时，模拟每一个水库的运行显然不现实。一般来说，大型流域将大型水库、重要的中型水库作为独立水库节点，中小型水库、塘坝可概化为一个或多个虚拟水库，当地未控径流对应着一个虚拟水库。中小型流域可将大型水库、中型水库、重要的小型水库作为独立水库节点，小型水库、塘坝可概化为一个或多个虚拟水库，当地未控径流也对应着一个虚拟水库。概化的虚拟水库随流域规模减小和研究问题的细化逐渐减少。

引水枢纽的概化方式与水库相似，概化程度比水库要高。引水枢纽的概化受计算单元大小的影响很大，例如，河流有多个引水枢纽向同一计算单元引水，引水枢纽间无区间入流，通常将这些引水枢纽概化为一个引水节点。后文中也将引水枢纽称之为引水节点。

将计算单元内的地下水管井概化为一个等效的供水设施，其供水能力为地下水供水能力。

输水渠道的概化程度非常高，水库、引水枢纽向同一个计算单元的供水渠道通常各概化为一条供水渠道。对于大型或重要的跨流域供水工程，可将其定义为外调水工程，增加一套外调水供水渠道，单独模拟该工程的运行。

2. 系统网络图概念

以节点、计算单元水传输系统、水资源分区水传输系统描述社会经济、生态环境和水资源三大系统，以水量平衡原理、二元水循环模式作为制图依据，各节点通过若干条有向连线表示的水传输关系构成的网状图形，称为水资源配置系统网络图。

3. 系统网络图组成

水资源配置系统网络图主要由节点（点）、计算单元水传输系统（线）、水资源分区水传输系统（面）三类元素组成。下面简要介绍这三类元素的组成，详细内容参考相关文献。

（1）节点。分为需水节点、供水节点和输水节点3类。需水节点包括计算单元、用水行业、水电站、湖泊、湿地等。供水节点包括水库、引水枢纽、提水泵站、地下水管井、污水处理厂、计算单元（当地未控径流）等。输水节点包括河流、隧洞、渠道及长距离输水管线的交汇点或分水点，行政区间的断面、水资源分区间的断面、水汇等。

（2）计算单元水传输系统。按照水资源利用分为地表水系统和地下水系统。

按照流域水循环分为天然水循环系统和人工侧支水循环系统。当地地表水供水系统、外调水供水系统、提水系统、地下水供水系统、污水处理回用系统、排水系统属于人工侧支水循环系统，河流系统属于天然水循环系统。

（3）水资源分区水传输系统。流域水资源分区由一个或多个计算单元组成，上游水资源分区断面的出境水量是下游水资源分区的入境水量。所有的水资源分区通过水资源分区断面按照水传输关系连接起来，构成了水资源分区之间的水传输系统。它反映了水资源分区间的出境、入境水量，调入、调出水量，社会经济和生态环境耗水量，蓄水变量等关系，是流域水资源循环转化耗水平衡计算的基础。

6.2.2　水库群分类及特点

组成水库群的各个水库或引水枢纽之间，都存在着一定的水文或水利上的联系。无论怎样复杂的水库群，都是由梯级水库（或称串联水库）、同一流域内互有联系的干支流水库（或称并联水库）以及两者的混合体组成的。将水库群作为一个系统进行整体分析计算，其中一个重要因素是水库之间有供水补偿调节作用。为了模拟计算方便，根据水资源配置系统网络图，将水库群简化为三种基本类型：串联水库、并联水库和串并联水库。

1. 水库群的基本类型

（1）串联水库。串联水库的基本形式有5种，如图6-1所示。按照水库多蓄水、供水保证率高、水库群补偿调节作用显著的调度原则，可以将串联水库分为2种类型。

1）串联水库类型1：上游水库、下游引水节点或上下游均为水库，且仅下游引水节点或下游水库向计算单元供水，如图6-1（a）、图6-1（b）所示。

主要特点：这两种形式的串联水库能尽量保持上游水库多蓄水、下游引水节点或水库多供水，不足水量由上游水库通过河道进入引水节点或下游水库，再向计算单元供水，水库群的补偿调节作用明显。

2）串联水库类型2：上游水库、下游引水节点或上下游均为水库，上下游水库或引水节点均向计算单元供水，如图6-1（c）、图6-1（d）所示。

主要特点：与串联水库类型1基本相同。

图6-1（e）属于隐性的水库群。如果上游水库库容达到一定规模时，通过水库调度运行，可以有效地提高下游河道引水节点的供水量和保证率，因此，将其作为串联水库的一种特殊形式。具体调算时，可通过满足下游断面流量达到供水要求。

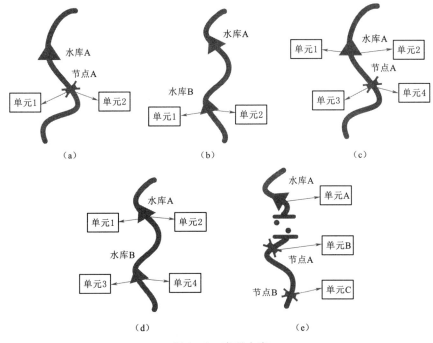

图6-1 串联水库

（2）并联水库。并联水库的基本形式有3种，如图6-2所示。同样遵循水库多蓄水，供水保证率高，水库群补偿作用显著的调度原则。并联水库分为3种基本类型。

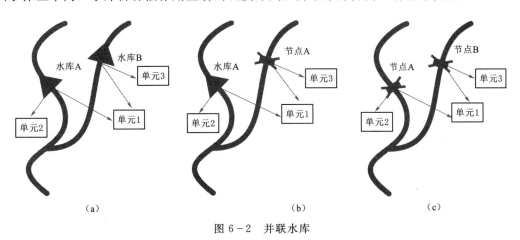

图6-2 并联水库

1）并联水库类型 1：位于不同干支流上的两座或两座以上水库向同一计算单元供水，如图 6-2（a）所示。

主要特点：这种类型的并联水库控制了各干支流的河道径流量，通过水库群联合调度能够多蓄水，提高供水保证率，调节下游河道生态用水。

2）并联水库类型 2：位于不同干支流上的两个或两个以上水库和引水节点向同一计算单元供水，如图 6-2（b）所示。

主要特点：这种类型的并联水库仅控制了部分干支流的河道径流量，通过联合调度能够提高供水保证率，尽可能地多蓄水。

3）并联水库类型 3：位于不同干支流上的两个或两个以上引水节点向同一计算单元供水，如图 6-2（c）所示。

主要特点：这种类型的并联水库无法控制干支流的河道径流量，但通过统一调配河道径流也可以有限地提高供水保证率。

（3）串并联水库。串并联水库的基本形式仅给出 2 种，如图 6-3 所示。它们是由串联水库和并联水库组合而成，具有串联水库和并联水库的特性。同样遵循水库多蓄水，供水保证率高，水库群补偿作用显著的调度原则。串并联水库分为 2 种基本类型。

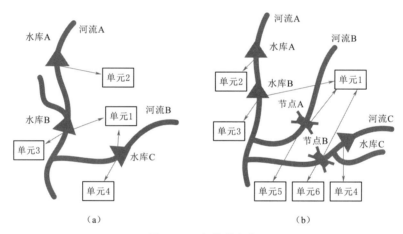

（a）　　　　　　　　　　　　　　（b）

图 6-3　串并联水库

1）串并联水库类型 1：干支流上串联和并联的水库向同一计算单元供水，如图 6-3（a）所示。

主要特点：这种类型的串并联水库能有效控制各干支流的河道径流量，通过水库群联合调度多蓄水，提高供水保证率，调节下游河道生态用水。

2）串并联水库类型 2：干支流上串联和并联的水库、引水节点向同一计算单元供水，如图 6-3（b）所示。

主要特点：这种类型的串并联水库能控制一部分干支流的河道径流量，通过联合调度能够提高供水保证率，尽可能多蓄水。

（4）特殊水库群。

1）旁侧水库。旁侧水库的基本形式如图 6-4 所示。旁侧水库的来水过程不同于拦河水库，它是通过引水渠道或河道将径流蓄入水库，来水过程受控。由于不在河道上，受洪水的影响相对较小，可蓄存洪水、冬闲水等。旁侧水库从河道的引水量取决于它下游的用水需求，也受制于引水渠道的引水能力和输水能力。旁侧水库的这些特性决定了采用预先拟定引水渠道或河道的目标需水过程难度比较大，因此，将上游的引水节点或水库、旁侧水库、下游的供水对象等作为一个水库群，进行多节点水量平衡计算。

2）湖泊湿地。湖泊湿地的基本形式如图6-5所示。湖泊湿地作为用水对象与计算单元相比有一定的差别。计算单元用水行业需水弹性较小，湖泊湿地需水弹性很大。湖泊湿地通常在河流尾闾或低洼处，湖泊湿地的耗水过程与其水面面积、蒸发过程等密切相关。随着社会经济用水迅猛增加，进入湖泊湿地的水量迅速减少，河流丰水年补水较多，枯水年补水较少，甚至无水可补。鉴于湖泊湿地补水弹性很大的特点，采用多年平均需耗水量、时段耗水过程和湖泊湿地蓄水上下限等，控制湖泊湿地的需耗水过程。

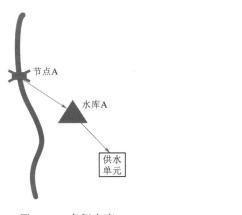

图6-4 旁侧水库　　　　　　　　图6-5 湖泊湿地

2. 水库群的其他类型

下面给出了串联、并联、串并联水库群的一些类型，供参考。

（1）串联水库。与串联水库基本类型相比，图6-6的水库数量增加了，也可以是引水节点数量增加。在串联水库基本类型的基础上，增加水库、引水节点可以组成多种形式的串联水库群，单个水库可以向0~n个计算单元供水。在水资源配置系统概化时，如果计算单元划分比较大，会出现几个水库向同一计算单元供水的情况，这样会导致死循环，可根据水库上下游划分计算单元解决这个问题。串联水库群的约定：避免几个水库向同一计算单元供水。

（2）并联水库。与并联水库基本类型相比，图6-7（a）增加了一条河流，水库向计算单元供水出现了多种组合。图6-7（b）增加了一条河流，出现了三座水库或引水节点向同一计算单元供水的情况。在并联水库基本类型的基础上，增加不同河流上的水库或引水节点数量，并且多座水库或引水节点向同一计算单元供水，则组成多种形式的并联水库群。

（3）串并联水库。图6-8（a）为两条河流上的串联水库并联组成一个串并联水库群。图6-8（b）为三条河流上的一组串联水库、一个引水节点和一个串并联水库群并联

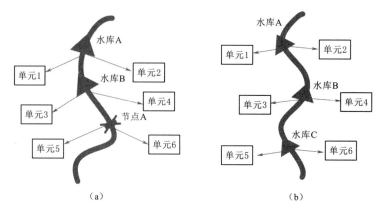

图 6-6 串联水库

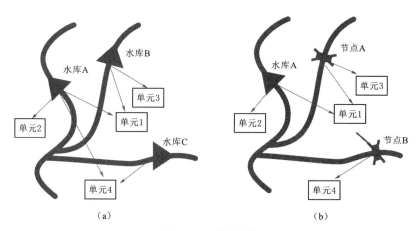

图 6-7 并联水库

组成一个新的串并联水库群。由此可以看出，各种类型的串并联水库群可以由数量不等的串联水库、水库或引水节点、串并联水库群等并联组合而成。

6.2.3 水库群调度规则

1. 水库群调度规则

水库群补偿调节计算的基本原则：先调节库容小的水库，然后利用库容大的水库补偿调节。调度规则及其模拟计算过程是多种多样的，可根据实际情况拟定，应优先遵循节点分水比例。下面给出水库群基本类型的一种调度规则，仅供参考。

（1）串联水库调度规则。

1）串联水库类型 1：先下游水库或引水节点向用水行业供水，不足水量再由上游水库通过河道进入下游水库或引水节点，向用水行业供水。

2）串联水库类型 2：先下游水库或引水节点向用水行业供水，下游水库或引水节点的不足水量再由上游水库通过河道进入下游水库或引水节点，向用水行业供水。

（2）并联水库调度规则。并联水库调度原则：先库容小的水库，后库容大的水库；先

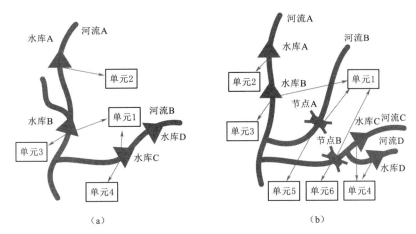

图 6 - 8 串并联水库

引水节点，后水库；先来水量小的引水节点，后来水量大的引水节点。调度规则如下：

1）并联水库类型 1：按照水库兴利库容的大小，从小到大依次向用水行业供水。

2）并联水库类型 2：先引水节点、后水库，按照引水节点上游来水量的大小和水库兴利库容的大小，从小到大依次向用水行业供水。

3）并联水库类型 3：按照引水节点上游来水量的大小，从小到大依次向用水行业供水。

（3）串并联水库调度规则。串并联水库调度原则：将干支流上串联水库兴利库容分别相加，构成等效的并联水库，以并联水库调度规则确定干支流的调度计算顺序，按照串联水库调度规则分别进行干支流调度计算。

（4）特殊水库群调度规则。

1）旁侧水库调度规则：尽可能多的蓄存上游河道的来水量，如洪水、冬闲水等，按照单库调度规则供水。

2）湖泊湿地调度规则：充分利用上游河道的来水量，如洪水、冬闲水等，满足湖泊湿地的需耗水。

2. 水库生态调度规则

生态调度的主要研究方向是通过构建调度模型将生态因素纳入水库日常调度目标中，按照模型中保障生态需水方式的不同，可分为约束型生态调度模型和目标型生态调度模型两类，面临的主要问题是河流生态需水的时空要求和保障方式。根据河流生态需水在时间分布上的特点，可将其分为两类：连续生态需水和非连续生态需水。连续生态需水是为了防止河道断流、湖库萎缩，满足河道内主要生物生存要求的基本水量，年内过程连续且具有年周期性，最小生态流量和适宜生态流量均属连续生态需水。非连续生态需水不具有年内连续性，仅针对某特定目的的、阶段性的水量要求，如为鱼类创造产卵繁殖条件的"脉冲洪水"，防止河道泥沙淤积的冲淤流量和维持河道形态的平滩流量等，以上水量过程持续时间少则几日多则数月，且周期不定，与连续生态需水有明显差异。

本章的水库生态调度是将河流生态需水作为约束条件构成生态调度模型。河流生态需水约束条件为：河道最小生态流量、适宜生态流量和断面预期目标流量，其中，用河道断面预期目标流量表示非连续生态需水约束条件。水库生态调度规则如下：

（1）河道最小生态流量优先序最高。不受水库生态调度线的限制，在满足河道最小生态流量的前提下向各用水行业供水。

（2）河道适宜生态流量。在水库生态调度线以上时，优先满足适宜生态流量；在水库生态调度线以下时，则不考虑适宜生态流量。

（3）河道断面预期目标流量。在水库生态调度线以上时，可以加大水库下泄水量，满足断面预期目标流量；在水库生态调度线以下时，不能加大水库下泄水量。

6.3　基于水库群调度的水资源配置模型构建

6.3.1　模型系统总体设计

6.3.1.1　设计原则与假定

1. 设计原则

（1）通用性。模型系统应适用于不同规模的流域或区域水资源配置模拟分析计算。

（2）多用途。模型系统具有水资源配置模拟计算、水库生态调度计算、水资源调度管理等功能。

（3）可控性。通过拟定的参数可人为干预模拟计算过程，人机交互方便、灵活。

（4）操作简单。多种方式输入参数、数据，纠错功能强，输出丰富，用户界面友好。

2. 基本假定和约定

（1）按照全国水资源综合规划新口径，用水行业包括：城镇生活、农村生活、工业及三产、农业、城镇生态、农村生态，即所谓的生产、生活、生态"三生"用水。

（2）水源按照习惯分为当地地表水、地下水、当地未控径流、外调水、再生水等。

（3）在不考虑分质供水情况下，再生水仅可供工业及三产、农业、城镇生态、农村生态，其他水源可供所有用水行业。

（4）计算单元是均匀的，即供水能到达计算单元各处，用水需求在计算单元分布均匀，用水行业及地下水、当地未控径流、再生水等水源均简化在计算单元内，计算单元仅概化一条排水连线。

（5）假设在一个计算时段内完成系统的一次水循环过程，即不考虑系统内水流的时间影响，系统内的所有计算单元的取水、用水、排水过程均在一个时段内完成。

（6）概化的等效水库、等效引水节点、等效河流，它们具有水库、引水节点、河流等相同的功能。

（7）按照水系的组成，水资源分区逻辑上由入境和出境水力连线连接在一起，入境水力连线有 $0\sim n$ 条，出境水力连线仅有 1 条。

3. 模型应用范围

流域或区域水资源配置规划、水库生态调度、水资源管理等。

6.3.1.2　模型系统构建思路

流域或区域水资源配置的核心任务是按照一定的规则，利用水库、引水枢纽、地下水管井等水利工程，通过渠系网络将不同水源的来水过程调节到与社会经济需水过程相近的状态，也就是说，通过水利工程将来水过程线调节到与需水过程线基本相匹配。

基于水库群调度的水资源配置模型是建立在系统网络图基础上的，模型的构成和模拟计算结果与系统网络图的概化密切相关。模型本质上只是一个计算工具，是针对系统网络图的模拟计算。本次开发的模型系统立足于各种水资源调配规则和预先拟定用水需求的供水组成，属于基于"规则"的水资源配置模拟模型，优化理论基础相对薄弱，但引入了水库群概念，将存在着一定的水文或水利上联系的水库、引水枢纽等水利工程概化为一组"水库群"，运用生产实践中各类水库群调度积累的经验和研究成果，在水库群调度计算中采用不同的调度规则，更加接近水库的运行管理，增加了模拟计算结果的实用性，使拟定的水资源配置方案具有可操作性。保护河流生态环境是当前的热点问题，水库生态调度概念也引入了模型系统，通过增加水库生态调度控制线发挥水库固有的生态功能，水资源配置按照拟定的水资源调配规则，统筹考虑河道最小生态流量、河道适宜生态流量、河道断面预期目标流量等，协调好社会经济与生态环境的用水关系。为了增加水资源配置结果的可靠程度，通过基准年水资源供需平衡分析和耗水平衡分析识别模型参数，建立基准年和未来水平年的耗水关系，预估未来水平年的水资源供用耗排关系，从整体上提高模型模拟计算结果的精度。

综上所述，基于水库群调度的水资源配置模型以系统网络图为基础，将水资源系统分解为天然和人工侧支循环两大系统，将水资源、社会经济、生态环境三大系统作为一个有机整体，在社会经济与生态环境用水和谐、社会经济效益最大等目标下进行多水源联合调配。以流域水资源分区为核心构成耗水平衡分析系统，以计算单元为核心构成水资源供需平衡分析系统，其核心内容是合理调配流域社会经济耗水与生态环境用水的比例，协调社会经济用水与生态环境用水的竞争关系，以水利工程为纽带，通过水库群调度、水库生态调度、地表水与地下水联合调度等方式，将多种水源公平、高效地分配到各用水行业。模型系统提供月、旬计算时段，便于处理各类需求的实际情况，使得水资源配置方案客观、真实。

6.3.1.3 变时段水库群调度方法

1. 计算时段对水资源配置结果的影响分析

流域或区域水资源配置通常以月为计算时段，这是由水资源配置的特点决定的。水资源配置具有战略属性，重点研究未来水资源供需态势和水资源配置格局，核心内容是水资源供需平衡分析。生产实践表明，以月为计算时段，生活和工业需水过程概化为各月相等，农业按照灌溉制度制定需水过程线，河道生态需水按照月过程控制，基本上可以反映社会经济和生态环境的用水需求。按照月时段模拟的供水过程，也能够反映水利工程的调蓄能力，其效果与实际运行状况基本吻合。另外，月时段的模拟计算工作量比较适度，计算精度也满足水资源配置的要求。下面讨论其他计算时段对水资源配置结果的影响以及计算时段选取的适用条件。

水资源配置的核心内容是利用水利工程将不同水源的来水过程调节到与社会经济和生态环境的需水过程基本相匹配的状态。不同的计算时段对需水过程、来水过程和水利工程的调蓄能力以及三者之间的相互关系影响很大。

水资源配置最大的计算时段为年。当生活、工业、农业、生态的需水过程简化为一个年值时，各行业用水过程的时空差异被忽略，仅是水资源量年际间的变化对其有影响。水资源时空分布的差异和水利工程调蓄能力对社会经济和生态环境的需水影响就显得"不重要"，河道来水过程人为均匀化、地下水调蓄能力扩大化，从某种程度上"抹杀"了水利工程的作用，过度放大了社会经济的需水弹性。可能导致的水资源配置结果为：掩盖了流域或区域水资源的供需矛盾，特别是工程性缺水，对水利工程的建设规模估计偏低，多水源联合调配更是无从谈起。

采用旬计算时段时，生活和工业需水过程概化为各旬相等，农业按照灌溉制度制定需水过程线，河道生态需水按照旬过程控制，能够更好地反映社会经济和生态环境的用水需求。旬来水过程更加细致地描述了水资源的时空分布特性，比较客观地反映了水利工程的实际运行状态，能够更好的模拟出各种水源与实际相近的供水过程。采用旬计算时段会增加一定的工作量，对需水、来水、供水、排水、水利工程等方面的资料及其精度要求会大幅度提高。

当计算时段为日或更小时，由于生活和工业日需水弹性相对较小，概化的日需水过程与实际用水过程的差距相对不大，通过城市供水系统自身的调节能力可以满足用水要求。对于农业需水，计算单元内作物种类繁多，按照灌溉制度制定的灌水方式与农作物生理需水过程有较大的差异，导致概化的农业日需水过程线弹性较大，与实际用水过程线有很大的差距。同时，农业日需水过程线所需的调蓄库容会增大，而农业的轮灌方式并不需要增加调蓄库容。对于河道内生态需水，日计算时段更有利于河流生态环境的保护。总的来说，概化的各行业日需水过程线会出现较大的问题，特别是农业，而水利工程调蓄的各种水源的供水过程则比较接近实际情况。采用日计算时段或更小时段，会大大增加各种工作量，对资料的需求及精度也会剧增。

2. 计算时段的选取

上述分析表明，计算时段的选择会对水资源供需平衡结果产生很大的影响，主要集中在社会经济用水需求端及需水、来水和水利工程三者之间的关系，还涉及可获得的水文和水利基础数据以及计算工作量等。常见的计算时段选取：① 在生产实践中最常用的计算时段为月；② 若资料条件允许的情况下，可采用旬计算时段或者旬、月混合计算时段，即非汛期采用月计算时段，汛期采用旬计算时段；③ 对于水资源管理问题，在充分研究用水需求、河流生态用水问题突出、水文和水利资料条件允许的情况下，可选择日计算时段。

3. 变时段水库群调度方法

在水资源配置系统网络图中，将水文或水利上存在联系的水库（含引水枢纽）定义为水库群，引水枢纽可看作是库容为零的水库。流域或区域所有的水库可以看作是由一系列水库群组成，单个水库是水库数量为 1 的水库群。这样，地表水调蓄工程则概化为一系列的水库群，每个水库群作为一个调度单元，按照各自的调度规则调配水量。

以水库群为调度单元能充分发挥水库群的补偿调节作用，每个水库群按照各自拟定的调度规则调度，可以在水库群内部优化配置水资源，这与实际的水库运行管理比较接近，便于付诸实施。这种水量调配方法克服了基于优化技术水资源配置的水库优化调度操作难度比较大的缺点，也改进了基于规则的水资源配置模型各水库联合调度比较弱的不足，较好地发挥了上述两种方法中水库调度的优点，特别是水库生态调度控制线的引入，对启用水库固有的生态调度功能，改善河流生态环境，具有重大的现实意义。

为了满足河流生态需水目标，可选择月、旬混合计算时段进行水库群生态调度。非汛期河道来水量比较小，水库调度采用月计算时段基本上能够满足河道生态需水约束条件的要求，也可以采用旬计算时段。汛期河道来水量比较大，水库调度通常采用旬计算时段才能满足河道生态需水约束条件的要求。

水资源配置模型一般分为规则和优化两种模拟方式，它们要达到的目标相同，区别在于求解过程不同。基于水库群调度的水资源配置模型属于"规则"模拟方式，是按照水流传输方向自上而下模拟计算，需要预先拟定水库（群）的各种规则、专家知识储备和分析者的经验，反复自上而下调整各个水库（群）的水量分配策略，最终达到水资源"优化"配置。

模型系统模拟计算有三个关键环节，一是确定各水库群模拟计算次序，二是拟定各水库群模拟计算方法，三是确定各水库群目标需水过程。

（1）水库群模拟计算次序。一般的基于规则的水资源配置模型计算过程不同于基于水库群调度的水资源配置模型。前者的计算过程是按照水流传输方向，自上而下以单个节点（如水库、引水枢纽等）为对象进行模拟计算，各节点间的联系相对较弱。后者是以水库群（包括单个水库、单个引水枢纽等）为对象进行模拟计算，按照水流传输方向自上而下的各个水库群构成了模型系统模拟计算次序。水库群计算次序是在节点计算次序编码的基础上形成的，具体方法见相关章节。

（2）水库群模拟计算方法。水库群分为串联水库、并联水库和串并联水库三种基本类型，各类水库群模拟计算方法遵循预先拟定的相应调度规则。对于任意一个水库群，首先由水库群类型确定各个水库（或引水枢纽）的计算顺序，然后根据水库调度线来满足相应的目标需水过程。

（3）水库群目标需水过程。水库群目标需水过程包括社会经济需水和河道生态需水。水库群社会经济目标需水过程是指扣除了当地水源供水过程的需水过程。当地水源供水过程是指计算单元内的地下水、当地未控径流、再生水的供水过程。水库群河道生态目标需水是指河道最小生态流量、河道适宜生态流量、河道断面预期目标流量等。

6.3.1.4　模型系统基本结构

基于水库群调度的水资源配置模型系统主要由计算单元水资源供需分析模块、单一节点水量平衡计算模块、多节点水量平衡计算模块和水资源分区耗水平衡模块组成。基于水库群调度的水资源配置模型系统基本框架示意如图6-9所示。

6.3.2　主要计算模块

基于水库群调度的水资源配置模型主要由以计算单元为核心构成的水资源供需平衡分析系统和以水资源分区为核心构成的耗水平衡分析系统组成。前者主要由计算单元水资源供需分析计算、单一节点水量平衡计算和多节点水量平衡计算等模块组成。

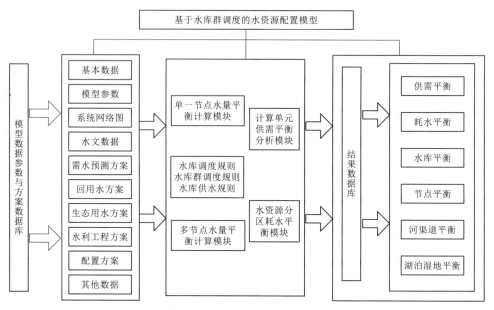

图 6-9　基于水库群调度的水资源配置模型系统基本框架示意图

6.3.2.1　计算单元水资源供需分析模块

1. 供水规则

（1）用水行业优先序。按照水资源配置的基本共识，用水行业供水优先序由高到低依次为城镇生活、农村生活、工业、城镇生态、农业、农村生态。

（2）供水对象分类。为了便于确定供水水源优先次序，参照水资源配置系统网络图，按照有无供水渠道以及供水渠道类型，可将供水对象分为无外部渠道计算单元和有外部渠道计算单元 2 类。有外部渠道计算单元又可细分为仅有当地地表水渠道计算单元、仅有外调水渠道计算单元以及有外调水渠道和当地地表水渠道计算单元 3 小类。

1）无外部渠道计算单元。水源为当地未控径流、地下水、再生水。

2）仅有当地地表水渠道计算单元。水源为当地地表水、当地未控径流、地下水、再生水。

3）仅有外调水渠道计算单元。水源为外调水、当地未控径流、地下水、再生水。

4）有外调水渠道和当地地表水渠道计算单元。水源为外调水、当地地表水、当地未控径流、地下水、再生水。

（3）供水水源优先序。

1）优先无外部渠道计算单元内部水源供水，后外部渠道水源供水。

2）无外部渠道计算单元的水源优先序：地下水、再生水、当地未控径流。

3）仅有当地地表水渠道计算单元的水源优先序：地下水、再生水、当地未控径流、当地地表水。

4）仅有外调水渠道计算单元的水源优先序：地下水、再生水、当地未控径流、外调水。

5) 有外调水渠道和当地地表水渠道计算单元的水源优先序：地下水、再生水、当地未控径流、外调水、当地地表水。由于外调水的特殊性，工程建成后应优先使用。

2. 用水需求的供水组成

对于任何一个流域或区域，各行业用水需求的供水组成比较固定，而组成流域或区域的计算单元各行业用水需求的供水组成也相对比较明确。为了增加该模型系统的灵活性和可控性，设计了可微调计算单元各行业用水需求的供水组成的功能，加大了人工干预水资源供需平衡计算结果的力度，更加方便、快速地达到预期的供水目标。具体方法为：首先将用水行业和供水水源通过用水比例系数联系起来，然后根据制定的供水规则，预先给定不同水源供各行业的用水比例系数，用于表示行业用水需求的供水组成。通过拟定不同情景的供水优先次序，能够有效地模拟现状条件下不同水源在各种用水行业的分配，确定基准年的水资源配置格局，为未来水资源配置提供科学依据。水资源供需分析模拟计算后，可根据计算结果不断调整用水比例系数，达到预期的供水目标。

表 6-1 为用水行业不同供水水源的用水比例系数取值示例。例如，表中预期的城镇生活供水组成为：30％为当地地表水，20％为当地未控径流，30％为地下水，20％为外调水，各供水水源用水比例系数之和应为1。

表 6-1　　　　　　　用水行业不同供水水源的用水比例系数

项　　目	当地地表水	当地未控径流	地下水	再生水	外调水
城镇生活	0.3	0.2	0.3	0	0.2
农村生活	0	0.2	0.8	0	0
工业	0.2	0	0.5	0.1	0.2
农业	0.4	0.3	0.3	0	0
城镇生态	0	0.5	0	0.5	0
农村生态	0	0.8	0	0.2	0

3. 计算单元供需分析计算

（1）计算思路。按照用水户优先序，计算单元水资源供需分析模块具体计算步骤为：①各用水户不同水源需水量；②各水源时段供水过程；③无渠道连线供水计算；④外调水渠道连线供水计算；⑤当地地表水渠道连线供水计算；⑥外调水、当地地表水渠道连线供水计算。

（2）各用水户不同水源需水量。根据表 6-1 拟定的用水行业不同供水水源的用水比例系数，可以将"三生"需水预测结果分解为各用水行业不同供水水源时段需水过程。

（3）各水源时段供水过程。

1）地下水。年内拟控制各个时段地下水开采量，使用年开采比例系数控制年际间地下水开采量。

2）再生水。可供使用的再生水量分为两部分，一部分供用水户使用，另一部分排入下游。

3）当地未控径流。供水过程分为计算时段在等效水库起讫供水时段之外和之内两种情况。前一种情况时，时段当地未控径流量一部分直接供用水户，剩余部分蓄入水库。后一种情况时，根据需水要求，可使用时段当地未控径流量、等效水库供水量，也就是说，时段当地未控径流可供水量是时段当地未控径流量通过等效水库调节后形成的供水过程。

4）当地地表水。时段当地地表水供水量是以各用水户当地地表水需水量、前三种水源的供水缺口为目标需水，通过引水节点、水库的平衡计算获得。前三种水源的供水缺口需要外调水或当地地表水供水，有两种情况：①仅有当地地表水水源时，目标需水为各用水户当地地表水需水量、前三种水源的供水缺口；②水源为外调水、当地地表水时，前三种水源的供水缺口由外调水补齐，若外调水存在供水缺口时，该缺口再由当地地表水补齐。

5）外调水。时段外调水供水量确定分两种情况：①由于节点计算次序的要求，某节点需要断开外调水渠道连线，此时，要预先给定一个时段初始供水过程，通过节点平衡计算，得到实际的时段外调水供水过程，这种情况主要是针对间接供水渠道；②当外调水渠道不断开时，时段外调水供水过程确定与当地地表水相似，时段 i 外调水供水量是以各用水户外调水需水量、前三种水源的供水缺口为目标需水，通过引水节点、水库的平衡计算获得。

（4）无渠道连线供水计算。按照用水户优先序对各种水源进行供需分析计算，供水水源为地下水、再生水、当地未控径流。

（5）外调水渠道连线供水计算。在"无渠道连线供水计算"的基础上，加上外调水，按照用水户优先序对各种水源进行供需分析计算。

（6）当地地表水渠道连线供水计算。在"无渠道连线供水计算"的基础上，加上当地地表水，按照用水户优先序对各种水源进行供需分析计算。

（7）外调水、当地地表水渠道连线供水计算。在"外调水渠道连线供水计算"的基础上，加上当地地表水，按照用水户优先序对各种水源进行供需分析计算。

6.3.2.2　单一节点水量平衡计算模块

主要内容包括：水库、节点下游河道下泄水量调度规则，引水节点水量平衡计算，水库水量平衡计算，供水量分配。

1. 水库、节点下游河道下泄水量调度规则

初步拟定河道下泄水量分三个层次控制：生态基流、河流适宜生态流量、河流断面预期目标流量。

2. 引水节点水量平衡计算

（1）引水节点水量平衡计算分类。根据计算单元目标需水的设计要求，引水枢纽水量平衡计算主要分为下游仅有当地地表水渠道、仅有外调水渠道、同时有当地地表水渠道和外调水渠道三种类型。

由于引水节点无调蓄库容，为了简化计算，将外调水、当地地表水合计，不区分用水户类型，进行节点供水计算，然后进行供水分配。

（2）引水节点供水计算过程。为了简化计算，节点供水计算不区分用水行业类型，在满足下游生态流量的前提下，将当地地表水和外调水的总目标需水量分别与其对应的节点总来水量进行水量平衡计算，得到当地地表水总供水量、外调水总供水量，最后进行各渠道、各用水行业的供水分配。

（3）引水节点下泄流量控制规则。河流最小生态流量必须优先满足。考虑河流适宜生态流量时，节点可供水量要优先满足河流最小生态流量和河流适宜生态流量。不考虑河流适宜生态流量时，节点可供水量仅优先满足河流最小生态流量。

3. 水库水量平衡计算

（1）水库调度线。水库调度线从上至下分别为：农业调度线、生态调度线、工业调度线、生活调度线。城镇生态、农业生态参照农业调度线，农村生活参照生活调度线。

当地地表水或外调水调度规则：当仅有当地地表水供水或者仅有外调水供水时，依次按照水库农业调度线、生态调度线、工业调度线、生活调度线向各用水户供水。

当地地表水和外调水调度规则：当同时有当地地表水和外调水供水时，先进行外调水供水计算，然后进行当地地表水供水计算。外调水不按照水库调度线进行调度，而是按照用水户优先序供水。当地地表水按照水库调度线进行调度。

（2）水库水量平衡计算分类。根据计算单元目标需水的设计要求，分为下游仅有当地地表水渠道、仅有外调水渠道、同时有当地地表水渠道和外调水渠道、有水源类型改变的水库水量平衡计算。

（3）水库供水计算过程。水库按照调度线向各用水行业供水。为了简化计算，先分别将各用水行业目标需水量、间接供水渠道目标需水量进行合计。其次将各用水行业总目标需水量、间接供水渠道总目标需水量、水库下游生态流量，按照水库调度线从上至下的顺序进行排序。然后以这个排序进行水库水量平衡计算，得到各用水行业总供水量、间接供水渠道总供水量、水库下游实际生态流量。最后进行各渠道、各用水行业的供水量分配。

（4）水库下泄流量控制规则。河流最小生态流量必须优先满足。考虑河流生态适宜流量时，水库可供水量要优先满足河流最小生态流量和河流生态适宜流量。不考虑河流生态适宜流量时，水库可供水量仅优先满足河流最小生态流量；在满足所有供水任务之后进行河流断面预期目标流量调度。

6.3.2.3 多节点水量平衡计算模块

多节点水量平衡计算，首先确定水库群的类型，确定各类水库群的调度规则，对各类水库群进行模拟计算。在确定水库群类型时，常将当地地表水渠道、外调水渠道视为同类渠道。水库群调度过程本质上是多节点水量平衡计算。为了充分发挥水库群的补偿调节作用，预先拟定各类水库群的基本调度规则，这在某种程度上也决定了不同类型水库群的调度计算过程，而构成水库群的引水节点或水库的调度计算则参照单一节点的水量平衡计算方法，详细内容见 6.4 节。

6.3.2.4 水资源分区耗水平衡计算模块

主要包括水资源分区耗水平衡计算、平原区地下水平衡计算、社会经济耗水结构计算、社会经济与生态用水比例计算等模块。

6.3.3 模型模拟计算框架

1. 节点计算次序及编码

（1）编码的依据与处理方法。

1）调度模型是按照河流方向自上而下计算，河流上的水库、引水节点、各种断面等的某种排序构成了节点计算次序。

2）节点计算次序由一组编码确定，编码原理是根据河流水系的组成，将流域或区域划分为一组独立的水系，对每个独立水系上的节点按照设计规则与河流方向自上而下升序编码，供水渠道上的节点按照河流处理。

3）重要的大型引水工程可将其处理为外调水渠道。水库和引水渠首节点有水源变化时，其下游外调水渠道需要事先给定目标供水过程，与该水库或引水节点相连的间接供水连线可约定断开或不断开，断开按支流处理。

4）由于节点计算次序编码的要求，地表水渠道在引水节点或水库处也可能断开，断开时其下游渠道需要事先给定目标供水过程，并按支流处理。

5）遇到水库群时，不考虑渠道断开。

6）旁侧水库、湖泊湿地按照特殊水库群处理。

（2）节点计算次序编码。

1）节点次序编码由 18 位数字组成，分为 6 个字段，每个字段的数字位数分别为 2、4、3、3、3、3。第 1 字段表示水系，表示所有的独立水系，随后的 5 个字段分别表示干流、一级支流、二级支流、三级支流、四级支流，6 个字段共同构成了节点计算次序的编码。第 2 字段的前 3 位和第 3 至第 6 字段的前 2 位数字表示节点所在的干支流，最后一位数字表示节点的上游支流数目或第几条支流，0 表示节点在该级河流上无支流汇入。

2）第 2 至第 6 字段最后一位数字在各级支流上的约定：0 表示无支流汇入，非 0 表示有支流汇入。以干流为例，第 1 个节点一定是干流最上端的节点，其第 2 个字段的最后一位数字为 0，后面的其他字段均为 0。在干流上，若有支流汇入，该节点编码的第 2 字段最后一位数字表示一级支流汇入的个数 n。紧随的节点是第一条一级支流最上端的节点，该节点编码的第 2 字段最后一位数字为 1，第 3 字段最后一位数字为 0。其后是第一条一级支流的所有节点，第 2 字段相同。然后是第二条一级支流，第 2 字段最后一位数字为 2，该支流第一个节点的第 2 字段最后一位数字为 0，第 2 字段相同，其他一级支流以此类推。对于二级、三级、四级支流，按照上述约定以此类推。

3）环形闭合河道按支流处理，它们最上端与干支流相连的节点按断开处理。与计算单元直接相连而未与河道相连的供水渠道节点不予编码。与河道相连的供水渠道按照河道支流编码。

2. 总体计算框架

采用三层嵌套循环：第一层对系列年循环，如 1956—2000 年；第二层对所有水系循环，即以节点计算次序编码对所有节点循环；第三层对所有计算时段循环。

这种计算过程设计可以节省模型计算的存储空间，便于对年内计算参数的控制，可针对年内的优化或反馈嵌入相关的计算模型。

6.4　主要模块计算过程

6.4.1　用水行业不同水源需水过程计算

根据表 6-1 拟定的用水行业不同供水水源的用水比例系数，可以将"三生"需水预测结果分解为各用水行业不同供水水源时段需水过程。

1. 按照用水行业分类

以城镇生活为例，不同供水水源时段需水过程计算公式见式（6-1）～式（6-6）。农村生活、工业、农业、城镇生态、农村生态不同供水水源时段需水过程计算公式与城镇生活类似。

（1）时段 i 城镇生活需水量

$$CWDEMAND_i = CWGDEMAND_i + CWRDEMAND_i + CWLDEMAND_i \\ + CWSDEMAND_i + CWDDEMAND_i \tag{6-1}$$

式中　$CWDEMAND_i$——时段 i 城镇生活需水量；

$CWGDEMAND_i$——时段 i 城镇生活地下水需水量；

$CWRDEMAND_i$——时段 i 城镇生活再生水需水量；

$CWLDEMAND_i$——时段 i 城镇生活当地未控径流需水量；

$CWSDEMAND_i$——时段 i 城镇生活当地地表水需水量；

$CWDDEMAND_i$——时段 i 城镇生活外调水需水量。

（2）时段 i 城镇生活地下水需水量

$$CWGDEMAND_i = CWDEMAND_i \times CGWCOE \tag{6-2}$$

式中　$CGWCOE$——城镇生活地下水用水比例。

（3）时段 i 城镇生活再生水需水量

$$CWRDEMAND_i = CWDEMAND_i \times CRWCOE \tag{6-3}$$

式中　$CRWCOE$——城镇生活再生水用水比例。

（4）时段 i 城镇生活当地未控径流需水量

$$CWLDEMAND_i = CWDEMAND_i \times CLWCOE \tag{6-4}$$

式中　$CLWCOE$——城镇生活当地未控径流用水比例。

（5）时段 i 城镇生活当地地表水需水量

$$CWSDEMAND_i = CWDEMAND_i \times CSWCOE \tag{6-5}$$

式中　$CSWCOE$——城镇生活当地地表水用水比例。

（6）时段 i 城镇生活外调水需水量

$$CWDDEMAND_i = CWDEMAND_i \times CDWCOE \tag{6-6}$$

式中　$CDWCOE$——城镇生活外调水用水比例。

按照约定，再生水不能作为城镇生活的供水水源，式（6-3）是为了用统一的计算公式表述其他用水行业不同供水水源时段需水过程，式中城镇生活再生水用水比例取值为0。

2. 按照水源分类

以地下水为例，不同用水行业时段需水过程计算公式见式（6-7）～式（6-12）。再生水、当地未控径流、当地地表水、外调水不同用水行业时段需水过程计算公式与地下水类似。

（1）时段 i 各用水行业地下水需水量

$$TWGDEMAND_i = CWGDEMAND_i + RWGDEMAND_i + IWGDEMAND_i \\ + AWGDEMAND_i + EWGDEMAND_i + VWGDEMAND_i \tag{6-7}$$

式中　$TWGDEMAND_i$——时段 i 各用水行业地下水需水量；

　　　$CWGDEMAND_i$——时段 i 城镇生活地下水需水量；

　　　$RWGDEMAND_i$——时段 i 农村生活地下水需水量；

　　　$IWGDEMAND_i$——时段 i 工业地下水需水量；

　　　$AWGDEMAND_i$——时段 i 农业地下水需水量；

　　　$EWGDEMAND_i$——时段 i 城镇生态地下水需水量；

　　　$VWGDEMAND_i$——时段 i 农村生态地下水需水量。

（2）时段 i 农村生活地下水需水量

$$RWGDEMAND_i = RWDEMAND_i \times RGWCOE \tag{6-8}$$

式中　$RWDEMAND_i$——时段 i 农村生活需水量；

　　　$RGWCOE$——农村生活地下水用水比例。

（3）时段 i 工业地下水需水量

$$IWGDEMAND_i = IWDEMAND_i \times IGWCOE \tag{6-9}$$

式中　$IWDEMAND_i$——时段 i 工业需水量；

　　　$IGWCOE$——工业地下水用水比例。

（4）时段 i 农业地下水需水量

$$AWGDEMAND_i = AWDEMAND_i \times AGWCOE \tag{6-10}$$

式中　$AWDEMAND_i$——时段 i 农业需水量；

　　　$AGWCOE$——农业地下水用水比例。

（5）时段 i 城镇生态地下水需水量

$$EWGDEMAND_i = EWDEMAND_i \times EGWCOE \tag{6-11}$$

式中　$EWDEMAND_i$——时段 i 城镇生态需水量；

　　　$EGWCOE$——城镇生态地下水用水比例。

（6）时段 i 农村生态地下水需水量

$$VWGDEMAND_i = VWDEMAND_i \times VGWCOE \tag{6-12}$$

式中　$VWDEMAND_i$——时段 i 农村生态需水量；

　　　$VGWCOE$——农村生态地下水用水比例。

6.4.2　无渠道连线计算单元供水计算

6.4.2.1　可供水过程计算

1. 地下水

地下水供水拟采用参数为：地下水年可开采量、各时段开采能力、年开采比例系数（年长系列）。

年内拟控制各个时段地下水开采量，使用年开采比例系数控制年际间地下水开采量。年开采比例系数可参考年降水系列选取，降水偏丰小于1，降水偏枯大于1。

时段 i 地下水可供水量见式（6-13）。

$$GWSUPPLY_i = GWEXOP_i \times GYEARCOE \tag{6-13}$$

式中　$GWSUPPLY_i$——时段 i 地下水可供水量；

$GWEXOP_i$——时段 i 地下水开采能力;

$GYEARCOE$——年开采比例系数。

地下水供水中应尽量用足地下水可供水量。

2. 再生水

时段 i 生活、工业产生的再生水量见式（6-14）~式（6-16）。

$$CTRW_i = (CWDEMAND_{i-1} - XMOREZC_{i-1} - CSCNLES_{i-1} - CDCNLES_{i-1})$$
$$\times CWACOE \times CWBCOE \tag{6-14}$$

式中　　　$CTRW_i$——时段 i 城镇生活产生的再生水量;

$CWDEMAND_{i-1}$——时段 $i-1$ 城镇生活需水量;

$XMOREZC_{i-1}$——时段 $i-1$ 城镇生活缺水量;

$CSCNLES_{i-1}$——时段 $i-1$ 城镇生活当地地表水渠道蒸发渗漏量;

$CDCNLES_{i-1}$——时段 $i-1$ 城镇生活外调水渠道蒸发渗漏量;

$CWACOE$——城镇生活污水排放率;

$CWBCOE$——城镇生活污水处理率。

$$RTRW_i = (RWDEMAND_{i-1} - XMOREZR_{i-1} - RSCNLES_{i-1} - RDCNLES_{i-1})$$
$$\times RWACOE \times RWBCOE \tag{6-15}$$

式中　　　$RTRW_i$——时段 i 农村生活产生的再生水量;

$RWDEMAND_{i-1}$——时段 $i-1$ 农村生活需水量;

$XMOREZR_{i-1}$——时段 $i-1$ 农村生活缺水量;

$RSCNLES_{i-1}$——时段 $i-1$ 农村生活当地地表水渠道蒸发渗漏量;

$RDCNLES_{i-1}$——时段 $i-1$ 农村生活外调水渠道蒸发渗漏量;

$RWACOE$——农村生活污水排放率;

$RWBCOE$——农村生活污水处理率。

$$ITRW_i = (IWDEMAND_{i-1} - XMOREZI_{i-1} - ISCNLES_{i-1} - IDCNLES_{i-1})$$
$$\times IWACOE \times IWBCOE \tag{6-16}$$

式中　　　$ITRW_i$——时段 i 工业产生的再生水量;

$IWDEMAND_{i-1}$——时段 $i-1$ 工业需水量;

$XMOREZI_{i-1}$——时段 $i-1$ 工业缺水量;

$ISCNLES_{i-1}$——时段 $i-1$ 工业当地地表水渠道蒸发渗漏量;

$IDCNLES_{i-1}$——时段 $i-1$ 工业外调水渠道蒸发渗漏量;

$IWACOE$——工业污水排放率;

$IWBCOE$——工业污水处理率。

时段 i 再生水可供水量为

$$RWSUPPLY_i = CTRW_i \times CWCCOE + RTRW_i \times RWCCOE + ITRW_i \times IWCCOE \tag{6-17}$$

式中　$RWSUPPLY_i$——时段 i 再生水可供水量;

$CWCCOE$——城镇生活处理污水回用率;

$RWCCOE$——农村生活处理污水回用率;

$IWCCOE$——工业处理污水回用率。

时段 i 再生水可供水量公式使用条件：

（1）约定当前时段使用上一时段的再生水。

（2）如果是第 1 个时段，例如 1956 年 1 月，可用该时段城镇生活、农村生活、工业的需水量近似代替，当地地表水渠道和外调水渠道的蒸发量近似取为 0。

（3）如果不是第一个时段，则使用上一时段城镇生活用水量、农村生活用水量、工业用水量，以及上一时段的当地地表水渠道和外调水渠道的蒸发量。

3. 当地未控径流

（1）计算原理。当地未控径流是计算单元上未控的中小河流概化的长系列地表径流过程，这些中小河流上分布着众多的中小型水库、塘坝、引水枢纽等。为了简化计算，初步拟定使用当地未控径流利用系数、当地中小蓄水工程兴利库容这两个参数来确定当地未控径流的可供水过程。前者用来反映对中小河流的控制程度，后者反映对中小型水库、塘坝的调蓄能力。随着中小水利工程建设的投入，这两个参数的数值会相应增大，在模型调算时要注意可使用的当地未控径流量要与实际情况相符。当地未控径流要通过中小型蓄水工程的调节，才能形成当地未控径流可供水过程线。

计算单元的中小型水库、塘坝多为小于年调节的水库，概化的等效水库一年内要多次蓄放水量，一次蓄放是指水库放空，拟设定供水起止时间、年蓄放次数、供水加大比例等参数。等效水库供水规模通过年蓄放次数和供水加大比例控制，这样便于控制某个时段水库的最大供水量。水库库容越小，蓄放次数越多，反之，蓄放次数越少。例如：设水库蓄放次数为 2，供水加大比例为 20%，供水起止时间为 4—9 月，即 6 个月供水期。水库 3 个月可放空一次，每个月最多可使用 1.2×1/3×兴利库容。若时段为旬，则按相应比例处理。当在等效水库供水起止时间之外时，时段 i 当地未控径流可利用量一部分直接供用水行业，另一部分蓄入水库，剩余部分排到下游。当在等效水库供水起止时间之内时，可使用时段 i 当地未控径流可利用量、等效水库的供水量，超出兴利库容的水量排入下游，用水行业只能在水库供水起止时间内使用水库中蓄存的水量。也就是说，时段 i 当地未控径流可供水量是时段 i 当地未控径流可利用量通过等效水库调节后形成的供水过程。

（2）可供水过程计算。时段 i 当地未控径流可利用量为

$$AFLOWZ_i = FLOWZ_i \times FLOWZCOE \tag{6-18}$$

式中 $AFLOWZ_i$——时段 i 当地未控径流可利用量；

$FLOWZ_i$——时段 i 当地未控径流量；

$FLOWZCOE$——当地未控径流利用系数。

设 start、finish 为年内等效水库起讫供水时段，n 为一年内水库蓄放次数，z 为水库供水加大比例，V 为等效水库兴利库容，V_i 为时段 i 末库容。若计算时段为旬，则一年有 36 个时段。

等效水库供水时段数 num 为

$$num = finish - start + 1 \tag{6-19}$$

等效水库一次放空需要的时段数 nn（四舍五入取整）为

$$nn = num/n \tag{6-20}$$

等效水库每个时段平均供水量为 V/nn，考虑到水库的调蓄能力，根据实际情况可适当加大供水量，即等效水库最大可供水量 $RESMAX$ 为

$$RESMAX = z \times V/nn \tag{6-21}$$

由于等效水库调蓄作用，当地未控径流的可供水过程计算分为两种情况：

1）当计算时段在等效水库起讫供水时段之外时，可供水过程见式（6-18）。

2）当计算时段在等效水库起讫供水时段之内时，可供水过程由式（6-18）、式（6-21）两部分综合确定。

若 $(V_{i-1} - RESMAX) \geqslant 0$，则时段 i 等效水库供水量 $RES_i = RESMAX$；

若 $(V_{i-1} - RESMAX) < 0$，则时段 i 等效水库供水量 $RES_i = V_{i-1}$。

时段 i 当地未控径流可供水量 $LWSUPPLY_i$ 为

$$LWSUPPLY_i = AFLOWZ_i + RES_i \tag{6-22}$$

6.4.2.2 地下水供水计算

时段 i 地下水可供水量见式（6-13），时段 i 各用水行业地下水需水量见式（6-2）、式（6-7）～式（6-12）。前者与后者之差存在两种情况：大于等于 0，即满足用水需求；小于 0，即不满足用水需求。地下水供水计算过程如下所述。

1. 满足用水需求

计算步骤：

（1）时段 i 地下水总供水量等于时段 i 各用水行业地下水需水量。

（2）城镇生活、农村生活、工业、农业、城镇生态、农村生态的地下水供水量等于各用水行业对应的地下水需水量。

2. 不满足用水需求

计算步骤：

（1）时段 i 地下水总供水量等于时段 i 地下水可供水量。

（2）按照事先拟定的供水优先顺序，如城镇生活、农村生活、工业、城镇生态、农业、农村生态，依次将时段 i 地下水总供水量进行分配，得到各用水行业地下水供水量，顺序靠后的用水行业会出现不满足预先拟定的地下水需求。

6.4.2.3 再生水供水计算

1. 各用水行业再生水需水量

时段 i 再生水可供水量见式（6-17），时段 i 各用水行业再生水需水量见式（6-23）～式（6-29）。

（1）时段 i 各用水行业再生水需水量

$$TWRDEMAND_i = CWRDEMAND_i + RWRDEMAND_i + IWRDEMAND_i \\ + AWRDEMAND_i + EWRDEMAND_i + VWRDEMAND_i \tag{6-23}$$

式中　$TWRDEMAND_i$——时段 i 各用水行业再生水需水量；

　　　$CWRDEMAND_i$——时段 i 城镇生活再生水需水量；

　　　$RWRDEMAND_i$——时段 i 农村生活再生水需水量；

　　　$IWRDEMAND_i$——时段 i 工业再生水需水量；

$AWRDEMAND_i$——时段 i 农业再生水需水量；

$EWRDEMAND_i$——时段 i 城镇生态再生水需水量；

$VWRDEMAND_i$——时段 i 农村生态再生水需水量。

（2）时段 i 城镇生活再生水需水量

$$CWRDEMAND_i = CWDEMAND_i \times CRWCOE \qquad (6-24)$$

式中　$CRWCOE$——城镇生活再生水用水比例。

（3）时段 i 农村生活再生水需水量

$$RWRDEMAND_i = RWDEMAND_i \times RRWCOE \qquad (6-25)$$

式中　$RWDEMAND_i$——时段 i 农村生活需水量；

　　　　$RRWCOE$——农村生活再生水用水比例。

（4）时段 i 工业再生水需水量

$$IWRDEMAND_i = IWDEMAND_i \times IRWCOE \qquad (6-26)$$

式中　$IWDEMAND_i$——时段 i 工业需水量；

　　　　$IRWCOE$——工业再生水用水比例。

（5）时段 i 农业再生水需水量

$$AWRDEMAND_i = AWDEMAND_i \times ARWCOE \qquad (6-27)$$

式中　$AWDEMAND_i$——时段 i 农业需水量；

　　　　$ARWCOE$——农业再生水用水比例。

（6）时段 i 城镇生态再生水需水量

$$EWRDEMAND_i = EWDEMAND_i \times ERWCOE \qquad (6-28)$$

式中　$EWDEMAND_i$——时段 i 城镇生态需水量；

　　　　$ERWCOE$——城镇生态再生水用水比例。

（7）时段 i 农村生态再生水需水量

$$VWRDEMAND_i = VWDEMAND_i \times VRWCOE \qquad (6-29)$$

式中　$VWDEMAND_i$——时段 i 农村生态需水量；

　　　　$VRWCOE$——农村生态再生水用水比例。

2. 再生水供水计算

时段 i 再生水可供水量与时段 i 各用水行业再生水需水量之差存在两种情况：大于等于 0，即满足用水需求；小于 0，即不满足用水需求。再生水供水计算过程如下。

（1）满足用水需求。计算步骤：

1）时段 i 再生水总供水量等于时段 i 各用水行业再生水需水量。

2）城镇生活、农村生活、工业、农业、城镇生态、农村生态的再生水供水量等于各用水行业对应的再生水需水量。

3）时段 i 再生水未使用量 $RWSURPLUS_i$ 为

$$RWSURPLUS_i = RWSUPPLY_i - TWRDEMAND_i \qquad (6-30)$$

（2）不满足用水需求。计算步骤：

1）时段 i 再生水总供水量等于时段 i 再生水可供水量。

2）按照事先拟定的供水优先顺序，如城镇生活、农村生活、工业、城镇生态、农业、农村生态，依次将时段 i 再生水总供水量进行分配，得到各用水行业再生水供水量，顺序靠后的用水行业会出现不满足预先拟定的再生水需求。

3）时段 i 再生水未使用量 $RWSURPLUS_i$ 为 0。

6.4.2.4　当地未控径流供水计算

1. 各用水行业当地未控径流需水量

时段 i 各用水行业当地未控径流需水量见式（6－31）～式（6－37）。

（1）时段 i 各用水行业当地未控径流需水量

$$TWLDEMAND_i = CWLDEMAND_i + RWLDEMAND_i + IWLDEMAND_i$$
$$+ AWLDEMAND_i + EWLDEMAND_i + VWLDEMAND_i$$

$$(6-31)$$

式中　$TWLDEMAND_i$——时段 i 各用水行业当地未控径流需水量；

$\quad\quad CWLDEMAND_i$——时段 i 城镇生活当地未控径流需水量；

$\quad\quad RWLDEMAND_i$——时段 i 农村生活当地未控径流需水量；

$\quad\quad IWLDEMAND_i$——时段 i 工业当地未控径流需水量；

$\quad\quad AWLDEMAND_i$——时段 i 农业当地未控径流需水量；

$\quad\quad EWLDEMAND_i$——时段 i 城镇生态当地未控径流需水量；

$\quad\quad VWLDEMAND_i$——时段 i 农村生态当地未控径流需水量。

（2）时段 i 城镇生活当地未控径流需水量

$$CWLDEMAND_i = CWDEMAND_i \times CLWCOE \quad\quad (6-32)$$

式中　$CLWCOE$——城镇生活当地未控径流用水比例。

（3）时段 i 农村生活当地未控径流需水量

$$RWLDEMAND_i = RWDEMAND_i \times RLWCOE \quad\quad (6-33)$$

式中　$RLWCOE$——农村生活当地未控径流用水比例。

（4）时段 i 工业当地未控径流需水量

$$IWLDEMAND_i = IWDEMAND_i \times ILWCOE \quad\quad (6-34)$$

式中　$ILWCOE$——工业当地未控径流用水比例。

（5）时段 i 农业当地未控径流需水量

$$AWLDEMAND_i = AWDEMAND_i \times ALWCOE \quad\quad (6-35)$$

式中　$ALWCOE$——农业当地未控径流用水比例。

（6）时段 i 城镇生态当地未控径流需水量

$$EWLDEMAND_i = EWDEMAND_i \times ELWCOE \quad\quad (6-36)$$

式中　$ELWCOE$——城镇生态当地未控径流用水比例。

（7）时段 i 农村生态当地未控径流需水量

$$VWLDEMAND_i = VWDEMAND_i \times VLWCOE \quad\quad (6-37)$$

式中　$VLWCOE$——农村生态当地未控径流用水比例。

2. 当地未控径流供水计算

当地未控径流供水过程分为计算时段在等效水库起讫供水时段之外和之内两种情况，每种情况又分为满足用水需求和不满足用水需求两种情形。

（1）计算时段在等效水库起讫供水时段之外。

1）时段 i 当地未控径流可供水量为式（6-18），时段 i 各用水行业当地未控径流需水量为式（6-31），前者与后者之差不小于0时，则满足用水需求。供水计算步骤为：

a. 时段 i 当地未控径流总供水量等于时段 i 各用水行业当地未控径流需水量。

b. 城镇生活、农村生活、工业、农业、城镇生态、农村生态的当地未控径流供水量等于各用水行业对应的当地未控径流需水量。

c. 计算等效水库时段 i 末库容。时段 i 当地未控径流未使用量 $LWSURPLUS_i$ 为

$$LWSURPLUS_i = AFLOWZ_i - TWLDEMAND_i \qquad (6-38)$$

若（$V_{i-1} + LWSURPLUS_i > V$），则时段 i 末库容 V_i 等于兴利库容，时段 i 等效水库下泄水量 $AFDRAIN_i$ 为

$$AFDRAIN_i = V_{i-1} - LWSURPLUS_i \qquad (6-39)$$

若（$V_{i-1} + LWSURPLUS_i \leqslant V$），则 $V_i = V_{i-1} + LWSURPLUS_i$，$AFDRAIN_i = 0$。

d. 时段 i 当地未控径流下泄水量 $FLOWZSUR_i$ 为

$$FLOWZSUR_i = FLOWZ_i \times (1 - FLOWZCOE) + AFDRAIN_i \qquad (6-40)$$

2）时段 i 当地未控径流可供水量与时段 i 各用水行业当地未控径流需水量之差小于0时，则不满足用水需求。供水计算步骤为：

a. 时段 i 当地未控径流总供水量等于时段 i 当地未控径流可供水量。

b. 按照事先拟定的供水优先顺序，如城镇生活、农村生活、工业、城镇生态、农业、农村生态，依次将时段 i 当地未控径流总供水量进行分配，得到各用水行业当地未控径流供水量，顺序靠后的用水行业会出现不满足预先拟定的当地未控径流需求。

c. 计算等效水库时段 i 末库容。由于无水量入库，则 $V_i = V_{i-1}$，$AFDRAIN_i = 0$。

d. 时段 i 当地未控径流下泄水量 $FLOWZSUR_i$ 为式（6-40）。

（2）计算时段在等效水库起讫供水时段之内。时段 i 当地未控径流可供水过程采用式（6-22），供水计算步骤与计算时段在等效水库起讫供水时段之外相同。

6.4.2.5 水资源供需平衡结果

1. 各用水行业供水量

时段 i 各用水行业供水量见式（6-41）~式（6-46）。

$$CWSUPPLY_i = CWGSUPPLY_i + CWRSUPPLY_i + CWLSUPPLY_i \qquad (6-41)$$

式中 $CWSUPPLY_i$——时段 i 城镇生活供水量；

$CWGSUPPLY_i$——时段 i 城镇生活地下水供水量；

$CWRSUPPLY_i$——时段 i 城镇生活再生水供水量；

$CWLSUPPLY_i$——时段 i 城镇生活当地未控径流供水量。

$$RWSUPPLY_i = RWGSUPPLY_i + RWRSUPPLY_i + RWLSUPPLY_i \qquad (6-42)$$

式中 $RWSUPPLY_i$——时段 i 农村生活供水量；

$RWGSUPPLY_i$——时段 i 农村生活地下水供水量；

$RWRSUPPLY_i$——时段 i 农村生活再生水供水量；

$RWLSUPPLY_i$——时段 i 农村生活当地未控径流供水量。

$$IWSUPPLY_i = IWGSUPPLY_i + IWRSUPPLY_i + IWLSUPPLY_i \qquad (6-43)$$

式中 $IWSUPPLY_i$——时段 i 工业供水量；

$\quad IWGSUPPLY_i$——时段 i 工业地下水供水量；

$\quad IWRSUPPLY_i$——时段 i 工业再生水供水量；

$\quad IWLSUPPLY_i$——时段 i 工业当地未控径流供水量。

$$AWSUPPLY_i = AWGSUPPLY_i + AWRSUPPLY_i + AWLSUPPLY_i \quad (6-44)$$

式中 $AWSUPPLY_i$——时段 i 农业供水量；

$\quad AWGSUPPLY_i$——时段 i 农业地下水供水量；

$\quad AWRSUPPLY_i$——时段 i 农业再生水供水量；

$\quad AWLSUPPLY_i$——时段 i 农业当地未控径流供水量。

$$EWSUPPLY_i = EWGSUPPLY_i + EWRSUPPLY_i + EWLSUPPLY_i \quad (6-45)$$

式中 $EWSUPPLY_i$——时段 i 城镇生态供水量；

$\quad EWGSUPPLY_i$——时段 i 城镇生态地下水供水量；

$\quad EWRSUPPLY_i$——时段 i 城镇生态再生水供水量；

$\quad EWLSUPPLY_i$——时段 i 城镇生态当地未控径流供水量。

$$VWSUPPLY_i = VWGSUPPLY_i + VWRSUPPLY_i + VWLSUPPLY_i \quad (6-46)$$

式中 $VWSUPPLY_i$——时段 i 农村生态供水量；

$\quad VWGSUPPLY_i$——时段 i 农村生态地下水供水量；

$\quad VWRSUPPLY_i$——时段 i 农村生态再生水供水量；

$\quad VWLSUPPLY_i$——时段 i 农村生态当地未控径流供水量。

2. 各用水行业缺水量

时段 i 各用水行业缺水量见式（6-47）～式（6-52）。

$$XMOREZC_i = CWDEMAND_i - CWSUPPLY_i \quad (6-47)$$

式中 $XMOREZC_i$——时段 i 城镇生活缺水量。

$$XMOREZR_i = RWDEMAND_i - RWSUPPLY_i \quad (6-48)$$

式中 $XMOREZR_i$——时段 i 农村生活缺水量；

$\quad RWDEMAND_i$——时段 i 农村生活需水量。

$$XMOREZI_i = IWDEMAND_i - IWSUPPLY_i \quad (6-49)$$

式中 $XMOREZI_i$——时段 i 工业缺水量；

$\quad IWDEMAND_i$——时段 i 工业需水量。

$$XMOREZA_i = AWDEMAND_i - AWSUPPLY_i \quad (6-50)$$

式中 $XMOREZA_i$——时段 i 农业缺水量；

$\quad AWDEMAND_i$——时段 i 农业需水量。

$$XMOREZE_i = EWDEMAND_i - EWSUPPLY_i \quad (6-51)$$

式中 $XMOREZE_i$——时段 i 城镇生态缺水量；

$\quad EWDEMAND_i$——时段 i 城镇生态需水量。

$$XMOREZV_i = VWDEMAND_i - VWSUPPLY_i \quad (6-52)$$

式中 $XMOREZV_i$——时段 i 农村生态缺水量；

$\quad VWDEMAND_i$——时段 i 农村生态需水量。

6.4.3 单一节点水量平衡计算

6.4.3.1 供水渠道目标需水量计算

根据水资源配置系统网络图，当地地表水和外调水要通过引水节点或水库的供水渠道向计算单元各用水行业供水。供水渠道通常分为两类：直接供水渠道和间接供水渠道。与计算单元相联接的供水渠道称为直接供水渠道，引水节点或水库彼此之间相联接的供水渠道称为间接供水渠道。引水节点或水库在水量平衡计算时，需要预先确定供水渠道的目标需水量。直接供水渠道对应着明确的用水行业，间接供水渠道无明确的用水行业，因此，两类供水渠道目标需水量的确定方法不同。

在对系统网络图上的引水节点、水库等进行计算次序编码时，由于模拟顺序的原因，有些供水渠道连线上游端点在形式上需要与引水节点或水库断开，并按照支流进行节点次序编码。设当地地表水供水渠道、外调水供水渠道是否断开的参数分别为 Dcanoff、Canoff，取值为 0、1，其中 1 表示断开，0 表示不断开。断开渠道可以是当地地表水直接供水渠道或间接供水渠道，也可以是外调水。在节点平衡计算时，需要预先确定这些断开渠道目标需水过程。

1. 直接供水渠道不断开时目标需水量计算

根据渠道连线的水源类型及组合，直接供水渠道的目标需水量有 3 种类型：仅有当地地表水渠道目标需水量、仅有外调水渠道目标需水量、同时有外调水渠道和当地地表水渠道目标需水量。这 3 种目标需水量均需要在无渠道连线单元供水计算的基础上进行。为了减小表 6-1 确定的用水行业不同供水水源需水过程出现的偏差，将无渠道连线单元水资源供需平衡后的各用水行业缺水量作为当地地表水渠道、外调水渠道对应的各用水行业目标需水量的组成部分。例如，城镇生活当地地表水目标需水量等于城镇生活当地地表水需水量与无渠道连线单元城镇生活缺水量之和。当同时有外调水渠道和当地地表水渠道时，约定将无渠道连线单元用水行业缺水量加到外调水渠道对应的各用水行业中。

（1）仅有当地地表水渠道目标需水量计算。首先计算各用水行业当地地表水目标需水量，然后根据当地地表水渠道过流能力确定最终的目标需水量。

1）各用水行业当地地表水目标需水量。各用水行业当地地表水目标需水量计算公式为式（6-53）～式（6-58）。

$$CWSOBJDMND_i = CWSDEMAND_i + XMOREZC_i \qquad (6-53)$$

式中　$CWSOBJDMND_i$——时段 i 城镇生活当地地表水目标需水量；

　　　$CWSDEMAND_i$——时段 i 城镇生活当地地表水需水量。

$$RWSOBJDMND_i = RWSDEMAND_i + XMOREZR_i \qquad (6-54)$$

式中　$RWSOBJDMND_i$——时段 i 农村生活当地地表水目标需水量；

　　　$RWSDEMAND_i$——时段 i 农村生活当地地表水需水量。

$$IWSOBJDMND_i = IWSDEMAND_i + XMOREZI_i \qquad (6-55)$$

式中　$IWSOBJDMND_i$——时段 i 工业当地地表水目标需水量；

　　　$IWSDEMAND_i$——时段 i 工业当地地表水需水量。

$$AWSOBJDMND_i = AWSDEMAND_i + XMOREZA_i \qquad (6-56)$$

式中　$AWSOBJDMND_i$——时段 i 农业当地地表水目标需水量；

　　　$AWSDEMAND_i$——时段 i 农业当地地表水需水量。

$$EWSOBJDMND_i = EWSDEMAND_i + XMOREZE_i \qquad (6-57)$$

式中　$EWSOBJDMND_i$——时段 i 城镇生态当地地表水目标需水量；

　　　$EWSDEMAND_i$——时段 i 城镇生态当地地表水需水量。

$$VWSOBJDMND_i = VWSDEMAND_i + XMOREZV_i \qquad (6-58)$$

式中　$VWSOBJDMND_i$——时段 i 农村生态当地地表水目标需水量；

　　　$VWSDEMAND_i$——时段 i 农村生态当地地表水需水量。

2）有约束条件的各用水行业当地地表水目标需水量。时段 i 总当地地表水目标需水量 $TWSOBJDMND_i$ 为

$$\begin{aligned}
TWSOBJDMND_i = {} & CWSOBJDMND_i + RWSOBJDMND_i + IWSOBJDMND_i \\
& + AWSOBJDMND_i + EWSOBJDMND_i + VWSOBJDMND_i
\end{aligned}$$
$$(6-59)$$

若时段 i 总当地地表水目标需水量不大于当地地表水渠道过流能力，按照式（6-53）～式（6-58）确定的各用水行业当地地表水目标需水量满足渠道过流能力约束条件。

若时段 i 总当地地表水目标需水量大于当地地表水渠道过流能力，按照式（6-53）～式（6-58）确定的各用水行业当地地表水目标需水量不满足渠道过流能力约束条件，需要进行修正。修正步骤为：

a. 时段 i 总当地地表水目标需水量等于当地地表水渠道过流能力。

b. 按照事先拟定的供水优先顺序，如城镇生活、农村生活、工业、城镇生态、农业、农村生态，依次将时段 i 总当地地表水目标需水量进行分配，得到各用水行业当地地表水目标需水量，顺序靠后的用水行业会出现不满足预先拟定的当地地表水目标需水量需求。

（2）仅有外调水渠道目标需水量计算。与仅有当地地表水渠道目标需水量计算相同。

（3）同时有当地地表水渠道和外调水渠道目标需水量计算。当地地表水渠道目标需水量计算：去掉式（6-53）～式（6-58）中的无渠道连线单元用水行业缺水量，其他与仅有当地地表水渠道目标需水量计算相同。

外调水渠道目标需水量计算与仅有外调水渠道目标需水量计算相同。

2. 直接供水渠道断开时目标需水量计算

当地地表水或外调水直接供水渠道断开时目标需水量确定方法：预先假定一个时段需水过程。由于时段需水过程是人为给定，可以根据实际情况和供需平衡结果不断修改。

3. 间接供水渠道目标需水量计算

当地地表水与河道紧密相关，其间接供水渠道需要预先给定目标需水过程才能进行水量平衡计算，通常处理为断开的间接供水渠道。外调水通常定义为一个独立的水传输系统，与河道无关，其间接供水渠道在断开时需拟定目标需水过程，不断开时是一个未知变量。

上述目标需水量的确定均是预先假定一个时段需水过程。

6.4.3.2 引水节点水量平衡计算

1. 节点水量平衡计算思路

（1）节点水源类型变化。在绘制系统网络图时，为了区别和突出大中型引水工程，常常将它们定义为外调水工程。这些工程的水源可能来自外流域，也可能来自本流域。对于来自本流域的水源，即连接外调水渠道的引水节点或水库的上游没有定义外调水源时，需要将该节点或水库的部分当地地表水转变为外调水，这样的引水枢纽或水库仅出现在所定义的外调水工程的最上游节点，且仅出现一次。由于平衡方程与其他节点不同，需要对该节点或水库进行标识，并设置一个参数。引水节点参数 nodcng、水库参数 rescng，取值为 0、1，其中 1 表示有水源类型改变，0 表示无水源类型改变。

（2）节点水量平衡计算分类。根据计算单元目标需水的设计要求，引水枢纽水量平衡计算主要分为下游仅有当地地表水渠道、仅有外调水渠道、同时有当地地表水渠道和外调水渠道三种类型。节点有水源类型变化的平衡方程与其他节点相比，虽然形式上有所不同，但本质上却无任何差别。为了便于模型设计和分析计算，将有水源类型改变的节点平衡计算作为第四种类型。

（3）引水节点供水计算过程。引水枢纽无调蓄库容或者很小。为了简化计算，节点供水计算不区分用水行业类型，在满足下游生态流量的前提下，将当地地表水和外调水的总目标需水量分别与其对应的节点总来水量进行水量平衡计算，得到当地地表水总供水量、外调水总供水量，最后进行各渠道、各用水行业的供水分配。

（4）节点下泄流量控制规则。河流断面预期目标流量主要由水库下泄水量进行控制，引水节点不控制。

引水节点下泄流量控制规则为：①河流最小生态流量必须优先满足。②考虑河流适宜生态流量时，节点可供水量要优先满足河流最小生态流量和河流适宜生态流量。不考虑河流适宜生态流量时，节点可供水量仅优先满足河流最小生态流量。

河流适宜生态流量拟在用户界面上设置一个选项，如参数 EcoQ，值为 0、1，其中 1 表示考虑河流适宜生态流量，0 表示不考虑河流适宜生态流量。

2. 仅有当地地表水渠道的节点平衡计算

当仅有当地地表水渠道时，引水节点是否有水源类型改变的参数 nodcng 为 0。计算步骤为：

（1）计算引水节点上游总来水量。时段 i 引水节点上游当地地表水总来水量为

$$NDUPTOTSW_i = INFLOWN_i + \sum_{j=0}^{n}(NUPRIVW_{ij} \times NUPRIVCOE_j)$$
$$+ \sum_{j=0}^{n}(NUPDRNW_{ij} \times NUPDRNCOE_j) + \sum_{j=0}^{n}(NUPSCNW_{ij} \times NUPSCNCOE_j)$$

$$(6-60)$$

式中　$NDUPTOTSW_i$——时段 i 节点上游当地地表水总来水量；

$INFLOWN_i$——时段 i 当地地表水节点入流；

$NUPRIVW_{ij}$——时段 i 节点上游第 j 条河道来水量；

$NUPRIVCOE_j$——节点上游第 j 条河道有效利用系数；

$NUPDRNW_{ij}$——时段 i 节点上游第 j 个计算单元排水量；

$NUPDRNCOE_j$——节点上游第 j 个计算单元排水有效利用系数；

$NUPSCNW_{ij}$——时段 i 节点上游第 j 条当地地表水渠道水量；

$NUPSCNCOE_j$——节点上游第 j 条当地地表水渠道有效利用系数。

（2）不考虑河流适宜生态流量的节点平衡计算。

不考虑河流适宜生态流量时，当地地表水仅优先满足河流最小生态流量。节点当地地表水可供水量为

$$NDSWSUPPLY_i = NDUPTOTSW_i - BASECOQ_i \qquad (6-61)$$

式中　$NDSWSUPPLY_i$——时段 i 节点当地地表水可供水量；

$BASECOQ_i$——时段 i 节点下游河道最小生态流量。

式（6-61）存在 3 种情况：

1）若 $NDSWSUPPLY_i < 0$，则时段 i 节点当地地表水供水量为 0，时段 i 节点下游河道下泄水量等于时段 i 节点上游总来水量，即

$$NDRIVSUR_i = NDUPTOTSW_i \qquad (6-62)$$

式中　$NDRIVSUR_i$——时段 i 节点下游河道下泄水量。

2）若 $NDSWSUPPLY_i \geqslant 0$，且时段 i 节点当地地表水可供水量不满足时段 i 当地地表水目标需水量，则时段 i 节点当地地表水供水量等于时段 i 节点当地地表水可供水量，即

$$NDSSUPPLY_i = NDSWSUPPLY_i \qquad (6-63)$$

式中　$NDSSUPPLY_i$——时段 i 节点当地地表水供水量。

该时段存在供水缺口。时段 i 节点下游河道下泄水量等于时段 i 节点下游河道最小生态流量，即

$$NDRIVSUR_i = BASECOQ_i \qquad (6-64)$$

3）若 $NDSWSUPPLY_i \geqslant 0$，且时段 i 节点当地地表水可供水量满足时段 i 当地地表水目标需水量，则时段 i 节点当地地表水供水量等于时段 i 节点当地地表水目标需水量，即

$$NDSSUPPLY_i = NDWSOBJDMND_i \qquad (6-65)$$

式中　$NDWSOBJDMND_i$——时段 i 节点当地地表水目标需水量。

时段 i 节点下游河道下泄水量为

$$NDRIVSUR_i = NDSWSUPPLY_i - NDWSOBJDMND_i + BASECOQ_i \quad (6-66)$$

（3）考虑河流适宜生态流量的节点平衡计算。考虑河流适宜生态流量时，节点供水量要优先满足河流最小生态流量和河流适宜生态流量。由于河流适宜生态流量包含河流最小生态流量，节点当地地表水可供水量为

$$NDSWSUPPLY_i = NDUPTOTSW_i - APPRECOQ_i \qquad (6-67)$$

式中　$APPRECOQ_i$——时段 i 节点下游河道适宜生态流量。

式（6-67）也存在 3 种情况，与不考虑河流适宜生态流量节点平衡计算类似，即将式（6-62）～式（6-66）中的最小生态流量替换为适宜生态流量。

3. 仅有外调水渠道的节点平衡计算

本小节讨论仅有外调水渠道、引水节点水源类型改变参数 nodcng 为 0 的情况，约定

节点平衡方程不涉及河道，仅有外调水渠道的水量平衡关系。

外调水渠道一般有两种类型，即直接供水渠道和间接供水渠道。直接供水渠道无论是断开或不断开，均有目标需水过程。断开时是一个拟定的目标需水过程，不断开时是一个由计算单元给定的目标需水过程。间接供水渠道在断开时有一个拟定的目标需水过程，不断开时是一个需计算的未知变量。

在节点平衡计算时可能会出现的问题：当节点下游均为直接供水渠道时，会出现剩余外调水量，这需要通过不断试算，使剩余外调水量趋于零。推荐的解决方法：一是手动调整；二是在该节点设置一条外调水退水渠道，将多余的外调水量排入河道；三是编制程序自动调整。

直接供水渠道断开时得到的外调水供水过程也会出现类似的问题，在计算单元供需平衡计算时需要解决该问题，处理方法类似于渠道前述推荐的解决方法。

节点平衡计算步骤：

（1）计算引水节点上游总来水量。节点上游总来水有两种情况：一是纯外调水节点，二是其他类型节点。

1）纯外调水节点

$$NDUPTOTDW_i = INFLOWND_i \qquad (6-68)$$

式中 $NDUPTOTDW_i$——时段 i 节点上游外调水总来水量；

$INFLOWND_i$——时段 i 外调水节点入流。

2）其他类型节点

$$NDUPTOTDW_i = \sum_{j=0}^{n} (NUPDCNW_{ij} \times NUPDCNCOE_j) \qquad (6-69)$$

式中 $NUPDCNW_{ij}$——时段 i 节点上游第 j 条外调水渠道水量；

$NUPDCNCOE_j$——节点上游第 j 条外调水渠道有效利用系数。

（2）节点平衡计算。由于不涉及生态流量，节点上游外调水总来水量就是可供水量。节点平衡计算有两种情况：

1）满足外调水目标需水量。

时段 i 节点外调水供水量为

$$NDDSUPPLY_i = NDWDOBJDMND_i \qquad (6-70)$$

式中 $NDDSUPPLY_i$——时段 i 节点外调水供水量；

$NDWDOBJDMND_i$——时段 i 节点外调水目标需水量。

若有不断开的间接供水渠道，该渠道的输水量为

$$NDDNDCNLW_i = NDUPTOTDW_i - NDWDOBJDMND_i \qquad (6-71)$$

式中 $NDDNDCNLW_i$——时段 i 节点外调水间接供水渠道输水量。

此时，该节点剩余外调水量为0。若没有不断开的间接供水渠道，则剩余外调水量按照式（6-71）计算。

2）不满足外调水目标需水量。

时段 i 节点外调水供水量为

$$NDDSUPPLY_i = NDUPTOTDW_i \qquad (6-72)$$

若有不断开的间接供水渠道，该渠道的输水量为 0，节点剩余外调水量为 0。若没有不断开的间接供水渠道，节点剩余外调水量也为 0。

4. 当地地表水和外调水渠道的节点平衡计算

本小节讨论的当地地表水渠道和外调水渠道在节点平衡计算中是两个独立的水传输系统，因此，计算过程是上述"仅有当地地表水渠道的节点平衡计算"与"仅有外调水渠道的节点平衡计算"两者的组合。

5. 有水源类型改变的节点平衡计算

对于一个具体的外调水工程，有水源类型改变的节点只可能有一个。在绘制系统网络图时，若该节点有多条外调水渠道，约定先合为一条渠道，通过一个引水节点再分出多条外调水渠道。无论外调水渠道是否断开，均需要事先给定一个时段供水过程，且该过程不大于渠道输水能力，最后通过节点平衡计算得到实际供水过程。此时引水节点水源类型改变参数 nodcng 为 1，计算步骤为：

（1）计算引水节点上游总来水量。时段 i 引水节点上游当地地表水总来水量同式（6-60）。

（2）不考虑河流适宜生态流量的节点平衡计算。不考虑河流适宜生态流量时，仅优先满足河流最小生态流量。节点当地地表水和外调水的可供水量同式（6-61），当地地表水也存在 3 种情况：

1）若 $NDSWSUPPLY_i < 0$，则时段 i 节点当地地表水和外调水的供水量为 0，时段 i 节点下游河道下泄水量等于时段 i 节点上游总来水量，同式（6-62）。

2）若 $NDSWSUPPLY_i \geq 0$，且时段 i 节点当地地表水和外调水可供水量不满足时段 i 当地地表水和外调水的目标需水量，则时段 i 节点当地地表水和外调水供水量为

$$NDSDSUPPLY_i = NDSWSUPPLY_i \qquad (6-73)$$

式中　　$NDSDSUPPLY_i$——时段 i 节点当地地表水和外调水供水量。

该时段存在供水缺口。时段 i 节点下游河道下泄水量等于时段 i 节点下游河道最小生态流量，同式（6-64）。

3）若 $NDSWSUPPLY_i \geq 0$，且时段 i 节点当地地表水和外调水可供水量满足时段 i 当地地表水和外调水的目标需水量，则时段 i 节点当地地表水和外调水供水量为其对应的目标需水量。

$$NDSDSUPPLY_i = NDWSOBJDMND_i + NDWDOBJDMND_i \qquad (6-74)$$

时段 i 节点下游河道下泄水量为

$$NDRIVSUR_i = NDSWSUPPLY_i - NDWSOBJDMND_i \\ - NDWDOBJDMND_i + BASECOQ_i \qquad (6-75)$$

（3）考虑河流适宜生态流量的节点平衡计算。考虑河流适宜生态流量时，节点供水量要优先满足河流最小生态流量和河流适宜生态流量。节点当地地表水可供水量同式（6-67），也存在 3 种情况，与上述不考虑河流适宜生态流量节点平衡计算类似，但需要将计算公式中的最小生态流量替换为适宜生态流量。

6. 节点供水量分配

上述节点供水量是当地地表水渠道、外调水渠道的总供水量。若节点供水量满足目标

需水量，则各条渠道的各用水行业供水量等于其对应的目标需水量；若节点供水量不满足目标需水量，即有供水缺口时，则涉及当地地表水与外调水间的供水分配、当地地表水渠道间的供水分配、外调水渠道间的供水分配、当地地表水渠道各用水行业间的供水分配、外调水渠道各用水行业间的供水分配等，需要根据节点有无分水比例确定相应的供水量分配规则。

（1）节点有供水缺口时的分配规则。对于有水源类型变化的节点，将当地地表水和外调水统一进行供水量分配；对于无水源类型变化的节点，将当地地表水和外调水分别进行供水量分配。节点供水量分配规则：

1）节点有分水比例时，按照分水比例对每条渠道进行供水分配，各渠道再按照用水行业优先序分配水量。

2）节点无分水比例时，按照缺水率相等对每条渠道进行供水分配，各渠道再按照用水行业优先序分配水量。

（2）有供水缺口时的分配计算方法。当供水结果存在缺口时，引水节点和水库拟采用两种计算方法进行供水量分配：①考虑计算单元间分水比例；②不考虑计算单元间分水比例。

1）无分水比例供水量分配计算。引水节点和水库的分水比例最终反映在计算单元间的供水分配。若计算单元间无分水比例要求时，按照缺水率相等分配各供水渠道的水量。

已知有 n 条供水渠道，总目标需水量为 TQ，总供水量为 TW，渠道 i 目标需水量为 $Q(i)$。设渠道 i 供水量为 $W(i)$，则

$$W(i) = (1-R) \times Q(i) \tag{6-76}$$

式中　R——缺水率，即

$$R = 1 - \frac{TW}{TQ} \tag{6-77}$$

2）有分水比例供水量分配计算。若计算单元间有分水比例要求时，按照分水比例分配各供水渠道的水量。

已知有 n 条供水渠道，总目标需水量为 TQ，总供水量为 TW，渠道 i 目标需水量为 $Q(i)$、分水比例为 $R(i)$。设渠道 i 供水量为 $W(i)$，计算步骤为：

第 1 步：按照分水比例将总供水量初步分配至各供水渠道。

$$W(i) = TW \times R(i) \tag{6-78}$$

第 2 步：若 $W(i) - Q(i) \geqslant 0$，则 $W(i) = Q(i)$，渠道 i 的剩余水量 $TMP(i) = W(i) - Q(i)$。设有 k 条渠道供水量大于目标需水量，则总剩余水量 $TotW$ 为

$$TotW = \sum_{i=1}^{k} TMP(i) \tag{6-79}$$

若 $TotW = 0$，则计算完毕，否则进行下一步。

第 3 步：计算分配 $TotW$ 的用水比例 $R_1(i)$，有 $n-k$ 条渠道。

$$R_1(i) = \frac{R(i)}{\sum_{i=1}^{n-k} R(i)} \tag{6-80}$$

第4步：将 $TotW$ 分配到未满足目标需水量的渠道。

$$W(i) = TW \times R(i) + TotW \times R_1(i) \tag{6-81}$$

第5步：重复第2步至第4步。

（3）节点供水量分配计算。引水节点是以各用水行业目标需水量合计值为对象进行供需平衡计算，有三种类型供水结果：当地地表水和外调水总供水量、当地地表水总供水量、外调水总供水量。节点供需平衡结果有两种：满足目标需水量和不满足目标需水量。

1）满足目标需水量时供水量分配。由于不存在供水缺口，各用水行业的供水量等于其对应的目标需水量。

2）不满足目标需水量时供水量分配。分为有水源类型变化和无水源类型变化两类。

a. 节点有水源类型变化时，供水结果是当地地表水和外调水总供水量。供水量分配过程为：

第1步：将节点总供水量分解为当地地表水渠道供水量与外调水渠道供水量。若节点有分水比例，则按照有分水比例供水量分配方法计算；若节点无分水比例，则按照缺水率相等分配各供水渠道的水量。

第2步：将当地地表水渠道供水量和外调水渠道供水量再分别分解到各个用水行业。若渠道 i 为间接供水渠道，则渠道 i 实际供水量等于分配的供水量；若渠道 i 为直接供水渠道，则按照用水行业优先序分配水量。

b. 节点无水源类型变化时，供水结果类型有：当地地表水供水量，外调水供水量，或两者同时存在，这些供水量的分配过程相同。下面以当地地表水为例，供水量分配过程为：

第1步：将当地地表水供水量分解到各个当地地表水渠道。若节点有分水比例，则按照有分水比例供水量分配方法计算；若节点无分水比例，则按照缺水率相等分配各供水渠道的水量。

第2步：将当地地表水渠道供水量分解到各用水行业。若渠道 i 为间接供水渠道，则渠道 i 实际供水量等于分配的供水量；若渠道 i 为直接供水渠道，则按照用水行业优先序分配水量。

6.4.3.3 水库水量平衡计算

1. 水库调度线。

（1）水库调度线组成。水库调度线一般由农业、生态、工业、生活等调度线组成。

农业、生态、工业、生活等供水遵循对应的调度线，城镇生态和农村生态供水遵循农业调度线。

生态调度线主要是控制河道适宜生态流量、断面预期目标流量，主要由水库下泄水量进行控制。可在用户界面上设置选项，如参数 $EcoQ$、$SecQ$，取值均为 0、1。其中 1 表示考虑河道适宜生态流量、考虑河道断面预期目标流量，0 表示不考虑河道适宜生态流量、不考虑河道断面预期目标流量。

当水库有水源类型变化时，常增设一条调水控制线。调水控制线是在满足当地供水的前提下允许的外调水量，一般位于农业调度线之上。可在用户界面上设置一个选项，如参数 Res_Div 取值为 1，有调水控制线；取值为 0，无调水控制线。

每个水库设置一个间接供水调度线选项，默认为工业调度线，当地地表水、外调水的间接供水均遵循该调度线。

（2）水库调度规则。

1）水库下泄流量控制遵循水库生态调度规则。

2）有调水控制线时，按照调水控制线调度；无调水控制线时，当地地表水供水优先，外调水按照选择的调度线供水。

3）仅有当地地表水或者仅有外调水供水时，依次按照农业、生态、工业、生活对应的调度线向各用水行业供水。

4）当同时有当地地表水和外调水供水时，外调水按照用水行业优先序且不遵循水库调度线，当地地表水遵循仅有当地地表水时水库调度规则。

2. 水库水量平衡计算思路

（1）水库水量平衡计算分类。根据计算单元目标需水的设计要求，分为下游仅有当地地表水渠道、仅有外调水渠道、同时有当地地表水渠道和外调水渠道、有水源类型改变的水库水量平衡计算。

（2）水库供水计算过程。水库按照调度线向各用水行业供水。为了简化计算，先分别将各用水行业目标需水量、间接供水渠道目标需水量进行合计。其次将各用水行业总目标需水量、间接供水渠道总目标需水量、水库下游生态流量，按照水库调度线从上至下的顺序进行排序。再次以这个排序进行水库水量平衡计算，得到各用水行业总供水量、间接供水渠道总供水量、水库下游实际生态流量。最后进行各渠道、各用水行业的供水量分配。

（3）水库下泄流量控制规则。河流断面预期目标流量主要由水库下泄水量进行控制。水库下泄流量控制规则为：①河流最小生态流量必须优先满足。②考虑河流生态适宜流量时，水库可供水量要优先满足河流最小生态流量和河流生态适宜流量；不考虑河流生态适宜流量时，水库可供水量仅优先满足河流最小生态流量。③河流断面预期目标流量同河流适宜生态流量类似，在满足所有供水任务之后进行河流断面预期目标流量调度。

3. 仅有当地地表水渠道的水库平衡计算

当仅有当地地表水渠道时，水库是否有水源类型改变的参数 rescng 为 0。计算过程为：将水库当地地表水来水与时段初库容合计，扣除水库蒸发渗漏量，判断水库能否供出水量。在满足河道最小生态流量的前提下，按照水库调度线进行相应的供水和生态调度。若时段末库容大于水库正常库容，则多余的水量泄入下游河道。

（1）判断水库能否供出水量。时段 i 水库上游当地地表水总来水量为

$$RUPTOTSW_i = INFLOWR_i + \sum_{j=0}^{n}(RUPRIVW_{ij} \times RUPRIVCOE_j)$$
$$+ \sum_{j=0}^{n}(RUPDRNW_{ij} \times RUPDRNCOE_j) + \sum_{j=0}^{n}(RUPSCNW_{ij}$$
$$\times RUPSCNCOE_j) \qquad (6-82)$$

式中　$RUPTOTSW_i$——时段 i 水库上游当地地表水总来水量；

　　　$INFLOWR_i$——时段 i 当地地表水水库入流；

　　　$RUPRIVW_{ij}$——时段 i 水库上游第 j 条河道来水量；

　　　$RUPRIVCOE_j$——水库上游第 j 条河道有效利用系数；

$RUPDRNW_{ij}$——时段 i 水库上游第 j 个计算单元排水量；

$RUPDRNCOE_j$——水库上游第 j 个计算单元排水有效利用系数；

$RUPSCNW_{ij}$——时段 i 水库上游第 j 条当地地表水渠道水量；

$RUPSCNCOE_j$——水库上游第 j 条当地地表水渠道有效利用系数。

时段 i 水库蒸发量为

$$RESEVAW_i = RESSV_i \times REVACOE_i \tag{6-83}$$

式中　$RESEVAW_i$——时段 i 水库蒸发量；

$RESSV_i$——时段 i 初库容；

$REVACOE_i$——时段 i 水库蒸发比例。

时段 i 水库渗漏量为

$$RESSEEW_i = RESSV_i \times RSEECOE_i \tag{6-84}$$

式中　$RESSEEW_i$——时段 i 水库渗漏量；

$RSEECOE_i$——时段 i 水库渗漏比例。

时段 i 水库扣除蒸发渗漏量的蓄水量 $RESV_i$ 为

$$RESV_i = RESSV_i + RUPTOTSW_i - RESEVAW_i - RESSEEW_i \tag{6-85}$$

判断水库能否供出水量：有两种情况水库无水可供，则退出水库水量平衡计算。

1）若 $RESV_i$ 不大于死库容，则水库可供水量与河道下游最小生态流量为 0，水库下游河道下泄水量 $RESECOQ_i$ 为

$$RESECOQ_i = 0 \tag{6-86}$$

2）若 $RESV_i$ 大于死库容，但不满足河道下游最小生态流量，则水库可供水量为 0，水库下游河道下泄水量 $RESECOQ_i$ 为

$$RESECOQ_i = RESV_i - V_d \tag{6-87}$$

式中　V_d——死库容。

当水库满足供水要求时，进入下一步。

（2）水库供水计算。

1）将各当地地表水渠道目标需水量按照用水行业合计，得到各行业目标需水量总和。若存在两条或两条以上断开的当地地表水渠道时，约定选择相同的调度线，并将这些目标需水量合计。

2）由库容曲线查出时段 i 农业、生态、工业、生活等调度线对应的库容 V_{Ai}、V_{Ei}、V_{Ii}、V_{Ci}。时段 i 水库扣除蒸发渗漏量和最小生态流量的初始蓄水量 $RESEV_i$ 为

$$RESEV_i = RESV_i - BASECOQ_i \tag{6-88}$$

式中　$BASECOQ_i$——时段 i 水库下游河道最小生态流量。

3）水库调度线从上至下的顺序为：农业、生态、工业、生活。调度线对应的各用水行业供水顺序为：农业、城镇生态、农村生态、河道适宜生态流量或断面预期目标流量、工业、城镇生活、农村生活。当有断开的当地地表水渠道时，相当于增加了一个用水行业，这个用水行业可以根据实际情况拟定其供水优先级，即通过选择调度线来实现。对于某一个具体的用水行业，它的调度线已经确定，水库调度计算步骤相同。下面以城镇生活供水为例给出计算过程。

已知时段 i 水库初始蓄水量 $RESEV_i$、生活调度线对应的库容 V_{Ci}、城镇生活目标需水量 $CWSOBJDMND_i$，计算时段 i 当地地表水渠道城镇生活供水量 $CWSUPPLY_i$、水库供水后剩余库容 $RENDV_i$。

时段 i 水库可供水量 $RESAV_i$ 为

$$RESAV_i = RESEV_i - V_{Ci} \tag{6-89}$$

时段 i 水库可供水量存在 3 种情况：

a. 若 $RESAV_i \leqslant 0$，则

$$CWSUPPLY_i = 0 \tag{6-90}$$

$$RENDV_i = RESEV_i \tag{6-91}$$

b. 若 $RESAV_i > 0$，且（$RESAV_i - CWSOBJDMND_i$）$\leqslant 0$，则

$$CWSUPPLY_i = RESAV_i \tag{6-92}$$

$$RENDV_i = RESEV_i - CWSUPPLY_i \tag{6-93}$$

c. 若 $RESAV_i > 0$，且（$RESAV_i - CWSOBJDMND_i$）> 0，则

$$CWSUPPLY_i = CWSOBJDMND_i \tag{6-94}$$

时段 i 水库供水后剩余库容 $RENDV_i$ 同式（6-93）。

4）当无断开的当地地表水渠道时，按照各用水行业供水的顺序，以 3）中城镇生活供水的计算方法，依次计算时段 i 当地地表水渠道的农业供水量、城镇生态供水量、农村生态供水量、河道适宜生态流量或断面预期目标流量、工业供水量、城镇生活供水量、农村生活供水量。每个用水行业的水库供水后剩余库容是下一个用水行业的水库初始蓄水量。

时段 i 水库初始蓄水量扣除了河道最小生态流量，在计算河道适宜生态流量或断面预期目标流量时，应在它们对应的目标流量中减去河道最小生态流量。由于断面预期目标流量大于适宜生态流量，若两者同时出现时，仅计算断面预期目标流量即可。

5）当有断开的当地地表水渠道时，将增加一个选定调度线的用水行业，约定将该用水行业排列在与其相同的用水行业之前，生成新的用水行业供水顺序。水库供水计算与4）相同。

（3）水库下游河道下泄水量计算。时段 i 水库下游河道下泄水量由河道生态流量与超出水库正常库容下泄的水量之和组成。

1）河道生态流量。仅有断面预期目标流量要求时，河道生态水量为

$$RIVECOQ_i = SECESUPPLY_i + BASECOQ_i \tag{6-95}$$

式中　$RIVECOQ_i$——时段 i 河道生态水量；

$SECESUPPLY_i$——时段 i 实际下泄生态目标水量。

仅有适宜生态流量要求时，河道生态水量为

$$RIVECOQ_i = APPESUPPLY_i + BASECOQ_i \tag{6-96}$$

式中　$APPESUPPLY_i$——时段 i 实际下泄适宜生态水量。

无断面预期目标流量和适宜生态流量要求时，河道生态水量为

$$RIVECOQ_i = BASECOQ_i \tag{6-97}$$

2）超出水库正常库容下泄的水量。非汛期时，水库上限库容为正常库容；汛期时，水库上限库容为汛限库容。

a. 当计算时段 i 在非汛期时，若最后一个水库供水后剩余库容大于水库正常库容，则水库多余水量为

$$RSURPLUS_i = RENDV_i - V_{nor} \tag{6-98}$$

式中　$RSURPLUS_i$——时段 i 水库多余水量；

　　　V_{nor}——水库正常库容。

时段 i 水库末库容为

$$RENDV_i = V_{nor} \tag{6-99}$$

若最后一个水库供水后剩余库容小于水库正常库容，则水库多余水量为

$$RSURPLUS_i = 0 \tag{6-100}$$

时段 i 水库末库容等于最后一个水库供水后剩余库容。

b. 当计算时段 i 在汛期时，计算过程与非汛期相同，仅需将式（6-98）、式（6-99）中的 V_{nor} 用汛限库容 V_{lim} 替代。

3）水库下游河道下泄水量

$$RESECOQ_i = RIVECOQ_i + RSURPLUS_i \tag{6-101}$$

式中　$RESECOQ_i$——时段 i 水库下游河道下泄水量。

4. 仅有外调水渠道的水库平衡计算

大型或重要的引水工程常定义为外调水工程，调节这部分水量的水库属于这种情况。通常不考虑该水库下游的生态流量，满足防洪要求即可。水库调度计算与当地地表水类似。

（1）判断水库能否供出水量。时段 i 水库上游外调水总来水量为

$$RUPTOTDW_i = \sum_{j=0}^{n} (RUPDCNW_{ij} \times RUPDCNCOE_j) \tag{6-102}$$

式中　$RUPTOTDW_i$——时段 i 水库上游外调水总来水量；

　　　$RUPDCNW_{ij}$——时段 i 水库上游第 j 条外调水渠道水量；

　　$RUPDCNCOE_j$——水库上游第 j 条外调水渠道有效利用系数。

时段 i 水库蒸发量和渗漏量分别与式（6-83）、式（6-84）相同。时段 i 水库扣除蒸发渗漏量的蓄水量为

$$RESDV_i = RESSDV_i + RUPTOTDW_i - RESEVADW_i - RESSEEDW_i \tag{6-103}$$

式中　$RESDV_i$——时段 i 水库扣除蒸发渗漏量的蓄水量；

　　　$RESSDV_i$——时段 i 外调水初库容；

　$RESEVADW_i$——时段 i 水库外调水蒸发量；

　$RESSEEDW_i$——时段 i 外调水水库渗漏量。

判断水库能否供出水量：若 $RESDV_i$ 不大于死库容，则水库无水可供，时段 i 水库末库容等于 $RESDV_i$，进入下游河道的水量为 0。退出水库水量平衡计算。

当水库满足供水要求时，进入下一步。

（2）水库供水计算。

1）将各外调水渠道目标需水量按照用水行业合计，得到各行业目标需水量总和。若

存在两条或两条以上断开的外调水渠道时，约定选择相同的调度线，并将这些目标需水量合计。

2）由库容曲线查出时段 i 农业、生态、工业、生活等调度线对应的库容 V_{Ai}、V_{Ei}、V_{Ii}、V_{Ci}。

3）水库调度线顺序、调度线对应的各用水行业供水顺序、无断开外调水渠道和有断开外调水渠道的水库供水计算等，参考仅有当地地表水渠道的水库平衡计算。

（3）水库下游河道下泄水量计算。时段 i 水库下游河道下泄水量是超出水库正常库容或汛限库容下泄的水量。计算过程参考仅有当地地表水渠道的水库平衡计算中的相应内容。

5. 当地地表水和外调水水库平衡计算

先外调水供水计算，后当地地表水供水计算。外调水不受水库调度线约束，按照用水行业优先序供水。当地地表水按照水库调度线供水计算。主要过程为：

（1）将时段 i 外调水来水量与时段 i 外调水初始库容相加，得到时段 i 外调水蓄水量，再与外调水总目标需水量进行供需平衡计算，剩余水量为时段 i 外调水末库容。

（2）将时段 i 当地地表水来水量与时段 i 当地地表水初始库容相加，得到时段 i 当地地表水蓄水量，按照水库调度线进行相应的供水调度，即水库调度线只考虑当地地表水库容。水库当地表地表水供需平衡完成后，得到当地地表水的时段 i 末库容。

（3）将当地地表水与外调水的时段 i 末库容相加，与水库的上限库容进行比较，如果大于其正常库容或汛限库容，则多余的水量下泄入河道。

具体计算步骤为：

（1）水库外调水供水计算。

1）水库可供外调水量计算。时段 i 水库上游外调水来水量与式（6-102）相同。

时段 i 水库外调水蒸发量为

$$RESEVADW_i = RESSDV_i \times REVACOE_i \qquad (6-104)$$

式中　$RESEVADW_i$——时段 i 水库外调水蒸发量；

　　　$RESSDV_i$——时段 i 外调水初库容；

　　　$REVACOE_i$——时段 i 水库蒸发比例。

时段 i 水库外调水渗漏量为

$$RESSEEDW_i = RESSDV_i \times RSEECOE_i \qquad (6-105)$$

式中　$RESSEEDW_i$——时段 i 水库外调水渗漏量；

　　　$RSEECOE_i$——时段 i 水库渗漏比例。

时段 i 水库可供外调水量由式（6-103）确定，等于时段 i 水库外调水扣除蒸发渗漏量的蓄水量 $RESDV_i$。

2）水库外调水供水计算。将外调水渠道的目标需水量合计，得到时段 i 水库外调水总目标需水量 $TWDOBJDMND_i$。

若（$RESDV_i - TWDOBJDMND_i$）$\geqslant 0$，则时段 i 水库外调水总供水量 $TWDSUPPLY_i$ 与时段 i 水库外调水末库容 $RDENDV_i$ 为

$$TWDSUPPLY_i = TWDOBJDMND_i \qquad (6-106)$$

$$RDENDV_i = RESDV_i - TWDOBJDMND_i \tag{6-107}$$

若（$RESDV_i - TWDOBJDMND_i$）< 0，则时段 i 水库外调水总供水量 $TWDSUP$-PLY_i 与时段 i 水库外调水末库容 $RDENDV_i$ 为

$$TWDSUPPLY_i = RESDV_i \tag{6-108}$$

$$RDENDV_i = 0 \tag{6-109}$$

（2）水库当地地表水供水计算。

1）判断水库能否供出当地地表水量。与仅有当地地表水渠道的水库平衡计算相同。

2）水库当地地表水供水计算。与仅有当地地表水渠道的水库平衡计算相同。

3）水库下游河道下泄水量计算。时段 i 水库下游河道下泄水量由河道生态流量与超出水库正常库容下泄的水量之和组成。

a. 河道生态流量。与仅有当地地表水渠道的水库平衡计算相同。

b. 超出水库正常库容下泄的水量。非汛期时，水库上限库容为正常库容；汛期时，水库上限库容为汛限库容。

当计算时段 i 在非汛期时，若（$RENDV_i + RDENDV_i \geqslant V_{nor}$），则水库多余水量为

$$RSURPLUS_i = RENDV_i + RDENDV_i - V_{nor} \tag{6-110}$$

式中　$RSURPLUS_i$——时段 i 水库多余水量；

V_{nor}——水库正常库容。

时段 i 水库当地地表水末库容为

$$RENDV_i = V_{nor} - RDENDV_i \tag{6-111}$$

若（$RENDV_i + RDENDV_i < V_{nor}$），则水库多余水量为

$$RSURPLUS_i = 0 \tag{6-112}$$

时段 i 水库当地地表水末库容等于最后一个水库供水后剩余库容。

当计算时段 i 在汛期时，计算过程与非汛期相同，仅需将式（6-110）、式（6-111）中的 V_{nor} 用汛限库容 V_{lim} 替代。

c. 水库下游河道下泄水量。与仅有当地地表水渠道的水库平衡计算相同。

6. 有水源类型改变的水库平衡计算

对于一个具体的外调水工程，有水源类型改变的水库只可能有一个，参数 rescng 为 1。若水库有多条外调水渠道，约定先合为一条外调水渠道，通过一个引水节点再分出多条外调水渠道。有水源类型改变的水库平衡计算本质上与仅有当地地表水渠道的水库相同，定义外调水渠道是为了突出引水工程，因此，在供水计算中统一调度当地地表水和"外调水"。计算步骤为：

（1）判断水库能否供出水量。与仅有当地地表水渠道的水库平衡计算相同。

（2）水库供水计算。

1）可能有 9 类目标需水量，即当地地表水渠道的农业、城镇生态、农村生态、工业、城镇生活、农村生活目标需水量，河道适宜生态流量或断面预期目标流量，有断开的当地地表水渠道目标需水量，外调水渠道目标需水量。将各当地地表水渠道目标需水量按照用水行业合计，得到各行业目标需水量总和。若存在两条或两条以上断开的当地地表水渠道时，约定选择相同的调度线，并将这些目标需水量合计。

2) 由库容曲线查出时段 i 农业、生态、工业、生活等调度线对应的库容 V_{Ai}、V_{Ei}、V_{Ii}、V_{Ci}。若水库有调水控制线，即 Res_Div＝1，其对应的库容为 V_{Di}。

时段 i 水库扣除蒸发渗漏量和最小生态流量的初始蓄水量 $RESEV_i$ 与式（6-88）相同。

3) 按照上述 9 个目标需水量对应的调度线顺序进行水库供水计算。

a. 水库调度线从上至下的顺序为：调水控制线、农业调度线、生态调度线、工业调度线、生活调度线。调度线对应的各用水行业供水顺序为：外调水、农业、城镇生态、农村生态、河道适宜生态流量或断面预期目标流量、工业、城镇生活、农村生活。

b. 确定各用水行业水库调度计算的顺序。若有断开的当地地表水渠道，按照其选定的调度线插入到各用水行业供水顺序中；若无调水控制线，按照外调水选定的调度线插入到各用水行业供水顺序中。

c. 按照确定的用水行业供水顺序进行水库调度计算，具体计算公式参考仅有当地地表水渠道的水库平衡计算。

（3）水库下游河道下泄水量计算。时段 i 水库下游河道下泄水量由河道生态流量与超出水库正常库容下泄的水量之和组成。计算过程与仅有当地地表水渠道的水库平衡计算相同。

7. 水库供水量分配

水库供水计算结果是分用水行业的供水量，即用水行业小计、间接供水小计，需要将其分配到各计算单元。当地地表水和外调水间接供水量按照其选择的调度线确定用水行业。将用水行业相同的供水量合计，如果合计值满足它们的目标需水量，则各用水行业实际供水量等于各用水行业目标需水量；如果合计值不满足它们的目标需水量，则按照水库分水比例或缺水率相等分配各用水行业实际供水量。水库有当地地表水和外调水两种类型的分水比例。

（1）水库有供水缺口时的分配规则。水库有分水比例时，按照分水比例进行供水分配；无分水比例时，按照缺水率相等进行供水分配。

（2）水库供水量分配计算。水库与引水节点采用的供水分配方法相同。

水库供水结果有三种类型：当地地表水渠道、外调水渠道各用水行业供水量；当地地表水渠道、外调水渠道间接供水量；外调水总供水量。

1) 有水源变化时。水库有水源类型变化时，部分当地地表水转变为外调水。在供水量分配时，当地地表水、外调水的供水量统一分配。供水量分配过程为：首先将当地地表水渠道各用水行业供水量分解到各渠道，其次将当地地表水渠道间接供水量分解到各渠道，最后将外调水渠道间接供水量分解到各渠道。具体分配步骤为：

第 1 步：找出水库当地地表水直接供水渠道和数量、当地地表水间接供水渠道和数量、外调水间接供水渠道和数量。

第 2 步：将用水行业相同的供水量、目标需水量分别合计。

第 3 步：若用水行业相同的供水量合计等于目标需水量合计，则这部分用水行业实际供水量等于用水行业目标需水量；若用水行业相同的供水量合计小于目标需水量合计，则这部分用水行业有缺水，需要进行供水量分配。

第4步：若全部满足目标需水量，则供水量分配计算完毕；若存在不满足目标需水项，则进行以下步骤。

第5步：在下列情况下，虽然有缺水，但无需进行供水量分配，渠道实际供水量等于水库计算供水量。a. 仅有一条外调水渠道；b. 各有一条外调水渠道和当地地表水直接供水渠道，且当地地表水直接供水渠道中与外调水渠道用水行业相同的目标需水为0。

第6步：分别对6个用水行业供水合计值，按照事先选定的水库分水比例或缺水率相等计算方法，计算各供水渠道或计算单元用水行业的实际供水量。

2）当地地表水渠道。水库可能有当地地表水直接供水渠道和间接供水渠道，供水量分配过程为：首先将当地地表水渠道各用水行业供水量分解到各渠道，然后将当地地表水渠道间接供水量分解到各渠道。具体分配步骤与"1）有水源变化时"大体相同，仅在"第5步"中有区别：①仅有一条直接供水渠道或间接供水渠道；②各有一条直接供水渠道和间接供水渠道，且直接供水渠道中与间接供水渠道用水行业相同的目标需水为0。

3）外调水渠道。水库外调水供水量分配过程为：首先将外调水渠道各用水行业供水量分解到各渠道，然后将外调水渠道间接供水量分解到各渠道。具体分配步骤与当地地表水渠道供水分配相同。

4）当地地表水渠道和外调水渠道。当水库同时调蓄当地地表水和外调水时，供水分配按照水源分别计算。水库当地地表水和外调水供水量分配过程为：首先将外调水总供水量分解到各外调水渠道，包括直接和间接外调水供水渠道。其次将各直接外调水供水渠道供水量分解到用水行业。再次将当地地表水渠道各用水行业供水量分解到各渠道。最后将当地地表水渠道间接供水量分解到各渠道。

具体分配步骤为：外调水供水计算结果为总供水量，参照引水节点供水量分配计算方法，当地地表水供水分配参照"2）当地地表水渠道"。

6.4.4 多节点水量平衡计算

在确定水库群类型时，常将当地地表水渠道、外调水渠道视为同类渠道，按照本章的方法定义水库群的类型。水库群调度过程本质上是多节点水量平衡计算。为了充分发挥水库群的补偿调节作用，预先拟定各类水库群的基本调度规则，这在某种程度上也决定了不同类型水库群的调度计算过程，构成水库群的引水节点或水库的调度计算则参照单一节点的水量平衡计算方法。本节仅给出水库群基本类型的调度计算过程。

6.4.4.1 串联水库调度计算

1. 串联水库类型1

（1）模拟计算过程设计。串联水库类型1如图6-1所示。根据串联水库类型1的空间分布特点，模拟计算拟优先满足水库群内部生态流量，维持水库蓄水量最大；下游引水节点或水库供水量不足时，所缺水量由上游水库通过河道下泄水量补给。模拟计算过程设计：

1）上游水库首先满足其下游的生态流量，维持水库蓄水量最大。

2）下游引水节点或水库充分利用上游水库的生态水量、下泄水量等，向各渠道供水，并满足水库群下游的生态流量。

3）若下游引水节点或水库供水不满足各渠道的目标需水量，所缺水量再由上游水库通过河道下泄水量补给。

（2）模拟计算步骤。

第1步：计算上游水库时段来水量、时段初库容。

第2步：计算扣除水库时段蒸发渗漏量、下游河道时段最小生态流量后的水库库容。若下游有生态流量要求，则参照单一节点水量平衡方法计算下泄的时段生态流量。若水库库容大于正常库容或汛限库容，则多余的水量泄入下游河道。最后得到水库时段末库容、河道时段下泄水量。

第3步：将上游水库的时段下泄水量、区间时段入流相加，得到下游引水节点或水库的时段来水量。

第4步：计算无渠道连线时各计算单元的时段供水量，确定各供水渠道的时段目标需水量。

第5步：在满足当前引水节点或水库的下游生态流量条件下，利用单一节点水量平衡计算方法得到各渠道时段供水量、河道时段下泄水量等。

第6步：若下游引水节点或水库满足各供水渠道的时段目标需水量，计算完毕。

第7步：若不满足各供水渠道的时段目标需水量，将所缺水量作为上游水库新增的下泄水量，以上游水库时段末库容为当前库容，按照所缺水量对应的调度线计算水库新增的时段下泄水量、时段末库容。

第8步：将上游水库新增的时段下泄水量与原河道时段下泄水量相加，得到最终的河道时段下泄水量、下游引水节点或水库的时段来水量。将上游水库新增的时段下泄水量与原下游引水节点或水库各渠道时段供水量相加，得到最终供水量，计算完毕。

2. 串联水库类型2

模拟计算过程和计算步骤基本上与串联水库类型1相同。不同点在于：串联水库类型2的上下游水库、引水节点先供水，下游引水节点或水库的不足供水量再由上游水库补充。

6.4.4.2　并联水库调度计算

1. 并联水库类型1

（1）模拟计算过程设计。并联水库类型1如图6-2（a）所示。根据并联水库类型1的空间分布特点，模拟计算拟按照水库兴利库容，从小到大依次满足下游河道生态流量和各渠道的目标需水量，并维持水库群蓄水量最大。模拟计算过程设计：

1）根据水库兴利库容从小到大确定各水库调度计算的优先次序（若两库以上）。

2）从兴利库容最小的水库开始，计算泄入下游河道的生态流量、下泄水量、各渠道供水量等。

3）若不满足渠道（两库及以上的同一计算单元的供水渠道）的目标需水量，所缺水量由次大的水库供水，直到各水库依次调度计算完毕。

（2）模拟计算步骤。

第1步：按照水库兴利库容的大小，从小到大确定各水库的供水优先次序，如水库A、水库B。

第 2 步：计算无渠道连线时各计算单元的时段供水量，确定各供水渠道的时段目标需水量。单元 1 的水库 A 与水库 B 各供水渠道的时段目标需水量未知，但两者之和已知。

第 3 步：在满足水库 A、水库 B 下游生态流量条件下，计算各渠道时段供水量、河道时段下泄水量等。水库 A 的时段目标需水量是单元 2 与单元 1 的时段目标需水量之和，水库 B 的时段目标需水量是单元 3 的时段目标需水量。

第 4 步：若水库 A 满足单元 1 的时段目标需水量，计算完毕。

第 5 步：若水库 A 不满足单元 1 的时段目标需水量，所缺水量为水库 B 的单元 1 供水渠道时段目标需水量，计算该渠道的时段供水量，计算完毕。

2. 并联水库类型 2

(1) 模拟计算过程设计。并联水库类型 2 如图 6-2 (b) 所示。根据并联水库类型 2 的空间分布特点，模拟计算拟先引水节点、后水库，按照引水节点上游年来水量和水库兴利库容，从小到大依次满足河道生态流量和各渠道的目标需水量，并维持水库群蓄水量最大。模拟计算过程设计：

1) 根据引水节点上游年来水量和水库兴利库容的大小，先引水节点、后水库，从小到大确定引水节点、水库的供水优先序（若水库和引水节点两个以上）。

2) 从上游年来水量最小的引水节点开始，计算下游生态水量、下泄水量、各渠道供水等。

3) 若不满足渠道（水库和引水节点的同一计算单元供水渠道）的目标需水量，所缺水量由次大的引水节点或水库供水，直到各引水节点、水库依次调度计算完毕。

(2) 模拟计算步骤。

第 1 步：根据引水节点上游年来水量和水库兴利库容的大小，先引水节点、后水库，从小到大确定引水节点、水库的供水优先序。

第 2 步：计算无渠道连线时计算单元的时段供水量，确定各供水渠道的时段目标需水量。单元 1 的水库 A 与节点 A 各供水渠道的时段目标需水量未知，但两者之和已知。

第 3 步：在满足节点 A、水库 A 下游生态流量条件下，计算各渠道时段供水量、河道时段下泄水量等。节点 A 的时段目标需水量是单元 3 与单元 1 的时段目标需水量之和，水库 A 的时段目标需水量是单元 2 的时段目标需水量。

第 4 步：若节点 A 满足单元 1 的时段目标需水量，计算完毕。

第 5 步：若节点 A 不满足单元 1 的时段目标需水量，所缺水量为水库 A 的供水渠道时段目标需水量，计算该渠道时段供水量、河道时段下泄水量等，计算完毕。

3. 并联水库类型 3

(1) 模拟计算过程设计。并联水库类型 3 如图 6-2 (c) 所示。根据并联水库类型 3 的空间分布特点，模拟计算拟按照引水节点上游年来水量的大小，从小到大依次满足河道生态流量和各渠道的目标需水量。模拟计算过程设计：

1) 根据引水节点上游年来水量的大小，从小到大确定引水节点的供水优先序（若两个节点以上）。

2) 从上游年来水量最小的引水节点开始，计算下游河道生态流量、下泄水量、各渠道供水等。

3）若不满足渠道（两个节点及以上的同一计算单元的供水渠道）的目标需水量，所缺水量由次大的引水节点供水，直到各引水节点依次计算完毕。

（2）模拟计算步骤。

第1步：依据引水节点年来水量大小，从小到大确定引水节点的供水优先次序，如节点 A、节点 B。

第2步：计算无渠道连线时计算单元的时段供水量，确定各供水渠道的时段目标需水量。单元1的节点 A 与节点 B 各供水渠道的时段目标需水量未知，但两者之和已知。

第3步：在满足节点 A、节点 B 下游生态流量条件下，计算各渠道时段供水量、河道时段下泄水量等。节点 A 的时段目标需水量是单元2与单元1的时段目标需水量之和，节点 B 的时段目标需水量是单元3的时段目标需水量。

第4步：若节点 A 满足单元1的时段目标需水量，计算完毕。

第5步：若节点 A 不满足单元1的时段目标需水量，所缺水量为节点 B 的供水渠道时段目标需水量，计算该渠道时段供水量、河道时段下泄水量等，计算完毕。

6.4.4.3　串并联水库调度计算

1. 串并联水库类型1

（1）模拟计算过程设计。串并联水库类型1如图6-3（a）所示。根据串并联水库类型1的空间分布特点，模拟计算拟以并联水库调度规则确定干支流的调度计算顺序，按照串联水库调度规则分别进行干支流调度计算，通过联合调度维持水库群蓄水量最大，合理调配下游河道生态用水。模拟计算过程设计：

1）将各干支流上串联水库兴利库容分别相加，依据等效兴利库容的大小，从小到大确定干支流的供水优先序。

2）从等效兴利库容最小的干支流开始，按照其上的串联水库类型，采用上述相应的过程进行调度计算。

3）若不满足各渠道的目标需水量，所缺水量由次大的干支流等效水库供水，直到各干支流等效水库依次调度计算完毕。

（2）模拟计算步骤。

第1步：将各干支流上的串联水库兴利库容分别相加，构成等效的并联水库，并按照等效的并联水库库容大小，从小到大确定各干支流的供水优先序，如河流 B、河流 A。

第2步：计算无渠道连线时计算单元的时段供水量，确定各供水渠道的时段目标需水量。单元1的水库 B 与水库 C 各供水渠道的时段目标需水量未知，但两者之和已知。

第3步：在满足水库 C、水库 A、水库 B 下游生态流量条件下，计算各渠道时段供水量、河道时段下泄水量等。水库 C 的时段目标需水量是单元4与单元1的时段目标需水量之和，水库 A 和水库 B 的时段目标需水量分别是单元2、单元3的时段目标需水量。

第4步：若水库 C 满足单元1的时段目标需水量，计算完毕。

第5步：若水库 C 不满足单元1的时段目标需水量，所缺水量为河流 A 的串联水库供水渠道时段目标需水量。河流 A 的模拟计算参照其相应的串联水库类型，计算各渠道时段供水量、河道时段下泄水量等，计算完毕。

2. 串并联水库类型 2

（1）模拟计算过程设计。串并联水库类型 2 如图 6-3（b）所示。根据串并联水库类型 2 的空间分布特点，模拟计算采用与串并联水库类型 1 相同的方法。模拟计算过程设计：

1）将各干支流上的串联水库兴利库容分别相加，依据引水节点上游年来水量和等效兴利库容的大小，先引水节点、后等效水库，从小到大确定干支流的供水优先序。

2）从上游年来水量最小的引水节点开始，计算下游生态水量、下泄水量、各渠道供水等。

3）若不满足各渠道的目标需水量，所缺水量由次大的引水节点或干支流等效水库供水，直到各干支流引水节点或等效水库依次调度计算完毕。

（2）模拟计算步骤。

第 1 步：将干支流上的串联水库兴利库容分别相加，引水节点的兴利库容取值为 0，依据引水节点上游年来水量和等效兴利库容的大小，先引水节点、后等效水库，从小到大确定干支流的供水优先序，如河流 B、河流 C、河流 A。

第 2 步：计算无渠道连线时计算单元的时段供水量，确定各供水渠道的时段目标需水量。单元 1 的水库 B 与节点 A、节点 B 各供水渠道的时段目标需水量未知，但三者之和已知。

第 3 步：在满足节点 A、水库 C、节点 B、水库 A、水库 B 下游生态流量条件下，计算各渠道时段供水量、河道时段下泄水量等。节点 A 的时段目标需水量是单元 5 与单元 1 的时段目标需水量之和，水库 C、节点 B、水库 A、水库 B 的时段目标需水量分别是单元 4、单元 6、单元 2、单元 3 的时段目标需水量。

第 4 步：若节点 A 满足单元 1 的时段目标需水量，计算完毕。

第 5 步：若节点 A 不满足单元 1 的时段目标需水量，所缺水量为河流 C 的串联水库供水渠道时段目标需水量；河流 C 的模拟计算参照其相应串联水库类型，计算各渠道时段供水量、河道时段下泄水量等；若河流 C 满足单元 1 的时段目标需水量，计算完毕。

第 6 步：若河流 C 不满足单元 1 的时段目标需水量，所缺水量为河流 A 的串联水库供水渠道时段目标需水量；河流 A 的模拟计算参照其相应串联水库类型，计算各渠道时段供水量、河道时段下泄水量等，计算完毕。

6.4.4.4 旁侧水库水量平衡计算

旁侧水库的基本形式如图 6-4 所示。旁侧水库不在河道上，具有来水过程受控、可蓄存洪水和冬闲水等特点。旁侧水库的引水过程与河道来水过程、引水渠道的引水能力和输水能力、水库可蓄水量、下游的用水需求等密切相关，预先拟定引水渠道或河道的目标需水过程难度比较大。若将上游引水节点或水库、旁侧水库、下游的供水对象等作为一个整体，参照水库群的调度方法，是解决旁侧水库供水计算的有效方法之一。旁侧水库受洪水影响很小，故模拟计算以引水渠道过流能力、水库可蓄水量、下游的用水需求作为引水渠道目标需水过程的约束条件，维持旁侧水库蓄水量最大。旁侧水库与上述水库群水量平衡计算主要的区别在于：时段 i 水量平衡计算完成后，才能进行时段 $i+1$ 水量平衡计算，因为时段 $i+1$ 引水渠道目标需水量必须在时段 i 水量平衡计算的基础上才能得到。

1. 模拟计算过程设计

（1）首先确定旁侧水库下游供水渠道各时段目标需水量。

（2）由旁侧水库时段 i 可蓄存的水量和时段 i 目标需水量确定其时段 i 目标引水量。

（3）由上游引水节点或水库的水量平衡计算得到旁侧水库时段 i 实际引水量。

（4）旁侧水库按照调度线计算各渠道时段 i 供水量。

（5）重复上述（2）～（4）过程，可得到旁侧水库时段 $i+1$ 目标引水量、时段 $i+1$ 实际引水量、时段 $i+1$ 供水量。

2. 模拟计算步骤

第 1 步：计算无渠道连线时计算单元各时段的供水量，旁侧水库供水渠道各时段的目标需水量。

第 2 步：计算旁侧水库时段 i 可蓄存的水量，即正常库容减去时段 i 初始库容，再加上时段 i 水库蒸发渗漏量。

第 3 步：计算旁侧水库时段 i 目标引水量，即时段 i 各渠道目标需水量与时段 i 可蓄存的水量之和。

第 4 步：判断时段 i 目标引水量是否满足引水渠道过流能力。若大于引水渠道过流能力，则时段 i 目标引水量等于引水渠道过流能力。

第 5 步：由上游引水节点或水库的水量平衡计算，得到旁侧水库时段 i 实际引水量。

第 6 步：根据时段 i 实际引水量，旁侧水库按照调度线计算各渠道时段 i 供水量、时段 i 末库容。

第 7 步：重复第 2 步至第 6 步，可得到时段 $i+1$ 的模拟计算结果。

6.4.4.5 湖泊湿地耗水平衡计算

湖泊湿地的基本形式如图 6-5 所示。拟定湖泊湿地的需耗水过程一直是个难题，主要原因是其需水弹性很大，大多数情况下来水过程又不太稳定，一次充沛的补水甚至可以维持相当长的一段时间。为了降低这些不确定因素的影响，目前常采用年时段进行湖泊湿地耗水平衡计算。针对湖泊湿地的上述特点，本次尝试利用湖泊湿地多年平均需耗水量、时段耗水过程、蓄水上下限等，拟定湖泊湿地的时段需耗水过程。这种方法的前提条件是上游引水节点或水库、湖泊湿地作为一个有机整体，将湖泊湿地的耗水过程与蓄水能力相结合，确定其时段需耗水过程，以便充分利用节点上游河道的来水量。与旁侧水库相同，湖泊湿地时段 $i+1$ 需耗水量必须在时段 i 耗水平衡计算的基础上才能得到，因此，时段 i 耗水平衡计算完成后，才能进行时段 $i+1$ 耗水平衡计算。

1. 模拟计算过程设计

（1）首先确定湖泊湿地的时段耗水过程。

（2）湖泊湿地时段 i 耗水量和时段 i 可蓄水量之和构成了时段 i 目标需耗水量。

（3）由上游引水节点或水库的水量平衡计算，可得到湖泊湿地时段 i 实际补水量。

（4）湖泊湿地耗水平衡计算，得到时段 i 耗水量、时段 i 末库容等。

（5）重复上述（2）～（4）过程，可得到湖泊湿地时段 $i+1$ 目标需耗水量、时段 $i+1$ 实际补水量。

2. 模拟计算步骤

第 1 步：以湖泊湿地多年平均水面蒸发过程为权重，将多年平均需耗水量 W 分解为时段耗水过程 W_i。

第 2 步：计算湖泊湿地时段 i 可蓄水量 ΔV_i，即湖泊湿地蓄水上限库容与湖泊湿地时段 i 初库容之差。

第 3 步：湖泊湿地时段 i 耗水量和时段 i 可蓄水量之和构成了时段 i 目标需耗水量，即时段 i 目标需耗水量为 $W_i + \Delta V_i$。

第 4 步：判断时段 i 目标需耗水量是否满足上游引水渠道或河道的过流能力，若大于过流能力，则时段 i 目标需耗水量等于引水渠道或河道的过流能力。

第 5 步：进行时段 i 上游节点或水库平衡计算，得到湖泊湿地时段 i 实际补水量 S_i。

第 6 步：湖泊湿地耗水平衡计算，得到时段 i 耗水量、时段 i 末库容等。

第 7 步：计算时段 $i+1$ 湖泊湿地可蓄水量 ΔV_{i+1}，即 $\Delta V_{i+1} = \Delta V_i - (S_i - W_i)$。

第 8 步：重复第 3 步至第 7 步，可得到时段 $i+1$ 的各项结果。

6.4.5 计算单元水量平衡计算

6.4.5.1 计算单元供需平衡计算

6.4.2 节给出了无渠道连线计算单元水资源供需平衡计算公式，本节将给出有当地地表水渠道连线、外调水渠道连线计算单元水资源供需平衡计算方法。

1. 供水量计算

根据单一节点、多节点的水量平衡计算，可以得到计算单元当地地表水渠道、外调水渠道的各用水行业实际供水过程。结合无渠道连线计算单元水资源供需平衡计算公式，时段 i 有渠道连线计算单元各用水行业供水量计算见式（6-113）～式（6-118）。

$$CWSUPPLY_i = CWGSUPPLY_i + CWRSUPPLY_i + CWLSUPPLY_i$$
$$+ \sum_{j=1}^{n} CWSSUPPLY_{ij} + \sum_{j=1}^{n} CWDSUPPLY_{ij} \qquad (6-113)$$

式中　$CWSUPPLY_i$——时段 i 城镇生活供水量；

　　$CWSSUPPLY_{ij}$——第 j 条当地地表水渠道时段 i 城镇生活当地地表水供水量；

　　$CWDSUPPLY_{ij}$——第 j 条外调水渠道时段 i 城镇生活外调水供水量。

$$RWSUPPLY_i = RWGSUPPLY_i + RWRSUPPLY_i + RWLSUPPLY_i$$
$$+ \sum_{j=1}^{n} RWSSUPPLY_{ij} + \sum_{j=1}^{n} RWDSUPPLY_{ij} \qquad (6-114)$$

式中　$RWSUPPLY_i$——时段 i 农村生活供水量；

　　$RWSSUPPLY_{ij}$——第 j 条当地地表水渠道时段 i 农村生活当地地表水供水量；

　　$RWDSUPPLY_{ij}$——第 j 条外调水渠道时段 i 农村生活外调水供水量。

$$IWSUPPLY_i = IWGSUPPLY_i + IWRSUPPLY_i + IWLSUPPLY_i$$
$$+ \sum_{j=1}^{n} IWSSUPPLY_{ij} + \sum_{j=1}^{n} IWDSUPPLY_{ij} \qquad (6-115)$$

式中　$IWSUPPLY_i$——时段 i 工业供水量；

$IWSSUPPLY_{ij}$——第 j 条当地地表水渠道时段 i 工业当地地表水供水量；

$IWDSUPPLY_{ij}$——第 j 条外调水渠道时段 i 工业外调水供水量。

$$AWSUPPLY_i = AWGSUPPLY_i + AWRSUPPLY_i + AWLSUPPLY_i$$

$$+ \sum_{j=1}^{n} AWSSUPPLY_{ij} + \sum_{j=1}^{n} AWDSUPPLY_{ij} \qquad (6-116)$$

式中　$AWSUPPLY_i$——时段 i 农业供水量；

$AWSSUPPLY_{ij}$——第 j 条当地地表水渠道时段 i 农业当地地表水供水量；

$AWDSUPPLY_{ij}$——第 j 条外调水渠道时段 i 农业外调水供水量。

$$EWSUPPLY_i = EWGSUPPLY_i + EWRSUPPLY_i + EWLSUPPLY_i$$

$$+ \sum_{j=1}^{n} EWSSUPPLY_{ij} + \sum_{j=1}^{n} EWDSUPPLY_{ij} \qquad (6-117)$$

式中　$EWSUPPLY_i$——时段 i 城镇生态供水量；

$EWSSUPPLY_{ij}$——第 j 条当地地表水渠道时段 i 城镇生态当地地表水供水量；

$EWDSUPPLY_{ij}$——第 j 条外调水渠道时段 i 城镇生态外调水供水量。

$$VWSUPPLY_i = VWGSUPPLY_i + VWRSUPPLY_i + VWLSUPPLY_i$$

$$+ \sum_{j=1}^{n} VWSSUPPLY_{ij} + \sum_{j=1}^{n} VWDSUPPLY_{ij} \qquad (6-118)$$

式中　$VWSUPPLY_i$——时段 i 农村生态供水量；

$VWSSUPPLY_{ij}$——第 j 条当地地表水渠道时段 i 农村生态当地地表水供水量；

$VWDSUPPLY_{ij}$——第 j 条外调水渠道时段 i 农村生态外调水供水量。

2. 缺水量计算

时段 i 有渠道连线计算单元各用水行业缺水量计算与式（6-47）～式（6-52）相同。

6.4.5.2　计算单元排水平衡计算

根据水资源配置系统网络图的概化，计算单元向下游河道的排水量由三部分组成：一是城镇生活和工业的未处理废污水量及未利用的再生水量；二是农业灌溉排水量；三是当地未控径流排入下游河道的水量。

在系统网络图中，当地未控径流的下泄水量概化为计算单元下游河流连线，时段 i 当地未控径流下泄水量计算公式见式（6-40）。本节计算单元排水平衡计算主要是指前两部分。

1. 未处理废污水量及未利用的再生水量

城镇生活和工业产生的废污水通常可以简化为两部分，一部分未经处理直接排入河道，另一部分进入污水处理厂处理后，转化为再生水。其中，再生水又分为两部分，一部分供工业、农业、城镇生态等，另一部分直接排入河道。

（1）城镇生活未处理废污水量

$$CNTRW_i = (CWDEMAND_{i-1} - XMOREZC_{i-1} - CSCNLES_{i-1} - CDCNLES_{i-1})$$

$$\times CWACOE \times (1 - CWBCOE) \qquad (6-119)$$

式中　$CNTRW_i$——时段 i 城镇生活未处理的废污水量；

$CWDEMAND_{i-1}$——时段 $i-1$ 城镇生活需水量；

$XMOREZC_{i-1}$——时段 $i-1$ 城镇生活缺水量；

$CSCNLES_{i-1}$——时段 $i-1$ 城镇生活当地地表水渠道蒸发渗漏量；

$CDCNLES_{i-1}$——时段 $i-1$ 城镇生活外调水渠道蒸发渗漏量；

$CWACOE$——城镇生活污水排放率；

$CWBCOE$——城镇生活污水处理率。

（2）农村生活未处理废污水量

$$RNTRW_i = (RWDEMAND_{i-1} - XMOREZR_{i-1} - RSCNLES_{i-1} - RDCNLES_{i-1})$$
$$\times RWACOE \times (1 - RWBCOE) \tag{6-120}$$

式中 $RNTRW_i$——时段 i 农村生活未处理的废污水量；

$RWDEMAND_{i-1}$——时段 $i-1$ 农村生活需水量；

$XMOREZR_{i-1}$——时段 $i-1$ 农村生活缺水量；

$RSCNLES_{i-1}$——时段 $i-1$ 农村生活当地地表水渠道蒸发渗漏量；

$RDCNLES_{i-1}$——时段 $i-1$ 农村生活外调水渠道蒸发渗漏量；

$RWACOE$——农村生活污水排放率；

$RWBCOE$——农村生活污水处理率。

（3）工业未处理废污水量

$$INTRW_i = (IWDEMAND_{i-1} - XMOREZI_{i-1} - ISCNLES_{i-1} - IDCNLES_{i-1})$$
$$\times IWACOE \times (1 - IWBCOE) \tag{6-121}$$

式中 $INTRW_i$——时段 i 工业未处理的废污水量；

$IWDEMAND_{i-1}$——时段 $i-1$ 工业需水量；

$XMOREZI_{i-1}$——时段 $i-1$ 工业缺水量；

$ISCNLES_{1-1}$——时段 $i-1$ 工业当地地表水渠道蒸发渗漏量；

$IDCNLES_{i-1}$——时段 $i-1$ 工业外调水渠道蒸发渗漏量；

$IWACOE$——工业污水排放率；

$IWBCOE$——工业污水处理率。

（4）未处理废污水总量

$$TOTNTRW_i = CNTRW_i + RNTRW_i + INTRW_i \tag{6-122}$$

式中 $TOTNTRW_i$——时段 i 未处理的废污水总量。

（5）未利用的再生水量

时段 i 未利用的再生水量 $RWSURPLUS_i$ 计算公式见式（6-30）。

2. 农业灌溉排水量

计算单元地表水农业灌溉毛用水量可概化为计算单元渠系蒸发水量、灌溉渠系补给地下水量、灌溉渠系排入河道水量、农作物和田间的净耗水量四部分。

在计算农业灌溉排水量时，应扣除农业地下水供水，仅考虑地表水灌溉渠系排入河道水量。时段 i 农业灌溉排水量计算公式为

$$AWDRAIN_i = (AWSUPPLY_i - AWGSUPPLY_i) \times (1 - IRRCOE) \times IRRRIVCOE$$
$$\tag{6-123}$$

式中 $AWDRAIN_i$——时段 i 农业灌溉排水量；

$AWSUPPLY_i$——时段 i 农业供水量；

$AWGSUPPLY_i$——时段 i 农业地下水供水量；

$IRRCOE$——灌溉水利用系数；

$IRRRIVCOE$——灌溉渠系水量入河道比例。

3. 计算单元总排水量

$$TOTUWDRAIN_i = TOTNTRW_i + RWSURPLUS_i + AWDRAIN_i \qquad (6-124)$$

式中　$TOTUWDRAIN_i$——时段 i 计算单元总排水量；

$RWSURPLUS_i$——时段 i 未利用的再生水量。

6.4.6　水资源分区耗水平衡计算

6.4.6.1　水资源分区耗水平衡方程

计算时段为年，任一水资源分区耗水平衡方程为

$$WL + INW + PGW + DIW - OUW - DOW - ECMY - ECGY = \Delta W \qquad (6-125)$$

式中　WL——当地产水量；

INW——入境水量；

PGW——深层承压水开采量；

DIW——跨区调入水量；

OUW——出境水量；

DOW——跨区调出水量；

$ECMY$——社会经济耗水量；

$ECGY$——生态耗水量；

ΔW——蓄水变化量。

1. 当地产水量

水资源分区当地产水量采用水资源调查评价的结果。

2. 入境水量、出境水量

各水资源分区间设计了水传输关系，上级水资源分区的出境水量为下级水资源分区的入境水量。例如，对于任一水资源分区，若上游没有水传输连线，则入境水量为零；若上游有水传输连线，则入境水量为上游各水资源分区出境水量的合计值。系统网络图设置了水资源分区间的断面，断面河道下泄水量即为该水资源分区的出境水量。

3. 跨区调入水量、调出水量

由于各类节点、水库、计算单元、湖泊湿地等与水资源分区建立了所属关系，据此可以找出水资源分区之间水量的跨区调入渠道连线和跨区调出渠道连线。统计模拟计算结果，可得到水资源分区之间的跨区调入水量和跨区调出水量。

4. 深层承压水开采量

全国水资源综合规划将深层承压水视为地下水超采量，是首先压采的对象。除了少数特殊情况，大多数情况下深层承压水开采量为0。因此，本模型系统将其简化为0。

5. 社会经济耗水量

社会经济耗水量主要包括生活、工业、农业的耗水量，以及它们各自的供水系统产生

的蒸发损失量。社会经济耗水量估算采用分用水行业计算耗水量，供水系统产生的蒸发损失量按供水比例分摊到各用水行业。

设年计算时段数为 n，水资源分区内的计算单元数为 m。水资源分区的生活、工业、农业耗水量计算如下。

（1）城镇生活总耗水量。

1）城镇生活地表水渠道蒸发渗漏量。

由当地地表水渠道、外调水渠道的蒸发渗漏量组成。设计算单元 k 的城镇生活当地地表水渠道数为 p_1、城镇生活外调水渠道数为 p_2。

$$CSCNLES_{ik} = \sum_{j=1}^{p_1} \left[CWSSUPPLY_{ijk} \times (1 - CSCNCOE_{jk}) \right] \tag{6-126}$$

$$CSCNLE_{ik} = \sum_{j=1}^{p_1} \left[CWSSUPPLY_{ijk} \times (1 - CSCNCOE_{jk}) \times CSCNEVCO_{jk} \right]$$
$$\tag{6-127}$$

$$CSCNLS_{ik} = CSCNLES_{ik} - CSCNLE_{ik} \tag{6-128}$$

式中 $CSCNLES_{ik}$——计算单元 k 时段 i 城镇生活当地地表水渠道蒸发渗漏量；
  $CWSSUPPLY_{ijk}$——计算单元 k 第 j 条当地地表水渠道时段 i 城镇生活供水量；
  $CSCNCOE_{jk}$——计算单元 k 城镇生活第 j 条当地地表水渠道有效利用系数；
  $CSCNLE_{ik}$——计算单元 k 时段 i 城镇生活当地地表水渠道蒸发量；
  $CSCNEVCO_{jk}$——计算单元 k 城镇生活第 j 条当地地表水渠道蒸发比例；
  $CSCNLS_{ik}$——计算单元 k 时段 i 城镇生活当地地表水渠道渗漏量。

$$CDCNLES_{ik} = \sum_{j=1}^{p_2} \left[CWDSUPPLY_{ijk} \times (1 - CDCNCOE_{jk}) \right] \tag{6-129}$$

$$CDCNLE_{ik} = \sum_{j=1}^{p2} \left[CWDSUPPLY_{ijk} \times (1 - CDCNCOE_{jk}) \times CDCNEVCO_{jk} \right]$$
$$\tag{6-130}$$

$$CDCNLS_{ik} = CDCNLES_{ik} - CDCNLE_{ik} \tag{6-131}$$

式中 $CDCNLES_{ik}$——计算单元 k 时段 i 城镇生活外调水渠道蒸发渗漏量；
  $CWDSUPPLY_{ijk}$——计算单元 k 第 j 条外调水渠道时段 i 城镇生活供水量；
  $CDCNCOE_{jk}$——计算单元 k 城镇生活第 j 条外调水渠道有效利用系数；
  $CDCNLE_{ik}$——计算单元 k 时段 i 城镇生活外调水渠道蒸发量；
  $CDCNEVCO_{jk}$——计算单元 k 城镇生活第 j 条外调水渠道蒸发比例；
  $CDCNLS_{ik}$——计算单元 k 时段 i 城镇生活外调水渠道渗漏量。

2）城镇生活耗水量

$$CWCONSUM_{ik} = (CWSUPPLY_{ik} - CSCNLES_{ik} - CDCNLES_{ik}) \times (1 - CWACOE_k)$$
$$\tag{6-132}$$

式中 $CWCONSUM_{ik}$——计算单元 k 时段 i 城镇生活耗水量；
  $CWSUPPLY_{ik}$——计算单元 k 时段 i 城镇生活供水量；
  $CWACOE_k$——计算单元 k 城镇生活污水排放率。

3）水资源分区城镇生活总耗水量

$$CECMY = \sum_{k=1}^{m} \sum_{i=1}^{n} (CWCONSUM_{ij} + CSCNLE_{ij} + CDCNLE_{ij}) \quad (6-133)$$

（2）农村生活耗水量。农村生活耗水量计算公式参照城镇生活耗水量，即计算单元 k 时段 i 农村生活当地地表水渠道蒸发渗漏量 $RSCNLES_{ik}$、计算单元 k 时段 i 农村生活当地地表水渠道蒸发量 $RSCNLE_{ik}$、计算单元 k 时段 i 农村生活当地地表水渠道渗漏量 $RSCNLS_{ik}$、计算单元 k 时段 i 农村生活外调水渠道蒸发渗漏量 $RDCNLES_{ik}$、计算单元 k 时段 i 农村生活外调水渠道蒸发量 $RDCNLE_{ik}$、计算单元 k 时段 i 农村生活外调水渠道渗漏量 $RDCNLS_{ik}$、计算单元 k 时段 i 农村生活耗水量 $RWCONSUM_{ik}$、水资源分区农村生活总耗水量 $RECMY$ 等的计算公式与式（6-126）~式（6-133）类似。

（3）工业耗水量。工业耗水量计算公式参照城镇生活耗水量，即计算单元 k 时段 i 工业当地地表水渠道蒸发渗漏量 $ISCNLES_{ik}$、计算单元 k 时段 i 工业当地地表水渠道蒸发量 $ISCNLE_{ik}$、计算单元 k 时段 i 工业当地地表水渠道渗漏量 $ISCNLS_{ik}$、计算单元 k 时段 i 工业外调水渠道蒸发渗漏量 $IDCNLES_{ik}$、计算单元 k 时段 i 工业外调水渠道蒸发量 $IDCNLE_{ik}$、计算单元 k 时段 i 工业外调水渠道渗漏量 $IDCNLS_{ik}$、计算单元 k 时段 i 工业耗水量 $IWCONSUM_{ik}$、水资源分区工业总耗水量 $IECMY$ 等的计算公式与式（6-126）~式（6-133）类似。

（4）农业耗水量。农业耗水量由地表水渠系蒸发量、田间耗水量、地下水耗水量等构成。

1）地表水渠系蒸发渗漏量

$$ASCNEVA_{ik} = (AWSUPPLY_{ik} - AWGSUPPLY_{ik}) \times (1 - IRRCOE_k) \times IRRSCNECO_k$$
$$(6-134)$$

$$ASCNSEE_{ik} = (AWSUPPLY_{ik} - AWGSUPPLY_{ik}) \times (1 - IRRCOE_k) \times IRRSCNGCO_k$$
$$(6-135)$$

式中　$ASCNEVA_{ik}$——计算单元 k 时段 i 农业地表水渠系蒸发量；

$AWSUPPLY_{ik}$——计算单元 k 时段 i 农业供水量；

$AWGSUPPLY_{ik}$——计算单元 k 时段 i 农业地下水供水量；

$IRRCOE_k$——计算单元 k 灌溉水利用系数；

$IRRSCNECO_k$——计算单元 k 灌溉渠系水量蒸发比例；

$ASCNSEE_{ik}$——计算单元 k 时段 i 农业地表水渠系渗漏量；

$IRRSCNGCO_k$——计算单元 k 灌溉渠系水量渗漏比例。

2）田间耗水量和渗漏量

$$AFLDEVA_{ik} = (AWSUPPLY_{ik} - AWGSUPPLY_{ik}) \times (IRRCOE_k - FLDGCOE_k)$$
$$(6-136)$$

$$AFLDSEE_{ik} = (AWSUPPLY_{ik} - AWGSUPPLY_{ik}) \times FLDGCOE_k \quad (6-137)$$

式中　$AFLDEVA_{ik}$——计算单元 k 时段 i 田间耗水量；

$FLDGCOE_k$——计算单元 k 田间水补给地下水比例；

$AFLDSEE_{ik}$——计算单元 k 时段 i 田间补给地下水量。

3）地下水耗水量

$$AGRDEVA_{ik} = AWGSUPPLY_{ik} \times (1 - GRDCOE_k) \qquad (6-138)$$

$$AGRDSEE_{ik} = AWGSUPPLY_{ik} \times GRDCOE_k \qquad (6-139)$$

式中　$AGRDEVA_{ik}$——计算单元 k 时段 i 地下水耗水量；

$AGRDSEE_{ik}$——计算单元 k 时段 i 井灌回归量；

$GRDCOE_k$——计算单元 k 井灌回归系数。

4）水资源分区农业总耗水量

$$AECMY = \sum_{k=1}^{m} \sum_{i=1}^{n} (ASCNEVA_{ik} + AFLDEVA_{ik} + AGRDEVA_{ik}) \qquad (6-140)$$

（5）社会经济耗水量

$$ECMY = CECMY + RECMY + IECMY + AECMY \qquad (6-141)$$

6. 生态耗水量 $ECGY$

生态耗水量由河道内和河道外生态耗水量组成。水库蒸发量、河道蒸发量、湖泊湿地耗水量构成了河道内生态耗水量。排水蒸发量、城镇生态耗水量、农村生态耗水量构成了河道外生态耗水量。

（1）河道内生态耗水量。

1）水库蒸发量。任一水资源分区的水库蒸发量是指区内所有水库蒸发量的合计值。设 $RESEVAW_{ij}$ 为时段 i 水库 j 的蒸发量，n 为年时段数，m 为水库数量，计算公式参照式（6-83），则任一水资源分区的年水库蒸发量 $RESC$ 为

$$RESC = \sum_{j=1}^{m} \sum_{i=1}^{n} RESEVAW_{ij} \qquad (6-142)$$

2）河道蒸发渗漏量。任一水资源分区的河道蒸发量是指区内所有河流蒸发量的合计值。水资源分区内的河流分为两类：一类是单独概化的、有各类节点和水库的干支流，约定这些节点上游河段的河道蒸发量属于本水资源分区的河道蒸发量；另一类是计算单元当地未控径流的下游河流连线。

设 n 为年时段数，m 为各类节点水库数量，p 为计算单元数量。

a. 各类节点水库上游河段的河道蒸发渗漏量。

设节点或水库 k 的上游河流数为 q。

$$NRUPREVA_{ik} = \sum_{j=1}^{q} [NRUPRIVW_{ijk} \times (1 - UPRIVCOE_{jk}) \times UPRIVEVA_{jk}] \qquad (6-143)$$

$$NRUPRSEE_{ik} = \sum_{j=1}^{q} [NRUPRIVW_{ijk} \times (1 - UPRIVCOE_{jk}) \times UPRIVSEE_{jk}] \qquad (6-144)$$

式中　$NRUPREVA_{ik}$——节点或水库 k 时段 i 上游河道蒸发量；

$NRUPRIVW_{ijk}$——节点或水库 k 第 j 条河流时段 i 上游河道来水量；

$UPRIVCOE_{jk}$——节点或水库 k 上游第 j 条河流河道有效利用系数；

$UPRIVEVA_{jk}$——节点或水库 k 上游第 j 条河流河道蒸发比例；

$NRUPRSEE_{ik}$——节点或水库 k 时段 i 上游河道渗漏量；

$UPRIVSEE_{jk}$——节点或水库 k 上游第 j 条河流河道渗漏比例。

b. 计算单元下游河道蒸发渗漏量

$$FLOWZEVA_{ik} = FLOWZSUR_{ik} \times (1 - FLOWZCOE_k) \times FLOWZEVA_k$$

$$(6-145)$$

$$FLOWZSEE_{ik} = FLOWZSUR_{ik} \times (1 - FLOWZCOE_k) \times FLOWZSEE_k$$

$$(6-146)$$

式中　$FLOWZEVA_{ik}$——计算单元 k 时段 i 下游河道蒸发量；

$FLOWZSUR_{ik}$——计算单元 k 时段 i 当地未控径流下泄水量；

$FLOWZCOE_k$——计算单元 k 当地未控径流下泄水量有效利用系数；

$FLOWZEVA_k$——计算单元 k 当地未控径流下泄水量蒸发比例；

$FLOWZSEE_{ik}$——计算单元 k 时段 i 下游河道渗漏量；

$FLOWZSEE_k$——计算单元 k 当地未控径流下泄水量渗漏比例。

c. 水资源分区河道蒸发量

$$RIVERC = \sum_{k=1}^{m} \sum_{i=1}^{n} NRUPREVA_{ik} + \sum_{k=1}^{p} \sum_{i=1}^{n} FLOWZEVA_{ik} \qquad (6-147)$$

3）湖泊湿地耗水量。任一水资源分区的湖泊湿地耗水量是指区内所有湖泊湿地耗水量的合计值。设 $LAKEVAW_{ij}$ 为时段 i 湖泊湿地 j 的耗水量，n 为年时段数，m 为湖泊湿地数量，计算公式参照湖泊湿地耗水平衡计算，则任一水资源分区的湖泊湿地年耗水量 $LAKEC$ 为

$$LAKEC = \sum_{j=1}^{m} \sum_{i=1}^{n} LAKEVAW_{ij} \qquad (6-148)$$

4）河道内生态耗水量

$$ECOIN = RESC + RINERC + LAKEC \qquad (6-149)$$

（2）河道外生态耗水量。

1）排水蒸发量。任一水资源分区的排水蒸发量是指区内所有计算单元排水蒸发量的合计值。设 $TOTUWDRAIN_{ij}$ 为时段 i 计算单元 j 的总排水量，计算公式参照式（6-124），n 为年时段数，m 为计算单元数量。任一水资源分区的年排水蒸发量 $DRAINC$ 为

$$DRAINC = \sum_{j=1}^{m} \sum_{i=1}^{n} (TOTUDRAIN_{ij} \times (1 - DRAINCOE_j) \times DRAINEVA_j)$$

$$(6-150)$$

式中　$DRAINCOE_j$——计算单元 j 排水量有效利用系数；

$DRAINEVA_j$——计算单元 j 排水量蒸发比例。

2）城镇生态耗水量。城镇生态用水量一般较小，补充地下水量很少，可忽略不计，也可近似认为全部消耗，或参照农业耗水计算方法。

3）农村生态耗水量。农村生态耗水量采用与城镇生态耗水量类似的计算方法。

4）河道外生态耗水量

$$ECOOUT = DRAINC + EECOC + VECOC \tag{6-151}$$

式中　$ECOOUT$——河道外生态耗水量；

　　　$EECOC$——城镇生态耗水量；

　　　$VECOC$——农村生态耗水量。

（3）生态耗水量

$$ECGY = ECOIN + ECOOUT \tag{6-152}$$

7. 蓄水变化量

水资源分区多年平均蓄水变量通常为 0。根据其年长系列值可判断模型计算结果是否合理，必要时应调整模型参数。通过统计水资源分区内水库、湖泊湿地的年末与年初库容差值，可近似估计蓄水变化量。

设 $RESSV_i$ 为水库 i 的年初库容，$RESEV_i$ 为水库 i 的年末库容，$LAKESV_i$ 为湖泊湿地 i 的年初库容，$LAKEEV_i$ 为湖泊湿地 i 的年末库容，n 为区内水库数量，m 为区内湖泊湿地数量。蓄水变化量 ΔW 近似估算公式为

$$\Delta W = \sum_{i=1}^{n} (RESEV_i - RESSV_i) + \sum_{i=1}^{m} (LAKEEV_i - LAKESV_i) \tag{6-153}$$

6.4.6.2　平原区地下水平衡方程

任一水资源分区耗水平衡方程如式（6-154）～式（6-156），计算时段为年。

$$DSUPW - DOUTW = \Delta DW \tag{6-154}$$

$$DSUPW = RSUP + MFLIN + RIVIN + RESIN + CNLIN + FRMIN + LKIN + WLLIN \tag{6-155}$$

$$DOUTW = UWEXP + MFLOUT + DEVA + RBFLOW \tag{6-156}$$

式中　$DSUPW$——平原区地下水总补给量；

　　　$DOUTW$——平原区地下水总排泄量；

　　　ΔDW——地下水蓄水变化量；

　　　$RSUP$——降水入渗补给量；

　　　$MFLIN$——山前侧向流入量；

　　　$RIVIN$——河道入渗补给量；

　　　$RESIN$——水库入渗补给量；

　　　$CNLIN$——渠道入渗补给量；

　　　$FRMIN$——地表水灌溉田间入渗补给量；

　　　$LKIN$——越流补给量；

　　　$WLLIN$——井灌回归量；

　　　$UWEXP$——地下水实际开采量；

　　　$MFLOUT$——山前侧向流出量；

　　　$DEVA$——潜水蒸发量；

　　　$RBFLOW$——河川基流量。

降水入渗补给量、山前侧向流入量、越流补给量、山前侧向流出量、潜水蒸发量、河川基流量等可根据水资源调查评价的相关资料得到其近似值。下面给出其他各项的计算

公式。

1. 水库入渗补给量

任一水资源分区的水库入渗补给量是指区内所有水库渗漏量的合计值。设 $RESSEE\text{-}W_{ij}$ 为时段 i 水库 j 的渗漏量，n 为年时段数，m 为水库数量，计算公式参照式（6-84），则任一水资源分区的年水库入渗补给量 $RESIN$ 为

$$RESIN = \sum_{j=1}^{m} \sum_{i=1}^{n} RESSEEW_{ij} \qquad (6-157)$$

2. 河道入渗补给量

任一水资源分区的河道入渗补给量是指区内所有河流渗漏量的合计值。水资源分区内的河流分类与河道蒸发量相同。

$$RIVIN = \sum_{k=1}^{m} \sum_{i=1}^{n} NRUPRSEE_{ik} + \sum_{k=1}^{p} \sum_{i=1}^{n} FLOWZSEE_{ik} \qquad (6-158)$$

式（6-158）中 $NRUPRSEE_{ik}$、$FLOWZSEE_{ik}$ 分别由式（6-144）、式（6-146）确定。

3. 渠道入渗补给量

渠道入渗补给量由城镇生活、农村生活、工业、农业的渠系渗漏量组成，式（6-159）中的各分项由社会经济耗水量中的公式确定。

$$\begin{aligned} CNLIN = \sum_{k=1}^{m} \sum_{i=1}^{n} (&CSCNLS_{ik} + CDCNLS_{ik} + RSCNLS_{ik} + RDCNLS_{ik} \\ &+ ISCNLS_{ik} + IDCNLS_{ik} + ASCNSEE_{ik}) \end{aligned} \qquad (6-159)$$

4. 地表水灌溉田间入渗补给量

$$FRMIN = \sum_{k=1}^{m} \sum_{i=1}^{n} AFLDSEE_{ik} \qquad (6-160)$$

式（6-160）中 $AFLDSEE_{ik}$ 由式（6-137）确定。

5. 井灌回归量

$$WLLIN = \sum_{k=1}^{m} \sum_{i=1}^{n} AGRDSEE_{ik} \qquad (6-161)$$

式（6-161）中 $AGRDSEE_{ik}$ 由式（6-139）确定。

6. 地下水实际开采量

$$UWEXO = \sum_{k=1}^{m} \sum_{i=1}^{n} AWGSUPPLY_{ik} \qquad (6-162)$$

式中　$AWGSUPPLY_{ik}$——计算单元 k 时段 i 农业地下水供水量。

6.4.6.3　社会经济耗水结构

生活、工业、农业的耗水水平和耗水结构以及在水资源分区上的差异，反映了流域社会经济发展的特点。通过分析水资源在社会经济中的消耗方向，对产业结构调整、减少消耗量、提高用水效率，控制社会经济耗水量在适度的范围内，具有重要的实际意义。

设任一水资源分区的计算单元数为 m，年时段数为 n。下面给出水资源分区社会经济耗水率和耗水结构的计算公式。

1. 生活耗水率

$$CRWSPLY = \sum_{k=1}^{m} \sum_{i=1}^{n} (CWSUPPLY_{ik} + RWSUPPLY_{ik}) \tag{6-163}$$

$$CRATE = \frac{CECMY + RECMY}{CRWSPLY} \tag{6-164}$$

式中　$CWSUPPLY_{ik}$——计算单元 k 时段 i 城镇生活供水量；

　　　$RWSUPPLY_{ik}$——计算单元 k 时段 i 农村生活供水量；

　　　$CRATE$——生活耗水率；

　　　$CRWSPLY$——生活供水量；

　　　$CECMY$——城镇生活耗水量；

　　　$RECMY$——农村生活耗水量。

2. 工业耗水率

$$IWSPLY = \sum_{k=1}^{m} \sum_{i=1}^{n} IWSUPPLY_{ik} \tag{6-165}$$

$$IRATE = \frac{IECMY}{IWSPLY} \tag{6-166}$$

式中　$IWSUPPLY_{ik}$——计算单元 k 时段 i 工业供水量；

　　　$IRATE$——工业耗水率；

　　　$IWSPLY$——工业供水量；

　　　$IECMY$——工业耗水量。

3. 农业耗水率

$$AWSPLY = \sum_{k=1}^{m} \sum_{i=1}^{n} AWSUPPLY_{ik} \tag{6-167}$$

$$ARATE = \frac{AECMY}{AWSPLY} \tag{6-168}$$

式中　$AWSUPPLY_{ik}$——计算单元 k 时段 i 农业供水量；

　　　$ARATE$——农业耗水率；

　　　$AWSPLY$——农业供水量；

　　　$AECMY$——农业耗水量。

4. 综合耗水率

$$AVGRATE = \frac{CECMY + RECMY + IECMY + AECMY}{CRWSPLY + IWSPLY + AWSPLY} \tag{6-169}$$

式中　$AVGRATE$——综合耗水率。

5. 社会经济耗水结构

水资源分区社会经济耗水结构为生活、工业、农业三者之间的比例。

$$CRSCL : ISCL : ASCL = \frac{CECMY + RECMY}{ECMY} : \frac{IECMY}{ECMY} : \frac{AECMY}{ECMY} \tag{6-170}$$

式中　$CRSCL$——生活所占比例；

　　　$ISCL$——工业所占比例；

  $ASCL$——农业所占比例；

  $ECMY$——社会经济耗水量。

6.4.6.4 社会经济与生态用水比例

  水资源具有社会经济服务功能和生态服务功能。社会经济服务功能主要体现在水资源使用过程中消耗或者由产品带走的水资源，以消耗水资源为主，常用社会经济耗水率表示流域或区域社会经济占用的水资源。水资源的生态服务功能体现在河道内用水和河道外用水。河道内生态用水表现为维持河道一定的流量过程、河道下游尾闾湖泊保持一定的水面面积、入海口保持一定的入海水量等，河道外生态用水表现为城镇生态、农村生态和天然植被等用水量。生态用水量是由流动的水和消耗的水组成，除社会经济耗水外，其余水量可以认为全部用于生态环境系统。

  我国目前水资源评价对象主要是径流性水资源，即所谓的狭义水资源。广义水资源则包括径流性水资源和非径流性水资源。径流性水资源进入河道、补给地下水，非径流性水资源直接用于生态服务功能。下面仅给出狭义水资源社会经济耗水比例、生态用水比例的计算方法，广义水资源的计算方法参考有关文献。

  1. 社会经济和生态用水比例计算

  假定进入水资源分区的水量都可能被使用。对于任一流域水资源分区，从狭义水资源角度，该区可使用的水资源量包括当地产水量、入境水量、调入与调出水量之差，计算水资源量为

$$W = WL + INW + DIW - DOW \tag{6-171}$$

  社会经济耗水量、生态用水量、入境水量等占流域水资源分区可使用的水资源量比例计算公式如下。

  （1）社会经济耗水比例

$$RECW = \frac{ECMY}{W} \tag{6-172}$$

  （2）生态用水比例

$$REYW = 1 - RECW \tag{6-173}$$

  （3）入境水量比例

$$RINW = \frac{INW}{W} \tag{6-174}$$

  （4）出境水量比例

$$ROUW = \frac{OUW}{W} \tag{6-175}$$

  （5）调入调出水量之差比例

$$RDW = \frac{DIW - DOW}{W} \tag{6-176}$$

式中 W——流域水资源分区可使用的水资源量；

 $ECMY$——社会经济耗水量；

  WL——当地产水量；

  INW——入境水量；

  OUW——出境水量；

  DIW——调入水量；

  DOW——调出水量；

 RECW——社会经济耗水比例；

 REYW——生态用水比例；

 RINW——入境水量比例；

 ROUW——出境水量比例；

  RDW——调入调出水量之差比例。

  2. 社会经济和生态用水比例特性分析

  （1）社会经济耗水比例。社会经济耗水比例反映了流域水资源分区的水资源开发利用程度，值越大，说明社会经济用水占的份额越大，供生态环境的用水量则越少。

  （2）生态用水比例。生态用水量是除社会经济耗水量之外剩余的水资源量。生态用水比例和社会经济耗水比例的特点基本相同，两者是此消彼长的关系。

  （3）入境水量比例。入境水量是指与当前水资源分区有水力联系的所有上游水资源分区进入本区的水量。入境水量比例反映了与当前水资源分区有水力联系的所有上游水资源分区对本区生态环境用水的贡献。

  （4）出境水量比例。出境水量是指从当前水资源分区出境的水量。出境水量比例反映了当前水资源分区及有水力联系的所有上游水资源分区对下游水资源分区生态环境用水的贡献。

  （5）调入调出水量之差比例。调入调出水量之差是通过输水工程调入本区的水量与调出本区的水量之差。调入调出水量大多为社会经济用水。调入调出水量之差比例反映了本区对外部水源的依赖程度或本区水源对外区的贡献程度。正值表示本区对外部水源的依赖程度，负值表示本区水源对外区的贡献程度。

6.5 实例：饮马河流域生态调度

  实例内容来源于"十二五"水专项的子课题"面向水质改善的饮马河流域生态调度"的研究成果。

6.5.1 流域概况

  饮马河流域地处吉林省中部，地势为东南高西北低。饮马河是第二松花江一级支流，流域面积 1.74 万 km²，伊通河是饮马河左岸最大支流，流域面积 0.93 万 km²。饮马河流域属于北温带大陆性季风气候区，春季干燥多大风，夏季炎热多雨，秋季天高气爽日夜温差大，冬季严寒而漫长。长春站多年平均降水量 582.2mm，6—9 月降雨量为 451.2mm，占全年降水量的 77.5%。多年平均水面蒸发量 1719.2mm（φ20）。干旱指数在 1.0～2.6，属于半湿润地区。

  饮马河流域是吉林省经济中心区，工农业发达，处于东北黑土带核心区。2013 年饮马河流域人口总数为 786.56 万人，地区生产总值（GDP）为 4306.71 亿元，占全省总

GDP 的 33.18%。2010 年饮马河流域总供水量为 18.13 亿 m³，其中蓄水工程占 36%，引提水工程占 16%，地下水占 47%，中水回用量占 1%。总用水量为 18.13 亿 m³，其中居民生活 2.12 亿 m³，工业及三产 4.32 亿 m³，农业 11.52 亿 m³，生态环境 0.17 亿 m³。

饮马河流域水资源总量为 24.72 亿 m³，其中地表水资源量为 14.50 亿 m³，地下水资源量为 12.94 亿 m³，地表水与地下水之间重复量为 2.72 亿 m³。流域内的水资源开发利用程度已经相当高，其中地表水的开发利用程度达到 76%，水资源供需矛盾较大，属资源型缺水区域。流域已建大中型水库 17 座，其中新立城水库、石头口门水库、星星哨水库等 4 座大型水库库容占全流域蓄水工程总库容的 75%，是饮马河流域多年平均地表水资源量的 1.59 倍。在现有的调度运行方式下，对水库下游河段的生态环境系统造成负面影响和胁迫。流域社会经济用水与生态环境用水矛盾突出，对河道内生态用水挤占严重，大量废污水排放至河道下游，对流域内下游河流的生态环境造成了严重的负面影响，有必要通过实施生态调度进行改善。

6.5.2　生态调度目标和用水需求分析

1. 生态调度目标

饮马河生态调度目标分为近期（现阶段到 2020 年）生态调度和远期（2020—2030 年）生态调度。近期生态调度以应急调度为主，水库调度采用行政指令的调度方式。远期生态调度采用拟定的调度规则实施常态化的运行方式。下面仅讨论远期生态调度。

远期生态调度目标：以减小下游河段的断流时间，提高饮马河主要控制断面的下泄流量，改善饮马河流域下游河段的水环境质量为目标，实现饮马河主要控制断面（德惠站和农安站）的非汛期生态流量达到 2.4m³/s 和 0.8m³/s。

饮马河生态调度对象为新立城水库、石头口门水库、星星哨水库，主要针对农安与德惠断面。生态调度期为全年调度。

2. 用水需求分析

（1）主要断面生态流量确定。饮马河流域的主要时间节点及研究内容见表 6-2，饮马河区域以德惠断面为控制节点，伊通河区域以农安断面为控制节点。

表 6-2　　　　　　　　　　主要时间节点及研究内容

内　容	枯水期	汛　期	非汛期
月份	12 月至翌年 3 月	7—9 月	4—6 月、10—11 月
研究内容	基流	基流、脉冲流量、洪水过程	基流、脉冲流量

饮马河主要断面生态基流需水过程见表 6-3。

生态适宜流量是根据饮马河德惠站、伊通河农安站两个控制断面 1956—2010 年天然径流量系列来确定。4—9 月流量采用 15%，

表 6-3　主要断面生态基流需水过程

分期	德惠断面	农安断面
枯水期	0.94	1.14
非枯水期	2.63	1.27

10 月至翌年 3 月流量采用 30%，当月生态适宜流量小于生态基流时，则采用生态基流作为当月的生态适宜流量。

（2）社会经济用水。基准年全流域中方案总需水量为 18.46 亿 m³，2030 年全流域中方案总需水量为 27.99 亿 m³。

6.5.3 系统网络图与模型数据

1. 系统网络图

饮马河流域生态调度系统网络图如图 6-10 所示。水资源分区 2 个，计算单元 34 个，水库 8 座，节点或控制断面 8 个。

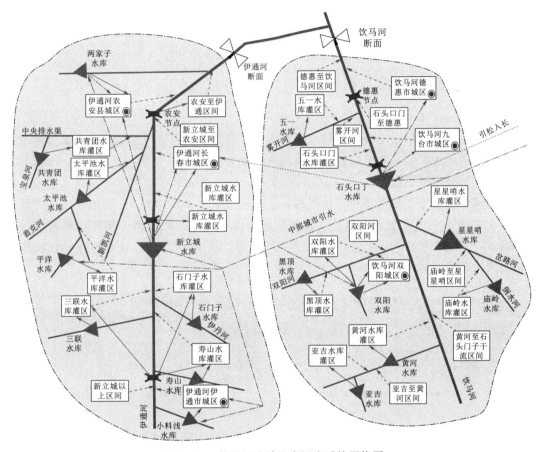

图 6-10 饮马河流域生态调度系统网络图

2. 模型主要输入数据

水文系列为 1956—2010 年，需水数据包括社会经济需水与河道内的生态基流等。

3. 水库调度规则与计算单元供水规则

（1）水库调度规则。新立城水库及石头口门水库采用常规调度图制定结合人工修正。水库供水规则由各库供水调度图进行控制，不同用水户的供水调度线将水库兴利库容分为若干调度区，调度过程中，根据水库水位所处调度区间，决定是否对用水户进行供水。

（2）水库群调度规则。根据饮马河流域水库群供水特点，并联水库群为寿山、三联、石门子三个水库联合向新立城以上区间供水，串并联水库群为新立城、石头口门、星星哨三大水库联合向长春市供水。

并联水库调度规则：先引水节点供水，后水库供水；先来水量小的引水节点供水，后来水量大的引水节点供水；先库容小的水库供水，后库容大的水库供水。

串并联水库调度规则：将干支流上串联水库兴利库容分别相加，构成等效的并联水库，以并联水库调度规则确定干支流的调度计算次序。

（3）计算单元供水规则。计算单元用水户优先次序依次为：城镇生活、农村生活、工业、城镇生态、农业。

计算单元供水水源优先次序分以下两种情况：①无外部渠道供水对象的水源优先次序为地下水、再生水、当地未控径流；②有外部渠道供水对象时，优先使用当地水，即地下水、再生水、当地未控径流、当地地表水、外调水。

6.5.4　饮马河生态调度方案分析

1. 现状年情景分析

现状年的情景分析设定为：情景1为不考虑水库下游的河道内生态，情景2为考虑水库下游的河道内生态，主要考虑饮马河流域的三座大型水库。

情景1的分析结果如图6-11、图6-12所示。在现状用水水平下，新立城水库、石头口门水库在平水年、枯水年和特枯年的各个月份河道下泄量均为0。流域多年平均缺水率达到19.0%，三座大型水库的供水影响区域，即长春市、九台市、德惠市和石头口门水库灌区，其缺水率分别达到14.1%、24.5%、26.4%和41.0%。饮马河流域现状条件下的供用水形势相当严峻。

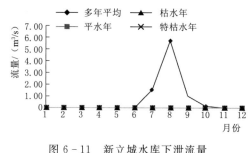

图6-11　新立城水库下泄流量

（不考虑生态）

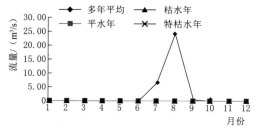

图6-12　石头口门水库下泄流量

（不考虑生态）

情景2的分析结果如图6-13～图6-14所示。在考虑水库生态调度情景下，在各个来水频率年份，新立城水库和石头口门水库的河道下泄量有明显提高，而河道外多年平均的缺水量则有所增加，特别是生态调度水库的供水影响区域。

通过以上分析，饮马河流域没有新增外调水源，在现状水资源条件和开发利用程度情况下，强行开展水库常态化的生态调度，会造成河道外社会经济大量缺水，影响区域内社会经济的发展和人民的正常生活。

2. 2030年调度方案分析

2030年基于生态基流和基于适宜生态流量的调度结果如图6-15～图6-22所示。

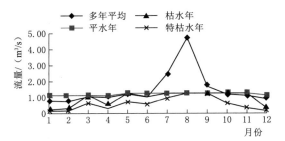

图 6-13 新立城水库下泄流量
（考虑生态基流）

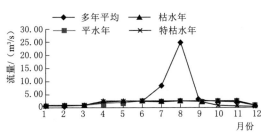

图 6-14 石头口门水库下泄流量
（考虑生态基流）

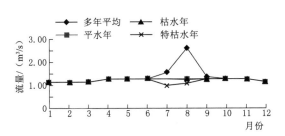

图 6-15 2030 年新立城水库下泄流量
（考虑生态基流）

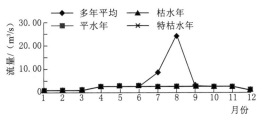

图 6-16 2030 年石头口门水库下泄流量
（考虑生态基流）

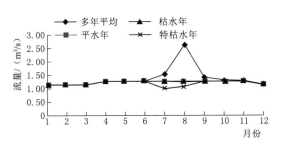

图 6-17 2030 年新立城水库下泄流量
（考虑适宜生态基流）

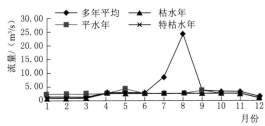

图 6-18 2030 年石头口门水库下泄流量
（考虑适宜生态基流）

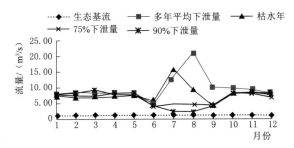

图 6-19 2030 年农安断面下泄流量
（考虑生态基流）

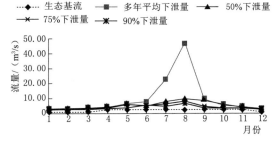

图 6-20 2030 年德惠断面下泄流量
（考虑生态基流）

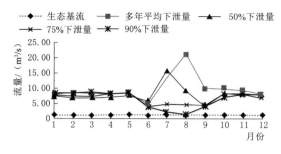

图 6-21 2030 年农安断面下泄流量
（考虑适宜生态基流）

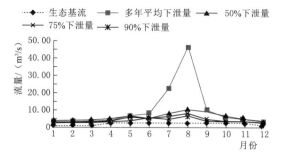

图 6-22 2030 年德惠断面下泄流量
（考虑适宜生态基流）

由图 6-15～图 6-22 可知，2030 年新增外调水源后，基于生态基流的调度方案中，新立城水库和石头口门水库多年平均河道下泄量分别为 0.43 亿 m^3 和 1.41 亿 m^3，90％频率河道下泄量分别为 0.37 亿 m^3 和 0.65 亿 m^3，农安和德惠控制断面 90％频率河道下泄量均能满足生态基流要求。

与基于生态基流的调度方案相比，基于河道适宜生态流量的调度方案中，新立城水库和石头口门水库多年平均河道下泄量略有提升，而 90％频率河道下泄量则相同。农安和德惠控制断面在各来水频率下的河道下泄量略有提升，河道下泄量均能满足生态基流要求，但个别月份未能达到适宜生态流量要求。

河道外国民经济供水量相比现状年有很大提高，但依然存在缺水，多年平均情况下，基于生态基流调度方案的河道外缺水率为 12.7％，缺水程度在可控范围内。石头口门水库、新立城水库以及新增外调水源通过联合调度，基本保证其供水区域内的用水要求。

3. 现状与未来对比分析

未来新增外调水源后，实施常规生态调度后，与现状年未实施生态调度相比，农安断面和德惠断面的下泄流量有较大提高，两个断面均能达到 90％频率下的生态基流要求，为改善河道下游的生态环境与水环境质量提供了可能。德惠断面和农安断面 90％频率的非汛期河道下泄流量全部达标，达标率为 100％。此外，考虑 2030 年农安和德惠上游的长春、九台、德惠等主要城镇的污水全部处理，且按照Ⅴ类水标准达标排放。同时，通过饮马河上游区域的污染防治与生态修复工程，新立城水库和石头口门水库的水质将有所改善，全年达到Ⅲ类水质。经分析估算，多年平均情况下德惠断面和农安断面全年能达到Ⅳ类水质，在汛期德惠断面能达到Ⅲ类水质。与现状年相比，两个主要控制断面的水质有较明显改善。

4. 生态调度方案制定

在基于生态常规调度模式下，2030 年其调度目标以改善河道下游水环境质量，提高主要控制断面下泄量为主，实施水库的常态化生态调度方式。适宜生态流量调度方案与生态基流调度方案相比，对河道内生态环境的改善没有明显作用，河道外缺水也有所增大。因此，建议 2030 年采用基于生态基流的调度方案作为其常规生态调度方案。

参 考 文 献

［1］ 王浩，游进军. 水资源合理配置研究历程与进展 ［J］. 水利学报，2008，39（10）：1168－1175.

［2］ 赵勇，裴源生，王建华. 水资源合理配置研究进展 ［J］. 水利水电科技进展，2009，29（3）：78－84.

［3］ 裴源生，赵勇，张金萍. 广义水资源合理配置研究（Ⅰ）：理论 ［J］. 水利学报，2007，38（1）：1－7.

［4］ 赵勇，陆垂裕，秦长海，等. 广义水资源合理配置研究（Ⅲ）：应用实例 ［J］. 水利学报，2007，38（3）：274－281.

［5］ 魏传江，王浩. 区域水资源配置系统网络图 ［J］. 水利学报，2007，38（9）：1103－1108.

［6］ 魏传江. 水资源配置中的生态耗水系统分析 ［J］. 中国水利水电科学研究院学报，2006，（4）：282－286.

［7］ 魏传江. 利用水资源配置系统确定供水工程的建设规模 ［J］. 中国水利水电科学研究院学报，2007，（1）：54－58.

［8］ 甘泓. 水资源合理配置理论与实践研究 ［D］. 北京：中国水利水电科学研究院，2000.

［9］ 刘晓霞. 基于地表水和地下水动态转化的水资源优化配置模型研究 ［D］. 北京：中国水利水电科学研究院，2007.

［10］ 叶永毅，黄守信，方淑秀，等. 水资源大系统优化规划与优化调度经验汇编 ［M］. 北京：中国科学技术出版社，1995.

［11］ 张蔚榛，沈容开. 地下水文与地下水调控 ［M］. 北京：中国水利水电出版社，1998.

［12］ 王晓红. 潜水蒸发及作物的地下水利用量估算方法的研究 ［D］. 武汉：武汉大学，2004.

［13］ SL 256－2000 机井技术规范 ［S］. 北京：中国水利水电出版社，1995.

［14］ 机井技术手册 ［S］. 北京：中国水利水电出版社，1995.

［15］ 杜明月. 基于滚动规划的大尺度水资源供求分析模型与应用 ［D］. 北京：中国水利水电科学研究院，2014.

［16］ 魏传江，韩俊山，韩素华. 流域/区域水资源全要素优化配置关键技术及示范 ［M］. 北京：中国水利水电出版社，2012.

［17］ 王好芳，董增川. 基于量与质的多目标水资源配置模型 ［J］. 人民黄河，2004，26（6）：14－15.

［18］ 蔡载昌，张义生，许新宜，等. 环境污染总量控制 ［M］. 北京：中国环境科学出版社，1991：54－67.

［19］ 大连工学院水利系水工教研室，大伙房水库工程管理局. 水库控制运用 ［M］. 北京：水利电力出版社，1978.

［20］ 王浩，宿政，谢新民，等. 流域生态调度理论与实践 ［M］. 北京：中国水利水电出版社，2010.

［21］ 翟丽妮，梅亚东，李娜，等. 水库生态与环境调度研究综述 ［J］. 人民长江，2007，38（8）：56－60.

［22］ 中国水利水电科学研究院. 2013年度国际水利水电科学技术发展动态调研报告 ［R］. 北京：中国水利水电科学研究院，2014.

［23］ 赵麦换，徐晨光，毕黎明. 水库生态调度的原因与对策 ［J］. 人民黄河，2010，32（8）：55－58.

［24］ 张丽丽，殷峻暹. 水库生态调度研究现状与发展趋势 ［J］. 人民黄河. 2009，31（11）：14－15.

［25］ 康玲，黄云燕，杨正祥，等. 水库生态调度模型及其应用 ［J］. 水利学报，2010，41（2）：

134-141.

［26］ 何俊仕，郭铭，韩宇舟．辽河干流多水库联合生态调度研究［J］．武汉大学学报，2009，42（6）：731-733.

［27］ 崔国韬，左其亭．生态调度研究现状与展望［J］．南水北调与水利科技，2011，9（6）：90-97.

［28］ 董哲仁，孙东亚，赵进勇．水库多目标生态调度［J］．水利水电技术，2007，38（1）：28-32.

［29］ 蒋晓辉．黄河干流水库生态调度总体框架研究［J］．环境保护科学，2009，35（6）：34-36.